Schnelleinstieg in das Immobilienmanagement mit SAP S/4HANA® (RE-FX)

Dragan Jovic

Willkommen bei Espresso Tutorials!

Unser Ziel ist es, SAP-Wissen wie einen Espresso zu servieren: Auf das Wesentliche verdichtete Informationen anstelle langatmiger Kompendien – für ein effektives Lernen an konkreten Fallbeispielen. Viele unserer Bücher enthalten zusätzlich Videos, mit denen Sie Schritt für Schritt die vermittelten Inhalte nachvollziehen können. Besuchen Sie unseren YouTube-Kanal mit einer umfangreichen Auswahl frei zugänglicher Videos:

https://www.youtube.com/user/EspressoTutorials.

Kennen Sie schon unser Forum? Hier erhalten Sie stets aktuelle Informationen zu Entwicklungen der SAP-Software, Hilfe zu Ihren Fragen und die Gelegenheit, mit anderen Anwendern zu diskutieren:

http://www.fico-forum.de.

Eine Auswahl weiterer Bücher von Espresso Tutorials:

- Karlheinz Weber, Christine Werschitz:
  Praxishandbuch Debitorenbuchhaltung in SAP S/4HANA® (FI-AR)
  https://es-tu.de/JT6d
- Karlheinz Weber, Christine Frühwirth:
  Praxishandbuch Kreditorenbuchhaltung in SAP S/4HANA®
  https://es-tu.de/tDFn
- Claus Wild:
  Praxishandbuch Kontoauszug in SAP S/4HANA®
  https://es-tu.de/DsaV
- Karlheinz Weber, Christine Werschitz:
  Praxishandbuch Periodenabschluss in SAP S/4HANA® Finance (FI)
  https://es-tu.de/uXsR
- Roland Giger:
  Prüfen der Mehrwertsteuer in SAP®
  http://5740.espresso-tutorials.de
- Roland Giger:
  Sichere Navigation beim Prüfen der SAP®-Finanzbuchhaltung
  https://es-tu.de/6nBQC

Bibliografische Information der Deutschen Nationalbibliothek
Die Deutsche Nationalbibliothek verzeichnet diese Publikation in der Deutschen Nationalbibliografie; detaillierte bibliografische Daten sind im Internet über https://portal.dnb.de abrufbar.

Dragan Jovic
Schnelleinstieg in das Immobilienmanagement mit SAP S/4HANA® (RE-FX)

ISBN: 978-3-960122-21-0

Lektorat: Bernhard Edlmann

Korrektorat: Die Korrekturstube – Lektorat & Korrektorat

Coverdesign: Philip Esch

Coverfoto: © kieferpix | Nr. 1147846939 – istockphoto.com

Satz & Layout: Johann-Christian Hanke

1. Auflage 2024

URL: *www.espresso-tutorials.de*

Feedback:
Wir freuen uns über Fragen und Anmerkungen jeglicher Art. Bitte senden Sie diese an: *info@espresso-tutorials.com*.

Inhaltsverzeichnis

Vorwort

Die rasante Entwicklung der Digitalisierung hat einen tiefgreifenden Einfluss auf unsere Arbeits- und Lebensweise in nahezu allen Branchen. Besonders im Immobilienmanagement spielt die Umstellung auf digitale Technologien und SAP-Lösungen eine herausragende Rolle, um konkurrenzfähig zu bleiben und den steigenden Anforderungen gerecht zu werden. Die Vorzüge der Digitalisierung reichen von der Effizienzsteigerung bis zur Verbesserung der Datenqualität und Prozessoptimierung.

Das zentrale Instrument für die erfolgreiche Digitalisierung im Immobilienmanagement ist das SAP Real Estate Management (SAP RE-FX). Im deutschen Sprachgebrauch wird das Modul häufig auch als »Flexibles Immobilienmanagement« bezeichnet.

In diesem Buch lernen Sie, wie Sie die Potenziale der Digitalisierung im Immobilienmanagement mithilfe von SAP optimal ausschöpfen. So werden Sie Ihre Arbeitsprozesse vereinfachen und gleichzeitig die Zufriedenheit Ihrer Stakeholder gewährleisten. Insbesondere für Unternehmen, die umfangreiche Immobilienportfolios verwalten und abrechnen, stellt SAP RE-FX eine maßgeschneiderte Lösung dar.

Die vorliegende Publikation bietet Ihnen einen umfassenden Einblick in alle relevanten Aspekte von SAP RE-FX. Beginnend mit einer Einführung in das Modul, erhalten Sie detaillierte Informationen zur Implementierung, zum Customizing sowie zur praxisnahen Anwendung. Das Buch behandelt sämtliche Schlüsselbereiche. Es beginnt bei den grundlegenden Stammdaten, befasst sich mit Vertragsverwaltung, Rechnungswesen, Controlling und Konditionen und stellt die Abrechnungsprozesse dar. Ebenso kommen spezifische Besonderheiten und individuelle Erweiterungen zur Sprache, etwa die Leasingbilanzierung gemäß IFRS 16, Wartung und Instandhaltung, Wohneigentümergemeinschaften und Fremdverwaltung sowie die interne Immobiliennutzung. Schließlich erhalten Sie noch einen Einblick in das Reporting und lernen diverse nützlich Werkzeuge wie die Anbindung von Geoinformationssystemen kennen.

Als erfahrener SAP-Experte im Bereich Immobilienmanagement bin ich stolz darauf, Ihnen dieses Fachbuch präsentieren zu dürfen. Mein Ziel ist es, Ihnen dabei zu helfen, die vielfältigen Chancen der Digitalisierung bestmöglich zu nutzen. Ich hoffe, dass die folgenden Kapitel für Sie eine wertvolle Informationsquelle und praktische Unterstützung darstellt.

In den Text sind Kästen eingefügt, um wichtige Informationen besonders hervorzuheben. Jeder Kasten ist zusätzlich mit einem Piktogramm versehen, das diesen genauer klassifiziert:

Hinweis

Hinweise bieten praktische Tipps zum Umgang mit dem jeweiligen Thema.

Beispiel

Beispiele dienen dazu, ein Thema besser zu illustrieren.

! Achtung

Warnungen weisen auf mögliche Fehlerquellen oder Stolpersteine im Zusammenhang mit einem Thema hin.

Die Form der Anrede

Um den Lesefluss nicht zu beeinträchtigen, verwenden wir im vorliegenden Buch bei personenbezogenen Substantiven und Pronomen zwar nur die gewohnte männliche Sprachform, meinen aber gleichermaßen Personen weiblichen und diversen Geschlechts.

Hinweis zum Urheberrecht

Sämtliche in diesem Buch abgedruckten Screenshots unterliegen dem Copyright der SAP SE. Alle Rechte an den Screenshots hält die SAP SE. Der Einfachheit halber haben wir im Rest des Buches darauf verzichtet, dies unter jedem Screenshot gesondert auszuweisen.

1 Grundlagen

In diesem Kapitel möchte ich Ihnen zunächst einen Überblick über den Lebenszyklus einer Immobilie geben. Während jeder Phase spielen verschiedene Stakeholder eine Rolle, deren Beziehungen und Zusammenarbeit von entscheidender Bedeutung sind. Immer wichtiger wird in diesem Zusammenhang auch der sogenannte digitale Zwilling, die virtuelle Darstellung einer Immobilie.

Ein weiterer Schwerpunkt liegt auf der SAP-Immobiliensoftware, deren Entwicklung in den letzten Jahren rasant vorangeschritten ist. Ich gebe Ihnen eine Anleitung, wo Sie SAP RE-FX im SAP-Menü finden und wie Sie dessen einzelne Funktionen aktivieren.

1.1 Lebenszyklus einer Immobilie

Der Lebenszyklus einer Immobilie umfasst typischerweise drei Hauptphasen: Zugang, Bewirtschaftung und Abgang. In der Phase des Zugangs geht es um den Erwerb der Immobilie oder deren Entwicklung einschließlich Standortwahl, Planung, Finanzierung und Umsetzung. Die Bewirtschaftungsphase umfasst die Vermietung, Verwaltung und Instandhaltung, einschließlich der Überwachung der Mietverträge, Wartung der Gebäude und der Koordination der Arbeiten, beispielsweise von externen Dienstleistern und internem Servicepersonal. In der Abgangsphase geht es um den Verkauf oder die Abwicklung der Immobilie, inklusive Vorbereitung des Verkaufs, Durchführung des Eigentumsübergangs und der Auflösung von Verträgen.

1.1.1 Zugang

Im Zusammenhang mit SAP RE-FX beinhaltet die Phase des Zugangs typischerweise die Schaffung von Stammdaten für die erworbenen oder entwickelten Immobilien. Diese Stammdaten enthalten Informationen, die für die Verwaltung und Bewirtschaftung benötigt werden, z. B. Gebäude-, Raum- und Mieteigenschaften.

In SAP RE-FX erfolgt die Stammdatenverwaltung über *Immobilienobjekte*. Mit deren Hilfe erfassen und pflegen Sie beispielsweise die Mietverträge. Auch Informationen über die Gebäudestruktur, Flächenverteilung, Nutzung und Eigentumsverhältnisse können Sie dort hinterlegen.

1.1.2 Bewirtschaftung

SAP RE-FX hält auch für die verschiedenen Aspekte der Bewirtschaftung ausgeklügelte Lösungen parat. Es ermöglicht die Hinterlegung des Mietvertrags im System, zudem können Sie einen oder mehrere Geschäftspartner zuordnen und verwalten. Der Funktionsumfang beinhaltet die Erfassung von Mietzahlungen, die Verwaltung von Mietanpassungen, die Überwachung von Mietvertragskündigungen sowie die Abrechnung von Nebenkosten und Betriebskosten.

Darüber hinaus bietet SAP RE-FX Funktionen zur Planung und Durchführung von Instandhaltungsmaßnahmen, so beispielsweise der anfallenden Reparaturen und Wartungen sowie von geplanten Sanierungs- und Instandhaltungsprojekten.

Insgesamt unterstützt SAP RE-FX die Bewirtschaftungsphase durch die zentrale Verwaltung von Immobilienstammdaten und die Automatisierung von Geschäftsprozessen und infolgedessen eine effizientere Verwaltung von Immobilien.

1.1.3 Abgang

Die Phase des Abgangs im Immobilienlebenszyklus umfasst den Verkauf oder die Abgabe einer Immobilie an eine Tochtergesellschaft oder ggf. an einen anderen SAP-Buchungskreis. SAP RE-FX lässt sich im Zusammenhang mit diesem Transfer auf verschiedene Arten nutzen.

Eine Möglichkeit besteht darin, die Immobilie im System als veräußert zu kennzeichnen und alle entsprechenden Daten und Dokumente zu archivieren.

Das System kann aber auch den Verkaufsprozess unterstützen. Es ist z. B. in der Lage, automatisch Verkaufsangebote zu erstellen, die auf den aktuellen Marktbedingungen und den Merkmalen der Immobilie basieren. Ebenso generiert es bei Bedarf in der integrierten Korrespondenzanwendung Verkaufsverträge und hilft bei der Abwicklung des Verkaufsprozesses.

1.2 Stakeholder-Beziehungen

Wichtig in allen drei Phasen des Immobilienlebenszyklus ist die Zusammenarbeit zwischen den verschiedenen Stakeholdern, wie beispielsweise Investoren, Finanzinstituten, Dienstleistern, Mietern, Behörden und internem Verwaltungs- und Wartungspersonal. Sie ist die Voraussetzung, dass das Projekt die Erwartungen und Anforderungen aller Beteiligten erfüllt bzw. eine optimale kaufmännische und technische Bewirtschaftung der Objekte sichergestellt ist.

Der Lebenszyklus kann je nach Art der Immobilie und den beteiligten Stakeholdern variieren. Allerdings lassen sich die meisten Szenarien mit den genannten drei Hauptphasen beschreiben. In jedem Fall setzt ein erfolgreiches Immobilienmanagement eine sorgfältige Planung und Umsetzung voraus.

1.3 Digitaler Zwilling

Planung, Bau, Betrieb und Wartung von Gebäuden involvieren verschiedene Parteien. Historisch gesehen haben diese Akteure mit isolierten Datenfragmenten gearbeitet, da eine gemeinsame Plattform für den Austausch und die Bearbeitung von Informationen fehlte. Dies führte zu Schwierigkeiten, alle Beteiligten kontinuierlich auf dem aktuellen Stand zu halten. Als Lösung für diese Herausforderungen dient der digitale Zwilling. Hierbei handelt es sich um eine digitale Repräsentation des Gebäudes, die allen Beteiligten spezifische Zugriffsrechte gewährt, um in Echtzeit an bestimmten Daten zu arbeiten. Ich verwende den Begriff »digitaler Zwilling«, um diese Konzeption zu verdeutlichen – er stammt nicht von der SAP.

SAP RE-FX bildet in Verbindung mit anderen SAP-Modulen und Cloud-Technologien die Grundlage für die Schaffung eines digitalen Modells für Gebäude. Über dieses Modell können sämtliche relevanten Informationen zu einem bestimmten Objekt verwaltet werden. Hierzu zählen Daten zu Mietobjekten, Mietverträgen, Kosten, Wartungsplänen, technischen Anlagen und vielem mehr. Das Modell erlaubt es allen Geschäftspartnern, jederzeit und von überall auf die aktuellen Informationen zum Gebäude zuzugreifen.

Insbesondere die Integration von SAP RE-FX mit *SAP Enterprise Asset Management (SAP EAM)* bietet den Vorteil einer umfassenden Lösung für die Verwaltung von Immobilien und Anlagen. Während SAP RE-FX sich auf das Management von Immobilien und Mietverträgen konzentriert, ist SAP EAM auf die Optimierung von Instandhaltung und Wartung von Anlagen spezialisiert. Durch diese Integration erhalten Sie eine ganzheitliche Sicht auf Ihre Betriebs- und Vermögenslandschaft. Sie können diese damit effizient nutzen und verwalten, indem Sie beispielsweise den Zustand Ihrer Anlagen und Immobilien überwachen, Wartungsarbeiten planen, Ausfallzeiten minimieren und die Betriebseffizienz verbessern.

1.4 Entwicklung der SAP-Immobiliensoftware

Seit über zwei Jahrzehnten bietet die SAP ihren Kunden fortschrittliche Lösungen zur effizienten Verwaltung ihrer Immobilienportfolios. Der Ursprung dieser Bemühungen liegt in der Einführung von SAP Real Estate Classic (RE), einer Software, die sich durch ihre Leistungsfähigkeit und ihren Erfolg auf dem Markt einen festen Platz bei namhaften DAX-Konzernen erobert hat.

Die Evolution des SAP RE ist beeindruckend, und sie kulminierte in der Entwicklung der vollständig neuen Lösung SAP Flexibles Immobilienmanagement (SAP RE-FX). Diese Transformation war nicht nur eine technologische Weiterentwicklung, sondern auch eine Antwort auf die sich stetig wandelnden Anforderungen der Branche. Die Vielseitigkeit und Innovationskraft von SAP RE-FX haben es zu einer integralen Komponente für Unternehmen gemacht, die ihre Immobilien effizient und strategisch verwalten möchten.

Mit Fokus auf die internationalen Rechnungslegungs-standards, insbesondere IFRS 16, wurde die Funktionserweiterung SAP Contract and Lease Management (SAP RE-FX-LA) auf Basis von SAP RE-FX entwickelt. Diese Erweiterung ermöglicht es Unternehmen, ihre Leasingverträge gemäß den neuesten Standards transparent zu verwalten und die Compliance mit den regulatorischen Anforderungen sicherzustellen.

SAP RE-FX bietet eine flexible Bereitstellungsumgebung und kann sowohl in eine On-Premise-Umgebung als auch in eine Private Cloud implementiert werden. Diese Vielseitigkeit ermöglicht die Anpassung der Lösung an individuelle IT-Infrastruktur- und Sicherheitsanforderungen.

Insgesamt spiegelt die Entwicklung der SAP-Immobiliensoftware die Bestrebungen des Unternehmens wider, kontinuierlich innovative Lösungen bereitzustellen, um den sich wandelnden Anforderungen der globalen Immobilienbranche gerecht zu werden. Mit einem starken Fokus auf Flexibilität, Effizienz und Compliance bleibt die SAP ein Vorreiter im Bereich des Immobilienmanagements.

1.5 Produktübersicht SAP RE-FX

Das SAP Flexible Immobilienmanagement (SAP RE-FX) repräsentiert eine fortschrittliche Lösung für das Immobilienmanagement und ist nahtlos in das SAP-Finanzwesen integriert. Die Software steht sowohl als On-Premise- als auch als Private-Cloud-Edition zur Verfügung und bietet die Möglichkeit zur Integration von GIS- oder CAD-Systemen für eine visuelle Prozessunterstützung.

Ein zentraler Bestandteil dieser Lösung ist das umfassende Reporting- und Analysesystem, das es Nutzern ermöglicht, Berichte zu verschiedenen KPIs zu erstellen. Durch regelmäßige Veröffentlichung von neuen Releases oder Feature Packs für die On-Premise-Variante sowie quartalsweisen Erweiterungen für die Private-Cloud-Umgebung bleibt die Software stets auf dem neuesten Stand.

SAP RE-FX versetzt Unternehmen in die Lage, ihre Immobilienverwaltung flexibel und effizient zu gestalten. Durch die Integration modernster Technologien und regelmäßige Aktualisierungen unterstreicht diese Lösung das Bestreben der SAP, innovative Werkzeuge bereitzustellen, die den sich wandelnden Anforderungen der Immobilienbranche gerecht werden.

1.5.1 Kernfunktionen und Szenarien mit SAP RE-FX

SAP RE-FX deckt verschiedene Bereiche der Immobilienverwaltung ab und bietet so eine umfassende Lösung, die Unternehmen ein rationelles Management in diesem Bereich ermöglicht. Der Funktionsumfang umfasst z. B. das Management von Mietverträgen, die Durchführung von Instandhaltungsmaßnahmen, die Verwaltung von Liegenschaften und Grundstücken sowie von Abrechnungen.

Durch das Customizing und Kundenerweiterungen kann SAP RE-FX an die spezifischen Bedürfnisse eines Unternehmens angepasst werden. Sie können z. B. eigene Felder und Funktionen hinzufügen, um Ihre Arbeitsprozesse effizienter zu gestalten.

Das Ziel von SAP RE-FX ist es, Unternehmen dabei zu unterstützen, ihre Immobilien effektiv zu verwalten und gleichzeitig die Prozesse zu optimieren und Kosten zu senken. Die Lösung erlaubt eine umfassende Integration von Geschäftsprozessen und Daten, woraus eine schnellere Entscheidungsfindung und eine bessere Planung resultiert. Die Transparenz und Genauigkeit der Daten trägt auch dazu bei, Risiken zu minimieren und die Compliance mit gesetzlichen Vorschriften sicherzustellen.

Insbesondere umfasst die finanzielle oder kaufmännische Immobilienverwaltung alle mit diesem Thema zusammenhängenden Funktionen. Dazu gehören die Verwaltung von verschiedenen Arten von Immobilienverträgen, so z. B. Anmietungsverträge für Gewerbe- oder Wohnimmobilien, Mietverträge für die interne Nutzung oder Wohnungen, debitorische Verträge über Serviceleistungen für Mieter, kreditorische Verträge für die Instandhaltung durch Handwerker, Sachkontenverträge über Rückstellungen für Nebenkosten und Kautionsvereinbarungen.

Gleichzeitig können wichtige Informationen wie Vertragslaufzeiten, Kündigungsfristen, Vertragsbedingungen sowie Mietzahlungen und Nebenkostenabrechnungen erfasst und verarbeitet werden.

Somit lassen sich alle relevanten Daten zu Immobilien auf einer Plattform zusammenführen. Dies ermöglicht Unternehmen eine effiziente und transparente Immobilienverwaltung.

Durch die Integration mit anderen Modulen wie der Finanzbuchhaltung und Instandhaltung können Verträge einfach mit finanziellen und technischen Informationen verknüpft werden.

Zudem werden Funktionen bereitgestellt, welche die effektive Überwachung von Vertragsbedingungen, Terminen und Zahlungen erlauben und damit eine rechtzeitige Verlängerung oder Kündigung von Verträgen unterstützen.

Die *duale Sicht* auf Stammdaten berücksichtigt sowohl architektonische als auch nutzungsbezogene Aspekte und ist ein effizienter und komfortabler Weg, um alle Arten von Immobilienobjekten und Verträgen anzulegen und zu verwalten.

Sie können mithilfe des RE-Navigators von SAP die notwendigen Informationen zu verschiedenen Immobilienobjekten wie Wirtschaftseinheiten, Grundstücken, Gebäuden oder Mietobjekten erfassen, bearbeiten und über das Informationssystem auswerten, z. B. Eigentumsverhältnisse, Lage, Nutzungsart oder technische Ausstattung.

☛ Andere SAP-Module als Voraussetzung für RE-FX

Um SAP RE-FX nutzen zu können, sind bestimmte Voraussetzungen erforderlich. Als Grundlage dienen hierbei die SAP-Anwendungskomponenten für das Finanzwesen (FI) und das Controlling (CO).

Um jedoch alle Geschäftsprozesse im Zusammenhang mit dem Immobilienlebenszyklus vollständig unterstützen zu können, ist SAP RE-FX mit Objekten und Attributen aus vielen anderen SAP-Komponenten integriert. Hierzu gehören beispielsweise der Geschäftspartner (GP, Business Partner), ferner Objekte des SAP CO wie Kostenstellen, Innenaufträge oder Profitcenter für Buchhaltungs- und Controlling-Zwecke, Sachkonten, Belegarten und Steuerinformationen für vertragsbezogene Geschäftsprozesse sowie für technische Anlagen und Maschinen.

Daher ist es für eine umfassende Nutzung von SAP RE-FX wichtig, auch die Integration mit anderen SAP-Komponenten zu verstehen. Im Rahmen dieses Buches vermittle ich deshalb nicht nur die Inhalte von SAP RE-FX, sondern behandle auch die verschiedenen Aspekte des Zusammenspiels mit anderen SAP-Komponenten. So können Sie das volle Potenzial der Lösung ausschöpfen und alle Geschäftsprozesse effektiv und effizient steuern.

1.5.2 SAP Contract and Lease Management

Mit der Funktionserweiterung SAP RE-FX-LA bietet SAP eine umfassende Vertragsverwaltung und -bewertung zur Erfüllung der Anforderungen von IFRS 16 an. Die Lösung kann sowohl als On-Premise- als auch als Cloud-basierte Implementierung bereitgestellt werden und umfasst Funktionen wie Vertragsüberwachung, Automatisierung von Zahlungen und Buchungen, Leistungsüberwachung, Berichtswesen und Compliance-Management. Einen detaillierten Überblick und eine Einführung erhalten Sie in Kapitel 9.

1.5.3 SAP Cloud for Real Estate

SAP Cloud for Real Estate (SAP C4RE) ist eine Public-Cloud-Lösung, die Entscheider im Umfeld der Unternehmensimmobilien unterstützt und zur Vertrags- oder Standortverwaltung dient. Die vollständig webbasierte Anwendung erfordert keine lokale Installation. Sie ist eine alternative Lösung zu den On-Premise- bzw. Private-Cloud-Lösungen von SAP RE-FX und spricht eine andere Zielgruppe an.

Tabelle 1.1 bringt eine generelle Produktübersicht von SAP RE-FX und SAP C4RE.

	SAP RE-FX	SAP C4RE
Kernprozesse	Wohn-, Gewerbe- und Unternehmensimmobilien	Unternehmensimmobilien
Hosting	lokal (On-Premise), Private Cloud	Public Cloud
Reporting	Informationssystem (Standardreports), SAP Query, SAP SAC optional	SAP SAC optional
Release-management	On-Premise, Private Cloud (4-mal im Jahr)	alle zwei Wochen

Tabelle 1.1: Hauptunterschiede zwischen SAP RE-FX und SAP C4RE

Im weiteren Verlauf des Buches wird SAP Cloud for Real Estate nicht behandelt, da sich das Buch auf die tiefgreifende Darstellung der führenden Lösung von SAP im Bereich der Immobilienverwaltung, SAP RE-FX, konzentriert.

1.6 SAP-Menü und Customizing

SAP RE-FX finden Sie, wie auch alle anderen Module, im Anwendungsmenü (SAP-Menü). Öffnen Sie dazu die Folder im Bereich RECHNUNGSWESEN • FLEXIBLES IMMOBILIENMANAGEMENT. Dort haben Sie direkten Zugriff auf SAP RE-FX.

Sollte im Menü nur ein Folder namens IMMOBILIENVERWALTUNG erscheinen, ist damit das Vorgängerprodukt SAP RE (SAP RE Classic) gemeint. Im weiteren Verlauf werde ich auf mögliche Problemstellungen bei aktiviertem SAP RE eingehen. Bitte vergewissern Sie sich, dass diese Lösung nicht aktiviert wurde.

! SAP RE Classic darf nicht aktiv sein!

Die Aktivierung von SAP RE-FX ist mandantenabhängig. Wenn Sie die Lösung auf mehreren Mandaten verwenden möchten, ist dies zu bedenken. Vorsicht: Falls Sie bereits SAP RE Classic im Einsatz haben, müssen Sie eine Migration auf SAP RE-FX durchführen!

Sie können das Customizing von SAP RE-FX entweder direkt über die Transaktion *RECACUST* öffnen, oder Sie gehen wie gewohnt über den IMG-Einführungsleitfaden per Transaktion SPRO • FLEXIBLES IMMOBILIENMANAGEMENT (RE-FX).

1.7 Grundeinstellungen im SAP-System

Die Aktivierung von SAP RE-FX besteht aus mehreren aufeinanderfolgenden Schritten, die ich im Folgenden detailliert beschreibe und durch Screenshots veranschauliche.

1.7.1 Financials Extension

Als Voraussetzung für die Nutzung von SAP RE-FX muss zunächst das *Business Financials Extension Set (EA-FIN)* aktiv sein. Hierbei handelt es sich um eine Sammlung von Funktionalitäten und Anwendungen innerhalb von SAP, die speziell für die Finanzbuchhaltung entwickelt wurden. Falls Financials Extension nicht bereits aktiviert ist, holen Sie das jetzt über das Customizing in SPRO • BUSINESS FINANCIALS EXTENSION nach (siehe Abbildung 1.1).

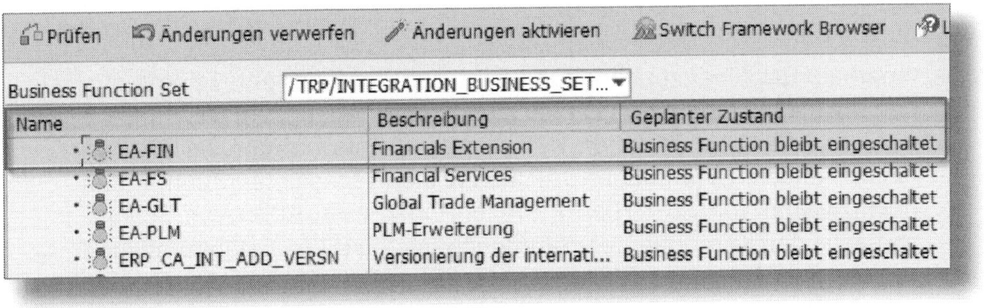

Prüfen | Änderungen verwerfen | Änderungen aktivieren | Switch Framework Browser

Business Function Set /TRP/INTEGRATION_BUSINESS_SET...

Name	Beschreibung	Geplanter Zustand
EA-FIN	Financials Extension	Business Function bleibt eingeschaltet
EA-FS	Financial Services	Business Function bleibt eingeschaltet
EA-GLT	Global Trade Management	Business Function bleibt eingeschaltet
EA-PLM	PLM-Erweiterung	Business Function bleibt eingeschaltet
ERP_CA_INT_ADD_VERSN	Versionierung der internati...	Business Function bleibt eingeschaltet

Abbildung 1.1: Business Financials Extension (EA-FIN) aktivieren

Nun sind diverse Funktionen und Anwendungen einschließlich SAP RE-FX in Ihrem System verfügbar. Das bedeutet, dass die entsprechenden Menüeinträge wie in Abschnitt 1.6 beschrieben im Customizing und SAP-Menü sichtbar werden.

Durch die Aktivierung von EA-FIN werden spezifische Finanz- und Controlling-Funktionalitäten bereitgestellt, die für die effiziente Verwaltung von Immobilien unerlässlich sind. Dies schafft eine durchgängige und integrierte Plattform, auf der sämtliche finanziellen Aspekte, von Mietverträgen bis zu Kostenabrechnungen, miteinander verknüpft werden können.

Die Nutzung von SAP RE-FX in Verbindung mit EA-FIN ermöglicht Unternehmen nicht nur eine präzise Verwaltung ihrer Immobilien, sondern gewährleistet auch eine konsistente Finanzberichterstattung. Die

Integration bringt Synergien zwischen dem Immobilienmanagement und den finanziellen Prozessen, was zu einer ganzheitlichen Sicht auf das Unternehmen führt und die Entscheidungsfindung auf fundierte finanzielle Informationen stützt.

1.7.2 Real Estate Extension BTE

Eine zweite Aktivität für die Nutzung von SAP RE-FX ist die Aktivierung der zugehörigen BTE-Applikation.

Innerhalb der Finanzbuchhaltung bzw. des Kontokorrentsystems stehen Business Transaction Events (BTE) zu Verfügung, um die Funktion des Systems zu modifizieren. BTE sind daher eine Art von User-Exits im Finanzbereich. Dies erlaubt SAP RE-FX die Prozessintegration in das Finanzwesen von SAP. Hierfür stehen Ihnen zwei Arten von Schnittstellen in den Komponenten Hauptbuchhaltung (FI-GL), Debitoren- und Kreditorenbuchhaltung (FI-AP/-AR) sowie Vertrieb (SD) zur Verfügung.

Navigieren Sie hierzu auf SPRO • FINANZWESEN • GRUNDEINSTELLUNGEN FINANZWESEN • WERKZEUGE • KUNDENERWEITERUNGEN • BUSINESS TRANSACTION EVENTS, und setzen sie das BTE-Applikationskennzeichen bei APPLK. RE (siehe Abbildung 1.2).

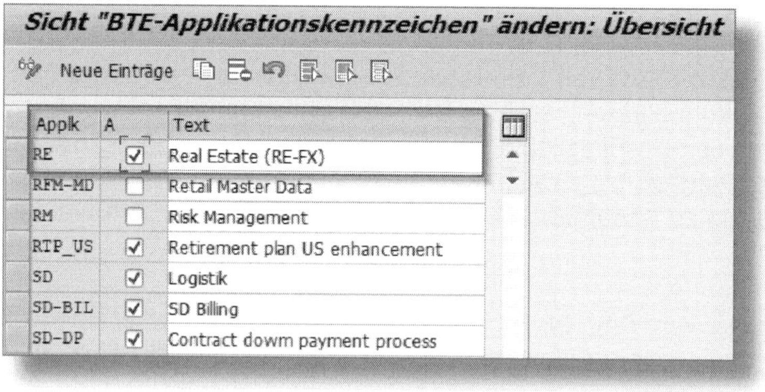

Sicht "BTE-Applikationskennzeichen" ändern: Übersicht

Neue Einträge

Applk	A	Text
RE	☑	Real Estate (RE-FX)
RFM-MD	☐	Retail Master Data
RM	☐	Risk Management
RIP_US	☑	Retirement plan US enhancement
SD	☑	Logistik
SD-BIL	☑	SD Billing
SD-DP	☑	Contract dowm payment process

Abbildung 1.2: BTE-Applikation »RE« aktivieren

1.7.3 Business Functions

Unter Business Functions versteht man eine Gruppe von Funktionen bzw. Features, die aktiviert oder deaktiviert werden können, um die Funktionalität des Systems an Ihre spezifischen Anforderungen anzupassen. Sie sind eine Möglichkeit, die Konfiguration von SAP RE-FX flexibel zu gestalten und nur die benötigten Funktionen zu aktivieren.

Mithilfe dieser Customizing-Aktivität können Sie unter RECACUST • GRUNDEINSTELLUNGEN • TEILFUNKTIONEN AKTIVIEREN auch für RE-FX neue oder veränderte Funktionen aktivieren.

Zusätzlich zu dieser zentralen Einstellung lassen sich in SAP RE-FX separat Teilfunktionen zu Business Functions verfügbar machen.

Mit Einschalten einer Business Function sind einige neue Teilfunktionen automatisch aktiv. Hierbei handelt es sich um Funktionen, die durch entsprechende Customizing-Einstellungen einzeln zu steuern sind (siehe Abbildung 1.3).

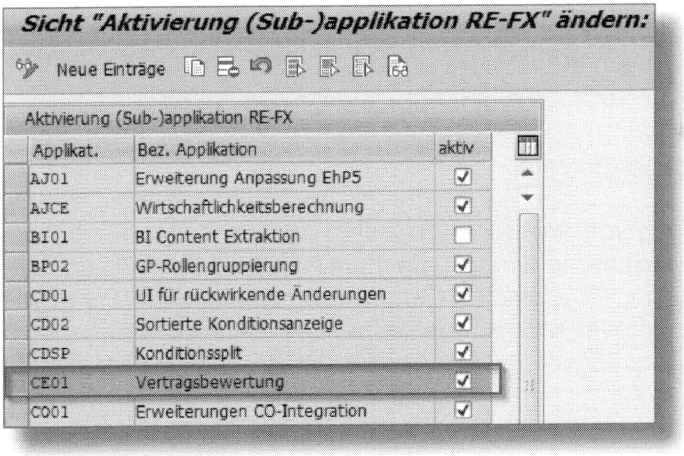

Sicht "Aktivierung (Sub-)applikation RE-FX" ändern:

Neue Einträge

Aktivierung (Sub-)applikation RE-FX

Applikat.	Bez. Applikation	aktiv
AJ01	Erweiterung Anpassung EhP5	☑
AJCE	Wirtschaftlichkeitsberechnung	☑
BI01	BI Content Extraktion	☐
BP02	GP-Rollengruppierung	☑
CD01	UI für rückwirkende Änderungen	☑
CD02	Sortierte Konditionsanzeige	☑
CDSP	Konditionssplit	☑
CE01	Vertragsbewertung	☑
CO01	Erweiterungen CO-Integration	☑

Abbildung 1.3: Aktivierte Teilfunktionen – Beispiel CE01

1.8 Grundeinstellungen im Finanzwesen

Nach Aktivierung von SAP RE-FX auf Ihrem System gestalten Sie nun die weiterführende Integration in das Finanzwesen und Controlling. In diesem Zusammenhang sind spezifische Einstellungen auf der Ebene der Buchungskreise und Kostenrechnungskreise erforderlich.

Die Festlegung von *Buchungskreisen* ist entscheidend für eine klare Abbildung der finanziellen Prozesse in SAP RE-FX. Wenn bereits bestehende Buchungskreise verwendet werden, ist es wichtig sicherzustellen, dass diese die spezifischen Anforderungen des Immobilienmanagements erfüllen. Alternativ können Sie eine neue Organisationsstruktur einrichten.

Die Auswahl des geeigneten *Kostenrechnungskreises* spielt ebenfalls eine bedeutende Rolle. Dieser legt die Struktur für die Kostenrechnung fest und beeinflusst direkt die Genauigkeit der Finanzberichterstattung.

Die sorgfältige Konfiguration dieser Grundeinstellungen ermöglicht eine reibungslose Integration mit SAP FI und SAP CO, was letztendlich zu einer präzisen und transparenten Verwaltung Ihrer Immobilien führt.

1.8.1 Buchungskreis

Für die Nutzung von SAP RE-FX in einem oder mehreren Buchungskreisen sind bestimmte Einstellungen unerlässlich. Sie müssen über den Pfad SPRO • FINANZWESEN • GRUNDEINSTELLUNGEN FINANZWESEN • GLOBALE PARAMETER PRÜFEN UND ERGÄNZEN ebendiese Parameter im Buchungskreis einfügen – in unserem Fall *1010* – und die VERMÖGENSVERWALTUNG AKTIV setzen (siehe Abbildung 1.4).

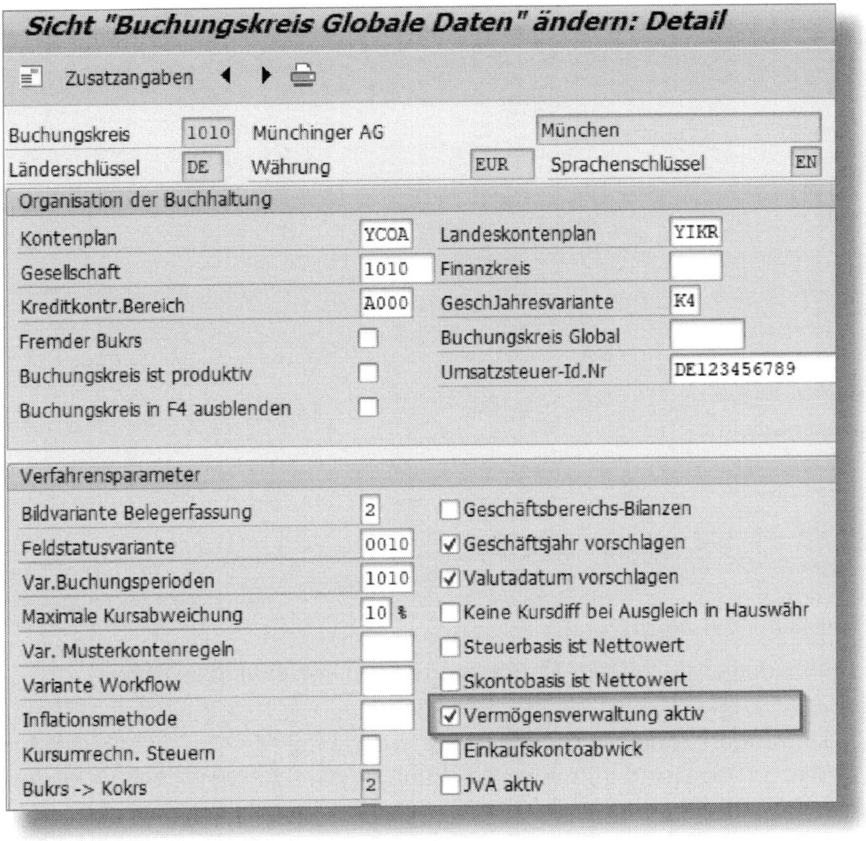

Abbildung 1.4: Vermögensverwaltung im Buchungskreis aktivieren

Hinterlegen Sie außerdem per RECACUST • GRUNDEINSTELLUNGEN • GRUNDEINSTELLUNGEN IM BUCHUNGSKREIS VORNEHMEN die Grundeinstellungen für diesen Buchungskreis im Customizing von SAP RE-FX (siehe Abbildung 1.5).

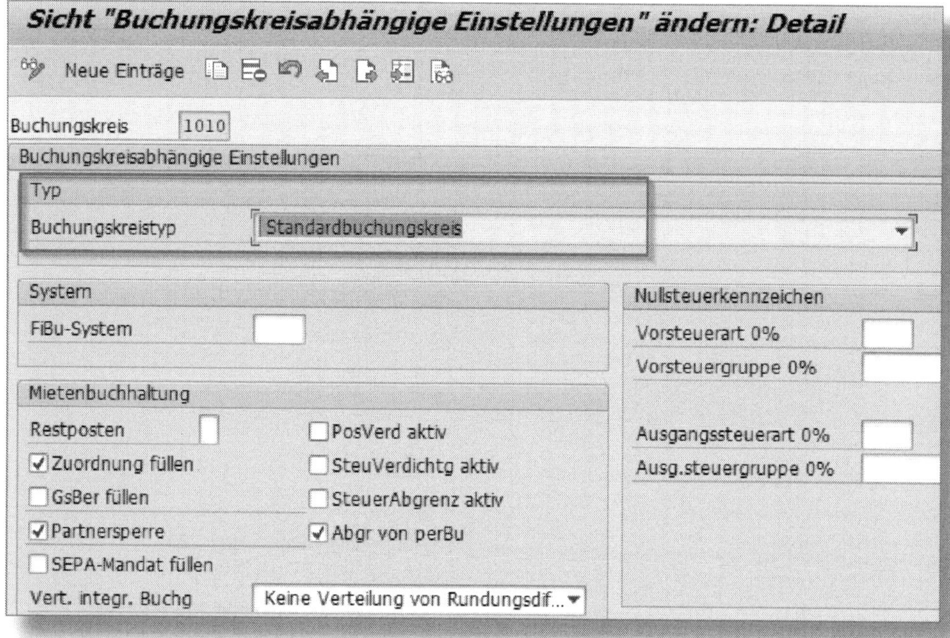

Abbildung 1.5: SAP-RE-FX-Buchungskreis – Grundeinstellungen

Stammdatenobjekte in SAP RE-FX wie beispielsweise Gebäude oder Mietverträge sind immer einem Buchungskreis zugeordnet, da dieser in SAP RE-FX als zentrale Organisationsstruktur für die Finanzbuchhaltung verwendet wird. So wird sichergestellt, dass die Finanzbuchhaltung und Kostenrechnung für jedes Objekt im richtigen Buchungskreis arbeitet und somit eine korrekte Zuordnung von Kosten und Erlösen erfolgen kann.

Der Buchungskreis in SAP RE-FX, wie aus Abbildung 1.5 ersichtlich, wird entsprechend seiner Rolle in der Immobilienverwaltung in verschiedene Typen unterteilt (siehe Tabelle 1.2).

Buchungskreistyp	Beschreibung
Standardbuchungskreis	Verwaltung von eigenen Immobilienobjekten
Verwaltungsbuchungskreis	Verwaltung eigener Immobilien, auch in einer Wohneigentümergemeinschaft (WEG)
Sondereigentumsbuchungskreis	Verwaltung im Auftrag eines einzelnen WEG-Eigentümers
Mandatsbuchungskreis	Datenverwaltung für externe Auftraggeber inklusive Objekt- und WEG-Mandate
Referenzbuchungskreis	Kopiervorlage für Mandatsbuchungskreise, keine Anlage von Immobilienobjekten

Tabelle 1.2: Buchungskreistypen – Übersicht

Diese Typisierung ermöglicht eine klare Trennung fremden Vermögens, wodurch jeder Buchungskreis eine eigene Buchhaltung führt.

1.8.2 Kostenrechnungskreis

Für den vollständigen Einsatz von SAP RE-FX im Finanzwesen ist der Einsatz der SAP-Kostenrechnung in SAP CO eine weitere Voraussetzung. Hierbei handelt es sich um die Controlling-Komponente von SAP Financials. Das zentrale Objekt in der Stammdatenstruktur der Kostenrechnung ist der Kostenrechnungskreis.

Um die Immobilienverwaltung in SAP RE-FX nutzen zu können, ist es notwendig, die Immobilienverwaltung im Kostenrechnungskreis zu aktivieren. Folgen Sie hierzu im Customizing dem Pfad RECACUST • FLEXIBLES IMMOBILIENMANAGEMENT (RE-FX) • GRUNDEINSTELLUNGEN • GRUNDEINSTELLUNGEN IM BUCHUNGSKREIS VORNEHMEN. Dort müssen Sie das Flag bei IMMOBILIENVERWALTUNG setzen (siehe Abbildung 1.6).

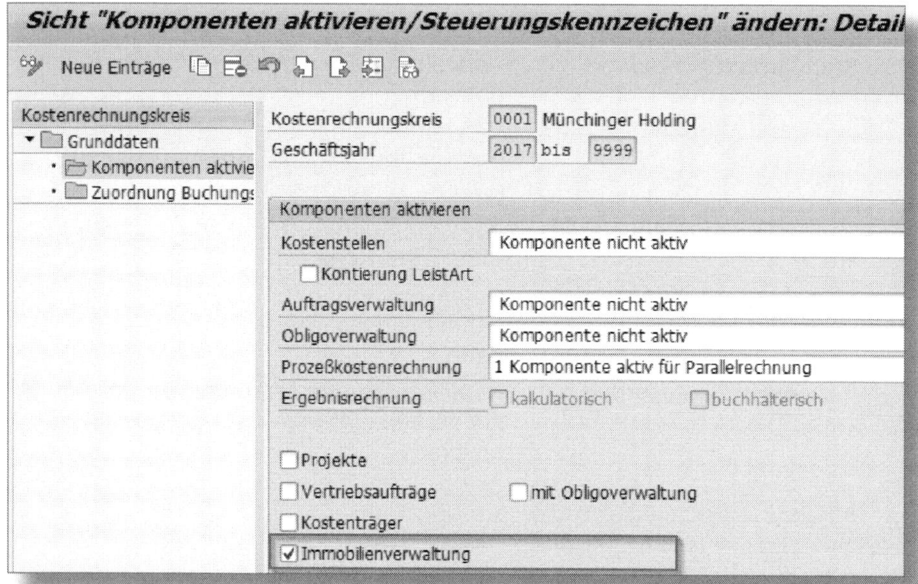

Abbildung 1.6: Kostenrechnungskreis – Immobilienverwaltung

Das Kennzeichen steuert die Möglichkeit der Kontierung auf Immobilienobjekte. Es beeinflusst verschiedene Transaktionen wie die Finanzbuchung oder statistische Kennzahlen. Ist das Kennzeichen nicht gesetzt, wird beispielsweise bei der Belegbuchung in der Finanzbuchhaltung die Eingabe eines Immobilienobjekts für die CO-Kontierung mit einer Fehlermeldung zurückgewiesen. Sie werden aufgefordert, die Komponente Immobilien für den angegebenen Kostenrechnungskreis und das angegebene Geschäftsjahr zu aktivieren.

Der Kostenrechnungskreis bildet die zentrale Organisationsstruktur für die Kostenrechnung in SAP RE-FX. Er wird verwendet, um die Kosten und Erlöse, die im Zusammenhang mit den in der Immobilienverwaltung erfassten Objekten, wie beispielsweise einer Immobilie oder einem Mietvertrag, anfallen, genau zu erfassen und auf die Kostenstellen und Kostenträger zu verteilen und zu verrechnen. Dadurch wird eine transparente und genaue Kostenrechnung und -verrechnung ermöglicht.

1.9 Releasemanagement

Ein wesentlicher Vorteil von SAP RE-FX liegt in der regelmäßigen Bereitstellung neuer Releases, die den aktuellen Marktanforderungen und gesetzlichen Bestimmungen entsprechen. So bleiben Unternehmen kontinuierlich auf dem neuesten Stand und können flexibel auf Veränderungen zu reagieren, ohne eigenhändig umfangreiche Anpassungen vornehmen zu müssen.

Die SAP liefert neue Releases in der Regel in Form von sogenannten Support Packages und Support Package Stacks aus. Support Packages enthalten einzelne Programmänderungen, Fehlerbehebungen und kleinere Erweiterungen. Support Package Stacks bündeln mehrere Support Packages und können darüber hinaus auch bedeutende Funktionsverbesserungen und Erweiterungen umfassen.

Die Auslieferung der Releases erfolgt über das SAP-eigene Support-Portal, auf das Kunden mit einem gültigen Wartungsvertrag zugreifen können. Dieser Zugang erlaubt nicht nur den Download der neuesten Softwareversionen, sondern bietet auch einen zentralen Ort für relevante Informationen, Dokumentationen und Hilfestellungen, um eine effektive Implementierung der Updates zu gewährleisten.

1.10 Aufbau des RE-Navigators

Der RE-Navigator ermöglicht es, sämtliche Objektarten in SAP RE zu erfassen und zu bearbeiten sowie Auswertungen abzurufen und Prozesse zu starten. Er dient somit als zentrales Steuerungselement für die Verwaltung von Immobilienobjekten eines Unternehmens und kann als eine Art Cockpit betrachtet werden.

Über die Transaktion *RE80* greifen Sie auf den RE-Navigator zu, der als Einstiegspunkt für die Bearbeitung folgender Immobilienobjekte dient:

- Immobilienverträge
- Stammdaten der Nutzungssicht

- Stammdaten der architektonischen Sicht
- Stammdaten der Nebenkostenabrechnung
- Stammdaten zur Mietanpassung
- Stammdaten der Fremdverwaltung
- Stammdaten der Liegenschaftsverwaltung
- Buchungsvorfälle der einmaligen Buchungen (über das Stammdatenobjekt »Buchungskreis«)

Eine Baumdarstellung zeigt die Detailansicht der Objektstrukturen einschließlich der Vertragsdaten mit zugeordneten Nutzungsobjekten, Prozessen und Übersichten sowie Detaildaten des jeweiligen Objekts, Übersichten und ggf. untergeordnete Objekte. Die komplette Struktur der Abrechnungseinheiten mit Vorverteilungsabrechnungseinheit, Kostenträgerabrechnungseinheit, Teilnahmegruppen und Mietobjekten ist ebenfalls verfügbar.

Über das Drop-down-Menü unterhalb der beschriebenen Funktionen können Sie verschiedene Hierarchien, einzelne Objekte, einen personalisierten Arbeitsvorrat und ein personalisiertes Menü namens MEINE OBJEKTE aufrufen (siehe ❶ in Abbildung 1.7).

Durch Angabe des *Buchungskreises* als Selektionskriterium und Auswahl von *1010* ❷ werden alle Immobilienverträge und Wirtschaftseinheiten dieses Buchungskreises in einer Baumdarstellung aufgelistet. Wenn Sie einen Vertrag oder ein Objekt aufklappen, können Sie sowohl dessen Detaildaten als auch die untergeordneten Objekte (z. B. Gebäude, Mietobjekte oder Abrechnungseinheiten) und deren Detaildaten aufrufen.

Um beispielsweise einen bestimmten Vertrag aufzurufen, wählen Sie unter ❷ das Selektionskriterium *Immobilienvertrag*, geben den Buchungskreis und die Vertragsnummer ein und wählen den Button (Anzeigen).

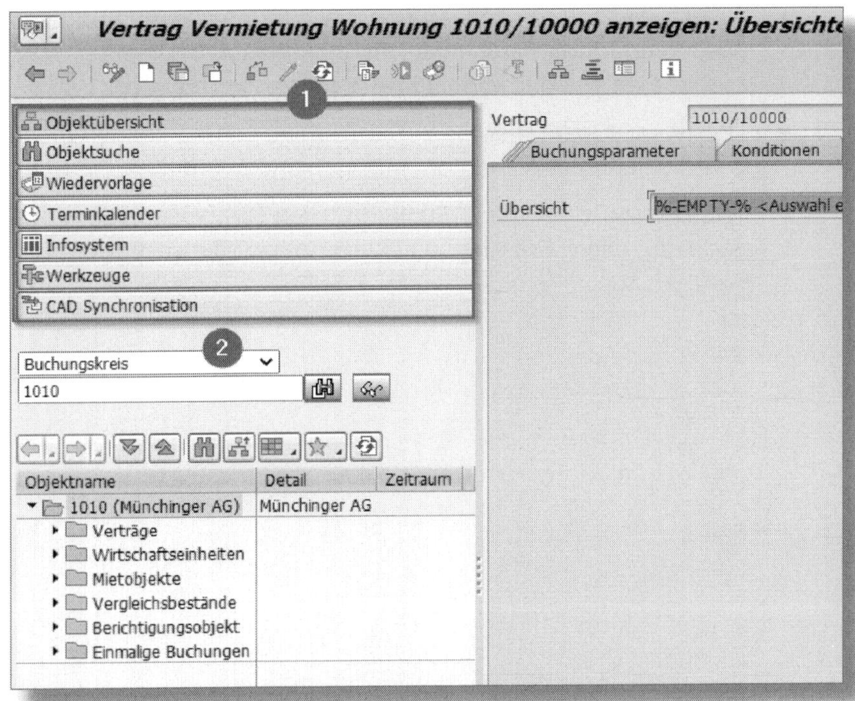

Abbildung 1.7: RE-Navigator – Navigationsübersicht

Links (siehe ❶ in Abbildung 1.7) befindet sich der Navigationsbereich, in dem mehrere Funktionen zur Verfügung stehen:

- OBJEKTÜBERSICHT: Hier können Sie Objekte auswählen oder neue anlegen. Außerdem können hier der Arbeitsvorrat, »Meine Objekte«, Favoriten und Objektstapel angezeigt werden. Die Objekte werden hierarchisch mit allen Daten und ggf. mit untergeordneten Objekten dargestellt und können per Doppelklick aufgerufen und in der Detailsicht bearbeitet werden.
- OBJEKTSUCHE: Hier suchen Sie nach Immobilienobjekten. Diese werden dann in einer Liste angezeigt, von der aus Sie in die Anzeige oder Bearbeitung des jeweiligen Objekts navigieren.

- WIEDERVORLAGE: Diese Funktion steht für die Generierung von Wiedervorlageterminen für architektonische Objekte, Nutzungsobjekte und Immobilienverträge zur Verfügung.
- TERMINKALENDER: Hier legen Sie Termine an und können diese in verschiedenen Ansichten anzeigen und bearbeiten.
- INFOSYSTEM: Über diese Funktion rufen Sie verschiedene Reports zu allen Nutzungsobjekten, Immobilienverträgen und Partnern auf.

2 Stammdaten

Bei der Erläuterung des digitalen Zwillings habe ich bereits betont, wie entscheidend die Stammdaten für die Abbildung der Immobilienverwaltung sind. Nur wenn die Objekte im Immobilienbestand korrekt erfasst sind, können Sie beispielsweise die entstandenen Kosten ordnungsgemäß umlegen. In diesem Kapitel erhalten Sie eine detaillierte Einführung in die von SAP RE-FX verwendeten Stammdaten der Nutzungssicht. Darüber hinaus erläutere ich Ihnen die Unterschiede zwischen der Nutzungs- und architektonischen Sicht sowie andere Stammdatenobjekte.

2.1 Architektonische Sicht

Die architektonische Sicht bietet eine umfassende Darstellung der Architektur eines Gebäudes. Sie berücksichtigt dabei alle relevanten Aspekte, die für dessen Nutzung wichtig sind. Diese detaillierte Ansicht kann mithilfe von externer Planungssoftware wie Computer-Aided Design (CAD) in das Gesamtsystem integriert werden. Die architektonische Sicht definiert auch die Raummaße, die dann in der Nutzersicht von Bedeutung sind. Sie gibt somit einen Überblick über den tatsächlichen architektonischen Rahmen eines Immobilienobjekts und ermöglicht eine ganzheitliche Betrachtung aus verschiedenen Blickwinkeln.

Architektonische Sicht ist optional

Die Verwendung der architektonischen Sicht ist optional. Sie müssen die im Folgenden beschriebenen Einstellungen nur vornehmen, wenn Sie diese Sicht tatsächlich einsetzen wollen.

Die architektonische Sicht bietet vielseitige Einsatzmöglichkeiten, z. B. in folgenden Situationen:

- Sie möchten detaillierte Informationen über die architektonische Struktur Ihrer Immobilienobjekte im System festhalten.
- Wenn sich die Nutzung Ihrer Objekte häufig ändert, bleibt die architektonische Sicht konstant; bei Bedarf können Sie neue Nutzungsobjekte hinzufügen.
- Es sollen grafische Systeme wie CAD und eine entsprechende Visualisierungssoftware verwendet werden.
- Sie möchten die Funktionen der Raumreservierung und permanenten Raumbelegung verwenden und dabei aus den architektonischen Objekttypen reservierbare Objekte erzeugen.

Durch das SAP-RE-FX-Customizing lassen sich die benötigten Objekte für die architektonische Sicht individuell definieren. Hierzu erstellen Sie architektonische Objekttypen, die verschiedenen Bemessungsarten (siehe Abschnitt 2.7) zugeordnet werden. Durch diese Objekttypen legen Sie fest, welche architektonischen Ebenen im System unterschieden werden. Sie erreichen das Customizing über SPRO • STAMMDATEN • ARCHITEKTONISCHE SICHT • ARCHITEKTONISCHER OBJEKTTYP • ARCHITEKTONISCHE OBJEKTTYPEN ANLEGEN.

Nun können Sie Objekte anlegen und den Stammdaten der Nutzungssicht zuordnen (siehe Abbildung 2.1). Die Strukturierung ist nicht vorgeschrieben und kann detaillierter als in unserem Beispiel gestaltet werden.

Im SAP-Standard werden einige architektonische Objekttypen ausgeliefert. Diese können nach Bedarf gelöscht oder als Kopiervorlage angepasst werden.

Es ist ratsam, im Customizing nur diejenigen Objekttypen zu definieren, die tatsächlich benötigt werden. Vermeiden Sie es, für jede Art Raum einen eigenen architektonischen Objekttyp anzulegen. Stattdessen sollte die Unterscheidung auf der Funktionsebene des architektonischen Objekts erfolgen.

Sicht "Objekttypen der Architektur" ändern: Übersicht

Neue Einträge

Objekttypen der Architektur

Arc...	Bez. Arch. Objekttyp	AO = WE	AO = Geb	AO = Grst	Oberste Ebene	Nr-Vrg.gl
00GL	Globales Unternehmen	☐	☐	☐	☑	☑
01AR	Areal	☐	☐	☐	☐	☐
02CM	Gebäudekomplex	☑	☐	☐	☐	☐
03BU	Gebäude	☐	☑	☐	☐	☐
03PR	Grundstück	☐	☐	☑	☐	☐
04FL	Stockwerk	☐	☐	☐	☐	☐
04PB	Gebäudeteil	☐	☐	☐	☐	☐
04PP	Grundstücksteilfläche	☐	☐	☐	☐	☐
05AP	Wohnung	☐	☐	☐	☐	☐

Abbildung 2.1: Zulässige architektonische Objekte – Definition

2.2 Nutzungssicht

Im Unterschied zur architektonischen Sicht, die die Immobilienobjekte unabhängig von Eigentumsverhältnissen in ihrer tatsächlichen Struktur abbildet, bezieht sich die Nutzungssicht auf die betriebswirtschaftliche oder buchhalterische Betrachtung von Immobilienobjekten. In der Nutzungssicht werden Immobilienobjekte in den Organisationsstrukturen des Finanzwesens und Controllings dargestellt, in einem Buchungskreis, der einem Kostenrechnungskreis zugeordnet ist.

Nutzungssicht ist obligatorisch

Die Verwendung der Nutzungssicht und die dazugehörenden Einstellungen sind obligatorisch.

Die Hierarchie der Nutzungsobjekte ist von SAP RE-FX vorgegeben und besteht aus drei Ebenen (siehe Abbildung 2.2):

- Auf der ersten Ebene befindet sich die **Wirtschaftseinheit** (siehe Abschnitt 2.3).

- Der Wirtschaftseinheit können ein oder mehrere **Gebäude** (siehe Abschnitt 2.4) sowie ein oder mehrere **Grundstücke** (siehe Abschnitt 2.5) zugeordnet werden.
- Eine dritte Ebene bilden die **Mietobjekte** (Mieteinheiten und Flächenpools, siehe Abschnitt 2.6), die einem Gebäude oder einem Grundstück zugeordnet werden können.

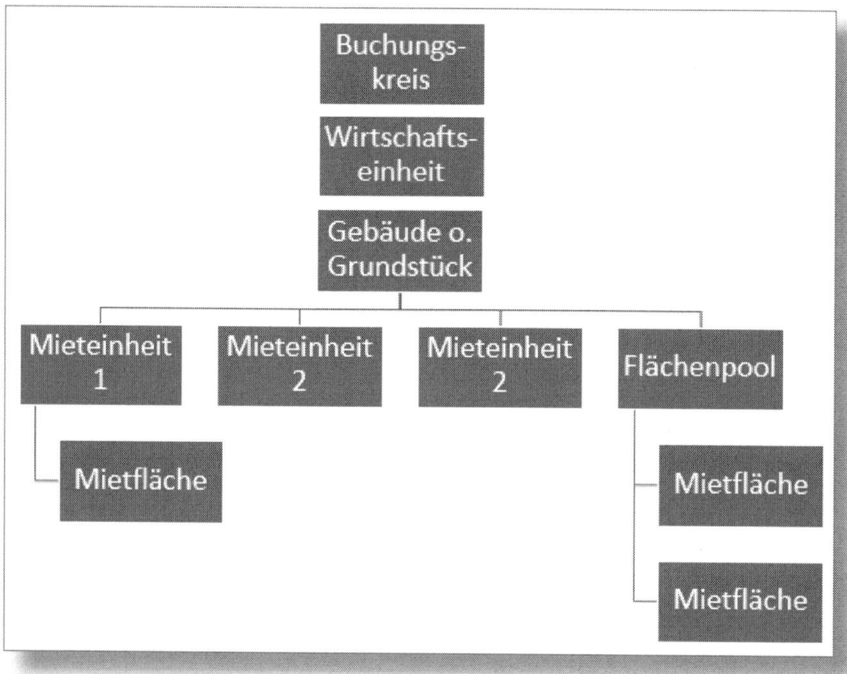

Abbildung 2.2: Nutzungssicht – grafische Darstellung

Hier gebe ich einen Überblick über die Registerkarten, die in allen Stammdatenobjekten der Nutzungssicht vorhanden sind. Alle Spezialreiter werden in den weiteren Unterpunkten je Stammdatenobjekt erläutert. Der Immobilienvetrag selbst wird in Kapitel 3 ausführlich beschrieben.

Einsatz des BDT-Frameworks

Falls Sie feststellen, dass zusätzliche Reiter benötigt werden, die derzeit ausgeblendet sind, oder Sie nicht benötigte Reiter ausblenden möchten, können Sie dies in jedem Immobilienobjekttyp einfach durch Customizing mit dem Business Data Toolset (BDT) tun. Das BDT ist ein Framework, das es ermöglicht, die Anzeige von Attributen zu ändern und benutzerdefinierte Attribute hinzuzufügen, um nur die benötigten Attribute anzuzeigen.

2.2.1 Reiter »Allgemeine Daten«

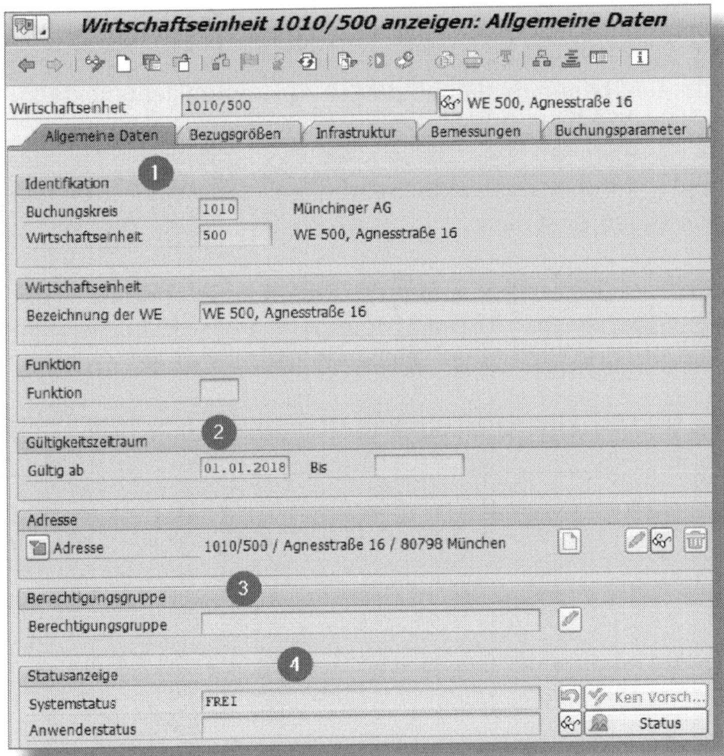

Abbildung 2.3: Wirtschaftseinheit – allgemeine Daten

Im Reiter Allgemeine Daten (siehe Abbildung 2.3) finden Sie nicht nur die Bezeichnung, sondern auch die Identifikation ❶ einschließlich der Nummer der Wirtschaftseinheit bzw., je nachdem, um welches Nutzungsobjekt es sich handelt, des Gebäudes oder des Grundstücks bzw. Vertrags. Die Nummernvergabe kann intern oder extern erfolgen. Die Einstellungen zur Nummernvergabe beispielsweise für die Wirtschaftseinheiten erfolgen im Customizing per RECACUST • Stammdaten • Nutzungssicht • Wirtschaftseinheit • Nummernkreis Wirtschaftseinheiten. Dort legen Sie auch fest, ob die Nummernvergabe intern oder extern erfolgt.

Für jedes Immobilienobjekt bestimmen Sie einen Gültigkeitszeitraum ❷. Außerhalb dieses Zeitraums sind die Objekte nicht verfügbar und werden bei periodischen Buchungen und anderen Prozessen nicht berücksichtigt. Die zeitliche Gültigkeit wird innerhalb der Objekthierarchie vererbt.

Wenn Sie die Bearbeitungsberechtigungen für Immobilienobjekte zusätzlich zu den SAP-Berechtigungsrollen einschränken möchten, verwenden Sie die Berechtigungsgruppe ❸. Der SAP-Anwender kann nur diejenigen Immobilienobjekte bearbeiten, die seiner Berechtigungsgruppe zugeordnet sind.

Per RECACUST • Übergreifende Einstellungen zu Stammdaten und Vertrag • Berechtigungen • Berechtigungsgruppen definieren können Sie neue Gruppen hinzufügen (siehe Abbildung 2.4).

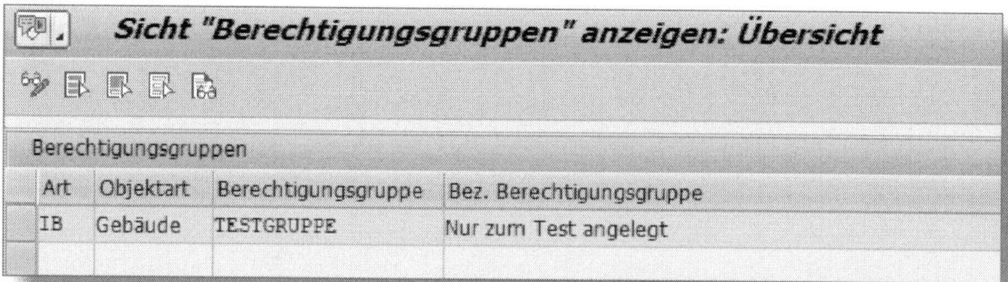

Sicht "Berechtigungsgruppen" anzeigen: Übersicht

Berechtigungsgruppen

Art	Objektart	Berechtigungsgruppe	Bez. Berechtigungsgruppe
IB	Gebäude	TESTGRUPPE	Nur zum Test angelegt

Abbildung 2.4: Berechtigungsgruppen – Customizing

Üblicherweise wird das Feld nicht manuell gesetzt, sondern mithilfe von Substitutionsregeln durch das System vergeben.

Die ALLGEMEINEN DATEN enthalten in der STATUSANZEIGE auch Statusinformationen zum Immobilienobjekt (siehe ❹ in Abbildung 2.3).

2.2.2 Reiter »Partner«

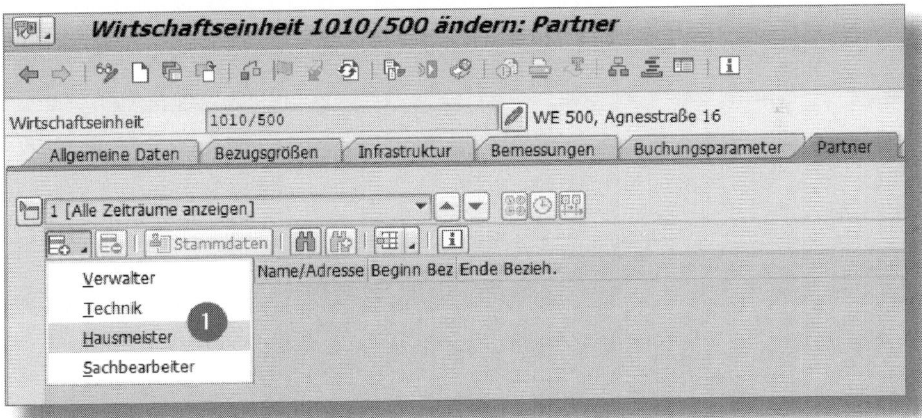

Abbildung 2.5: Zuordnung Geschäftspartner mit neuer Rolle

Wie bereits beschrieben, gibt es im Immobilienmanagement verschiedene Stakeholder, die Beziehungen zu einer Immobilie haben. Dies können z. B. *Sachbearbeiter* oder *Hausmeister* (siehe ❶ in Abbildung 2.5) sein. Diese Beziehungen werden durch den Geschäftspartner in verschiedenen Rollen verwaltet und können im Reiter PARTNER den Immobilienobjekten zugeordnet werden, wobei diese Zuordnung an andere Objekte vererbt werden kann.

Nehmen wir an, einer Wirtschaftseinheit sind verschiedene Geschäftspartner zugeordnet, wie Sachbearbeiter oder Hausmeister. Diese werden mit unterschiedlichen Rollen verwaltet. In der PARTNER-Registerkarte können diese Beziehungen mit den Immobilienobjekten verknüpft werden. Einmal eingetragene Partnerinformationen werden automatisch auf alle relevanten Immobilienobjekte übertragen, was die Verwaltung und Aktualisierung der Partnerinformationen erleichtert.

2.2.3 Reiter »Infrastruktur«

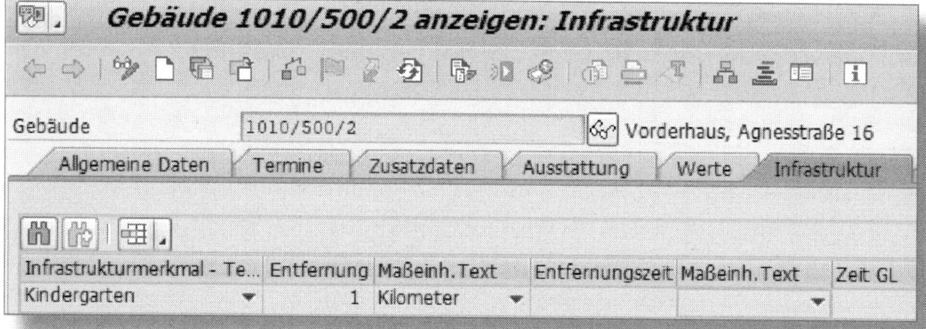

Abbildung 2.6: Pflege des Infrastrukturmerkmals »Kindergarten«

Im Register INFRASTRUKTUR tragen Sie verschiedene Merkmale wie z. B. die Entfernung zu U-Bahnen, Kindergärten und anderen Infrastrukturobjekten ein. Dabei können Sie die Maßeinheiten und Objekte selbst im Customizing definieren. Die Merkmale der übergeordneten Objekte werden an die untergeordneten Objekte vererbt. Abbildung 2.6 zeigt diese Übernahme der Infrastrukturmerkmale von Wirtschaftseinheit 500 in der AGNESSTRAßE 16 (siehe Abbildung 2.3) auf ein untergeordnetes Gebäude, das *Vorderhaus, Agnesstraße 16*.

Merkmale dieser Art eignen sich sehr gut bei der Suche nach geeigneten Objekten für Interessenten – nutzen Sie dafür die Interessentenverwaltung (siehe Abschnitt 3.5).

2.2.4 Reiter »Bemessungen«

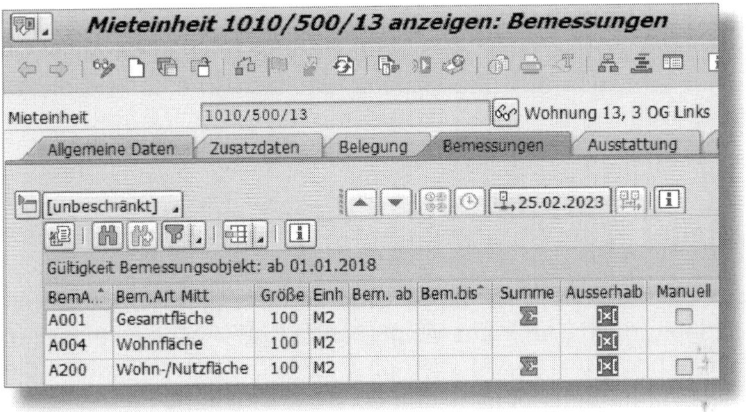

Mieteinheit 1010/500/13 anzeigen: Bemessungen

Mieteinheit 1010/500/13 Wohnung 13, 3 OG Links

Allgemeine Daten | Zusatzdaten | Belegung | Bemessungen | Ausstattung

[unbeschränkt] 25.02.2023

Gültigkeit Bemessungsobjekt: ab 01.01.2018

BemA..	Bem.Art Mitt	Größe	Einh	Bem. ab	Bem.bis	Summe	Ausserhalb	Manuell
A001	Gesamtfläche	100	M2					
A004	Wohnfläche	100	M2					
A200	Wohn-/Nutzfläche	100	M2					

Abbildung 2.7: Fläche der Mieteinheit – Bemessungen

Quantifizierbare Eigenschaften eines Immobilienobjekts werden als BEMESSUNGEN bezeichnet (siehe Abbildung 2.7; vgl. zu diesem Thema auch Abschnitt 2.7). Beispiele dafür sind die Fläche eines Grundstücks oder einer Wohnung sowie die Anzahl der Zimmer. Es gibt verschiedene Arten von Bemessungen, die sich durch die Berechnung unterscheiden, etwa die Fläche eines Grundstücks oder einer Wohnung, die Anzahl der Zimmer, Nutzfläche, Wohnfläche oder Grundstücksgröße.

2.2.5 Reiter »Buchungsparameter«

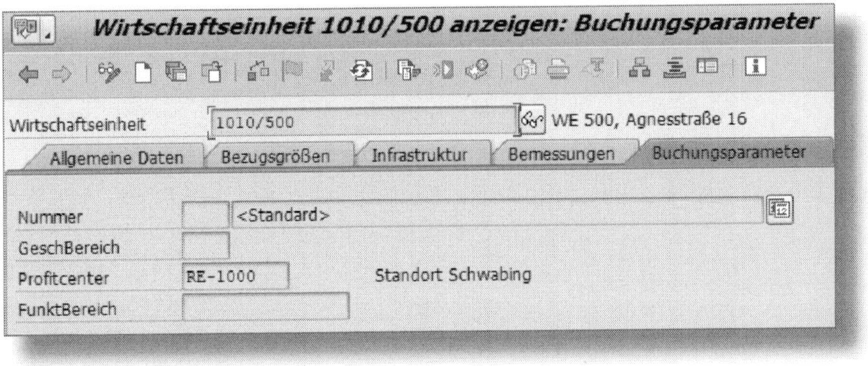

Wirtschaftseinheit 1010/500 anzeigen: Buchungsparameter

Wirtschaftseinheit 1010/500 WE 500, Agnesstraße 16

Allgemeine Daten | Bezugsgrößen | Infrastruktur | Bemessungen | Buchungsparameter

Nummer <Standard>

GeschBereich

Profitcenter RE-1000 Standort Schwabing

FunktBereich

Abbildung 2.8: Wirtschaftseinheit – Buchungsparameter

Wenn Sie einer Wirtschaftseinheit ein Profitcenter oder einen Geschäftsbereich zuordnen, wird diese Zuordnung auf die untergeordneten Immobilienobjekte logisch (nicht physisch) vererbt. Die logische Vererbung stellt sicher, dass die Zuordnung zu übergeordneten Geschäftseinheiten auch auf die darunterliegenden Immobilienobjekte angewendet wird.

2.2.6 Reiter »Zuordnungen«

Die Funktionalitäten von SAP RE-FX sind eng mit den Komponenten der Instandhaltung in SAP Plant Maintenance (SAP PM) sowie der Anlagenbuchhaltung (SAP FI-AA) verknüpft. Falls Sie beispielsweise die abhängigen Stammdatenobjekte aus der Instandhaltung im Reiter ZUORDNUNGEN angezeigt bekommen möchten, müssen Sie über das Customizing die Verbindung zu den Stammdaten der anderen SAP-Komponenten herstellen.

In Abbildung 2.9 sehen Sie, dass im Customizing per ÜBERGREIFENDE EINSTELLUNGEN ZU STAMMDATEN UND VERTRAG • ZUORDNUNG VON OBJEKTEN ANDERER KOMPONENTEN die Möglichkeit der Zuordnung von Instandhaltungsobjekten festgelegt worden ist.

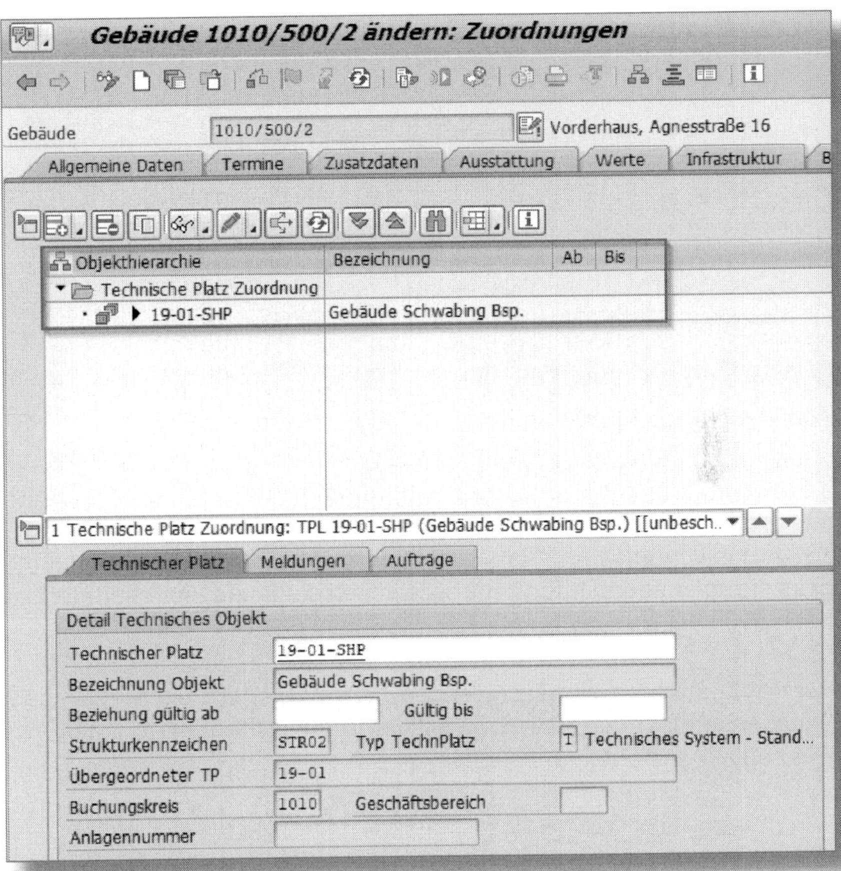

Abbildung 2.9: Zugeordneter Technischer Platz zum Gebäude

Sicht "Zulässige Zuordnungsobjekte pro Objektart" ändern: Übersicht

Neue Einträge

Zulässige Zuordnungsobjekte pro Objektart

Art	Art	Objektart	Difkrt	Diff.kriterium	Zuo...	Zuord.Obj.art	O...	U...	V...	G...
IO	AO	Architekt. O..			IF	Technischer Platz	☑	☐	☐	☐
IB	GE	Gebäude			IF	Technischer Platz	☑	☐	☐	☐
IS	IV	Vertrag	C001	Vermietung Gewerbe	IL	Objektgruppe	☑	☐	☑	☐
IS	IV	Vertrag	C001	Vermietung Gewerbe	IM	Mietobjekt	☑	☐	☑	☑
IS	IV	Vertrag	C001	Vermietung Gewerbe	J4	Vertragsgegenstand	☑	☐	☑	☑
IS	IV	Vertrag	C001	Vermietung Gewerbe	KS	Kostenstelle	☐	☐	☑	☑

Abbildung 2.10: Zuordnung Technischer Platz zum Gebäude

Im unter Abbildung 2.10 dargestellten Customizing erfolgt die Zuordnung von Technischen Plätzen (siehe hierzu auch Abschnitt 8.1.1) zu Immobilienobjekten. Sie ist informatorischer Natur. Das bedeutet, dass sie vorwiegend Informationszwecken dient und nicht unmittelbar operative oder transaktionale Auswirkungen hat.

Bei der Zuordnung von Technischen Plätzen besteht die Möglichkeit, Schadensmeldungen zu dem jeweiligen Technischen Platz vom Immobilienobjekt aus direkt anzulegen.

2.2.7 Reiter »Wiedervorlage«

Sie können Wiedervorlageregeln erfassen, die für die Verfolgung von Terminen und Fristen von grundlegender Bedeutung sind. In diesem Reiter lässt sich das Objekt überwachen und verwalten. Sie haben die Möglichkeit, eine unbegrenzte Anzahl von einmaligen oder auch von wiederkehrenden Terminen für das Objekt anzulegen und zu verwalten. Eine Statusverwaltung, umfassende Berichterstattung und die Möglichkeit, benutzerdefinierte Beschreibungen für jeden einzelnen Termin zu erstellen, unterstützen Sie dabei.

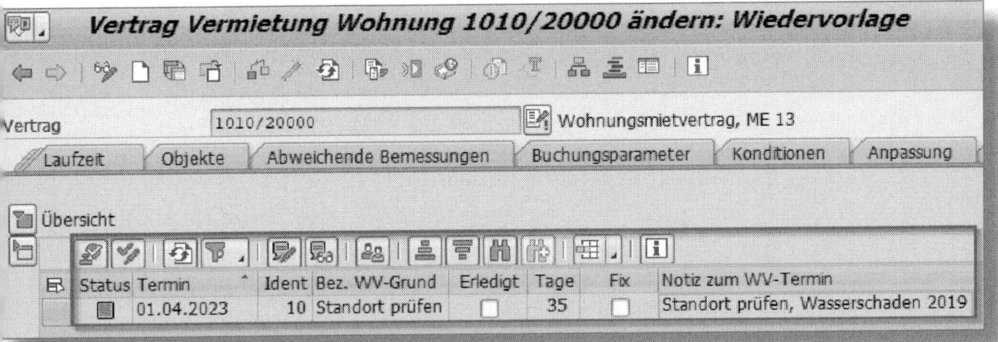

Abbildung 2.11: Wiedervorlage – Beispiel

In Abbildung 2.11 ist eine Wiedervorlage mit dem TERMIN *01.04.2023* zu sehen. Diese wird in *35* TAGEN aktiviert und erscheint in den Wiedervorlagen des Sachbearbeiters. Sie enthält zudem eine kurze NOTIZ ZUM WV-TERMIN, die darauf hinweist, einen *Wasserschaden* aus dem Jahr *2019* zu überprüfen.

Diese praktische Funktion erlaubt eine effiziente Verwaltung und Überwachung von wichtigen Aufgaben und Ereignissen im Zusammenhang mit den Immobilienobjekten. Der Sachbearbeiter hat die Möglichkeit, die Wiedervorlage durch Setzen des Kennzeichens in dem entsprechenden Feld als ERLEDIGT zu markieren. Dadurch wird sie als abgeschlossen betrachtet und ist für zukünftige Überprüfungen obsolet.

2.2.8 Reiter »Architektur«

Dank der Verknüpfung der Stammdaten der Nutzungssicht mit denen der architektonischen Sicht erhalten Sie im Reiter ARCHITEKTUR einen Überblick über beide Sichten. Außerdem können Sie einem bestehenden architektonischen Objekt ein Objekt der Nutzungssicht zuzuordnen. Wenn beide Objekte miteinander verknüpft sind, werden Plausibilitätsprüfungen durchgeführt, z. B. hinsichtlich der Bemessungen beider Objekte.

Abbildung 2.12: Zuordnung architektonisches Objekt »DEMUC«

In Abbildung 2.12 wurde ein Objekt der OBJEKTHIERARCHIE GLOBALFM aus dem AREAL DEMUC erfolgreich mit einem Mietobjekt, in diesem Fall einer Wohnung, in der Nutzungssicht verknüpft. Diese Verbindung ermöglicht nicht nur die ganzheitliche Betrachtung beider Perspektiven, sondern auch die Durchführung von Plausibilitätsprüfungen, sodass die Stammdaten konsistent und widerspruchsfrei sind.

2.2.9 Reiter »Übersichten«

Zu jedem Immobilienobjekt gibt es spezifische Berichte, die entweder über das Infosystem mit standardisierten Suchmasken oder über den Reiter ÜBERSICHTEN aufgerufen werden können. Wenn Sie Berichte über diesen Reiter aufrufen, müssen Sie keine ausführliche Auswahl von Suchkriterien durchführen, da diese bereits durch das geöffnete Stammdatenobjekt festgelegt werden. Ein häufiges Anwendungsszenario besteht darin, eine Liste der Änderungsbelege für einen Vertrag anzuzeigen und als Standard festzulegen. Rufen Sie die geänderten Stammdaten des Vertrags auf. Um Zeit zu sparen, können Sie den Bericht als Standardliste sichern, um ihn als Standardwert zu speichern und ihn beim nächsten Mal direkt angezeigt zu bekommen.

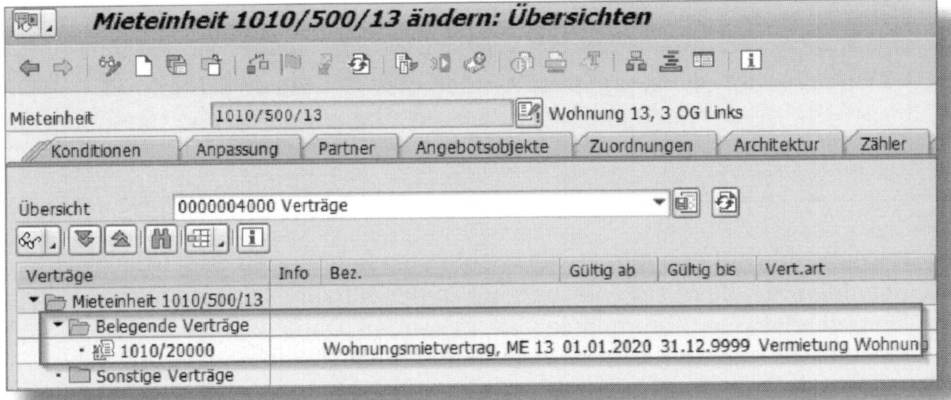

Abbildung 2.13: Übersichten zur Mieteinheit – Verträge

In Abbildung 2.13 sehen Sie, dass die MIETEINHEIT 1010/500/13 einen zugeordneten Vertrag mit der Nummer 1010/20000 enthält. Dies verdeutlicht die Belegung der Mieteinheit durch den entsprechenden Immobilienvertrag.

2.3 Wirtschaftseinheiten

Eine Wirtschaftseinheit umfasst Objekte, die betriebswirtschaftlich betrachtet als zusammengehörig gelten und entweder einer bilanzierenden Einheit oder einem Standort zugeordnet sind. Zudem können Objekte, die gemeinsam abgerechnet werden, innerhalb der Betriebs- und Heizkostenabrechnung zu einer Wirtschaftseinheit zusammengefasst werden.

Die Wirtschaftseinheit steht innerhalb des Finanzwesens eine Hierarchieebene unterhalb des Buchungskreises. Es ist wichtig, bei ihrer Definition zu berücksichtigen, welchem Buchungskreis sie aus buchhalterischer und steuerlicher Sicht zugeordnet ist.

☛ Keine technischen Restriktionen bei Anlage

Es gibt bei der Gliederung Ihrer Wirtschaftseinheiten im System keine technischen Restriktionen; somit sind Sie grundsätzlich frei in der Gestaltung.

Ich gehe nun auf den Aufbau der wichtigsten Reiter in der SAP GUI ein. Beachten Sie, dass sich diese Reiter in der Nutzungssicht wiederholen und relevante Stammdaten vererbt werden. Daher werde ich Oberflächen, die bereits erklärt wurden, in der Nutzungssicht nicht erneut erwähnen.

2.4 Gebäude

Hierarchisch unterhalb der Wirtschaftseinheit können Gebäude angelegt werden, die wiederum als Grundlage für die Anlage von Mietobjekten dienen. Es ist möglich, das Gebäude nach Art und Zustand zu kategorisieren und Angaben zu Ausstattung, Merkmalen und Flächenverwendung zu machen. Wichtige Daten wie das Baujahr, Beginn und Ende des Bauvorhabens oder das Modernisierungsdatum können erfasst werden. Weiterhin lassen sich für das interne Rechnungswesen Zuordnungen zu einem Profitcenter oder Geschäftsbereich vornehmen. Abhängig vom Eigentumsanteil werden außerdem relevante Geschäftspartner wie zuständige Verwalter, Techniker oder Manager zugeordnet.

Ein neu angelegtes Gebäude wird automatisch auch als Controlling-Objekt erstellt. Das bedeutet, dass es als mögliches Kontierungsobjekt fungiert.

2.5 Grundstücke

Ein Grundstück umfasst ausschließlich die Fläche, auf der sich keine Gebäude befinden. Wie bereits erwähnt, sind Grundstücke Bestandteile einer Wirtschaftseinheit und befinden sich auf der gleichen Hierarchieebene wie Gebäude. Jedes Grundstück wird automatisch als internes Controlling-Objekt angelegt. Es kann z. B. dazu verwendet werden, Objekte abzubilden, die als Basis für die Vermietung von Flächen wie Stell- oder Lagerflächen dienen.

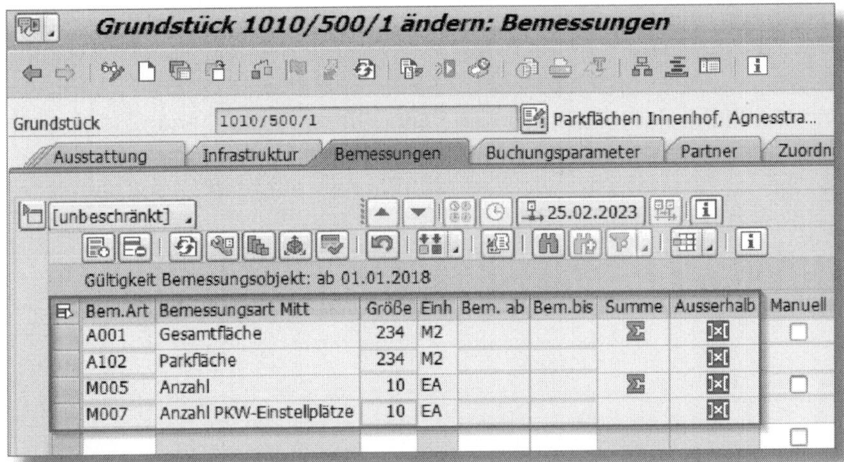

Abbildung 2.14: Grundstück mit Angaben zu Parkplätzen

Im Abbildung 2.14 ist als Beispielkonfiguration ein Grundstück 1010/500/1 zu sehen. Es hat eine GESAMTFLÄCHE A001 von 234 Quadratmetern und ist als PARKFLÄCHE mit der Bemessungsart A102 belegt. Die detaillierten Informationen zeigen, dass es sich um 10 PKW-EINSTELLPLÄTZE handelt.

Dies verdeutlicht, wie Grundstücke in SAP RE-FX genutzt werden können, insbesondere für die Vermietung von spezifischen Flächen, wie in diesem Fall Park- oder Stellflächen.

2.6 Arten von Mietobjekten

Die Nutzungssicht sieht Mietobjekte als zentrale Objekte für Geschäftsprozesse an. Sie repräsentieren zu vermietende Einheiten und können in drei Kategorien unterteilt werden:

1. Mieteinheiten

Sie sind im Wesentlichen unflexible Objekte, die nur als Ganzes vermietet werden können.

2. Flächenpools

Flächenpools in SAP RE-FX repräsentieren den verfügbaren Raum, der in Mietflächen unterteilt werden kann. Diese Pools dienen als flexible und anpassbare Objekte, wobei eine direkte Vermietung nicht vorgesehen ist. Stattdessen werden Mietflächen aus dem Pool abgeleitet und vermietet.

Abbildung 2.15: Flächenpool

In Abbildung 2.15 ist beispielsweise die Mietfläche 1010/500/19 mit einer Bürofläche von 250 Quadratmetern dargestellt. Interessanterweise ist diese Mietfläche in diesem Fall identisch mit der Gesamtfläche A001 und der Nutzfläche A003, was verdeutlicht, wie Flächenpools eine effiziente und flexible Verwaltung von Mietflächen ermöglichen.

3. Mietflächen

Hierbei handelt es sich um Teile von Flächenpools, die separat vermietet werden können.

Flächenpools und die aus ihnen gebildeten Mietflächen werden genutzt, um dynamische Büro- oder Ladenflächen in einer flexiblen Umgebung zu verwalten. Ein Flächenpool eignet sich für Flächen, bei denen es häufig Änderungen in der Zuordnung gibt, ohne dass größere strukturelle Veränderungen erforderlich sind. Allerdings darf ein Flächenpool nicht als solcher belegt und eigenständig vermietet werden. Stattdessen müssen Sie eine Mietfläche erstellen, die die gleichen Maße (konfigurierbare Mengeneinheit) wie der Flächenpool hat. Der Flächenpool zeigt die Gesamtkapazität und die aktuelle Verfügbarkeit an, die Mietfläche dagegen den belegten oder zugewiesenen Platz. Mietflächen können Sie entweder direkt aus einem Flächenpool oder beim Anlegen des Vertrags erstellen. Wenn der Vertrag über eine Mietfläche beendet wird, erhöht sich die verfügbare Kapazität des jeweiligen Flächenpools.

Bitte beachten Sie, dass Mietflächen auch ohne einen aktuellen Mieter existieren können. Eine Mietfläche repräsentiert den zugewiesenen Raum innerhalb eines Flächenpools, unabhängig davon, ob sie aktuell belegt ist oder nicht. Dies ermöglicht eine flexiblere Verwaltung und Anpassung der Flächen, selbst wenn keine aktuellen Mietverträge vorliegen. Die Existenz von Mietflächen ohne Mieter erlaubt es, die Flächenkapazität effektiv zu managen und Räume entsprechend den sich ändernden Bedürfnissen der Organisation zuzuweisen.

Neben Büro- oder Ladenflächen sind auch Parkplätze Beispiele für Flächenpools und Mietflächen. Hier können einzelne Parkplätze (Mietflächen) aus einem Stellplatzpool (Flächenpool) angemietet werden.

Im Gegensatz dazu sind Mieteinheiten festgelegte, spezielle Flächen innerhalb eines Gebäudes oder Grundstücks, die vermietet werden können. Dazu gehören z. B. Wohnungen, Wohnungseinheiten, Garagen für Einzelfahrzeuge oder Einzelhandelsfilialen, die als Ganzes vermietet werden.

2.6.1 Nutzungsarten des Mietobjekts

Für die Nutzungssicht jedes Mietobjekts müssen Sie im Reiter ALLGEMEINE DATEN im Bereich MIETOBJEKT die NUTZUNGSART festlegen. Es handelt sich hierbei um eines der wichtigsten Attribute – es beschreibt die Funktion eines Mietobjekts. Nach dem ersten Speichern des Mietobjekts ist die Nutzungsart nicht mehr änderbar.

Abbildung 2.16: Nutzungsart zur Mieteinheit

Ein Beispiel hierfür ist die in Abbildung 2.16 markierte Nutzungsart WOHNUNG FREIFINANZIERT. Dieses Attribut beschreibt die grundlegende Funktion eines Mietobjekts und ist nach dem ersten Speichern nicht mehr änderbar. Die Nutzungsarten ermöglichen eine klare Definition und Kategorisierung der verschiedenen Funktionen, die Mieteinheiten innerhalb eines Immobilienobjekts erfüllen können.

Die Nutzungsart hat Auswirkungen auf verschiedene Aspekte.

- **Verfügbare Bemessungsarten**

Sie können die verfügbaren Bemessungsarten (siehe Abschnitt 2.7) gruppieren und sie dann für die angegebene Nutzungsart pflegen. Bemessungsarten definieren Sie per RECACUST • STAMMDATEN • GRUNDEINSTELLUNGEN • BEMESSUNGEN im Customizing. Dies stellt sicher, dass die jeweiligen Bemessungsarten sinnvoll und passend zu den Funktionen eines Mietobjekts ausgewählt werden.

- **Mögliche Vertragsarten**

Wenn das Mietobjekt ein Büro ist, ist es nicht sinnvoll, es einer Wohnungsvertragsart hinzuzufügen. Sie können die verfügbaren Vertragsarten basierend auf der Nutzungsart einschränken, um sicherzustellen, dass der Benutzer die richtige Vertragsart auswählt.

- **Konditionsgruppe**

Konditionen werden direkt im Mietobjekt gepflegt. Mit der Nutzungsart ist es möglich, die zur Verfügung stehenden Konditionsarten einzuschränken. Es ist beispielsweise nicht sinnvoll, eine Wohnungsmiete für ein Büro zu pflegen.

2.6.2 Ausstattungen zum Mietobjekt

Ein Immobilienobjekt beschreiben Sie genauer, indem Sie Ausstattungsmerkmale verwenden. Diese können Sie als informative Attribute nutzen, aber auch bei der Verwaltung von Interessenten einsetzen. So lässt sich beispielsweise nach einer Mietwohnung suchen, die einen Balkon hat.

Einige Ausstattungsmerkmale sind für die Mietanpassung relevant und werden für den Mietindex (Mietspiegel) herangezogen. Diese können Sie im Customizing definieren, z. B. eine bestimmte Deckenhöhe oder eine separate Toilette. Diese Funktion ist auf dem deutschen Markt weit verbreitet.

Andere Ausstattungsmerkmale dienen lediglich der Information und spielen keine Rolle für die Mietanpassung. Hierzu zählen z. B. die Art der Fenster oder der Bodenbelag. Abbildung 2.17 zeigt eine Reihe solcher AUSSTATTUNGSMERKMALE OHNE MIETSPIEGELBEZUG, die Sie in diesem Fall über die Auswahl der KLASSE *Boden* pflegen.

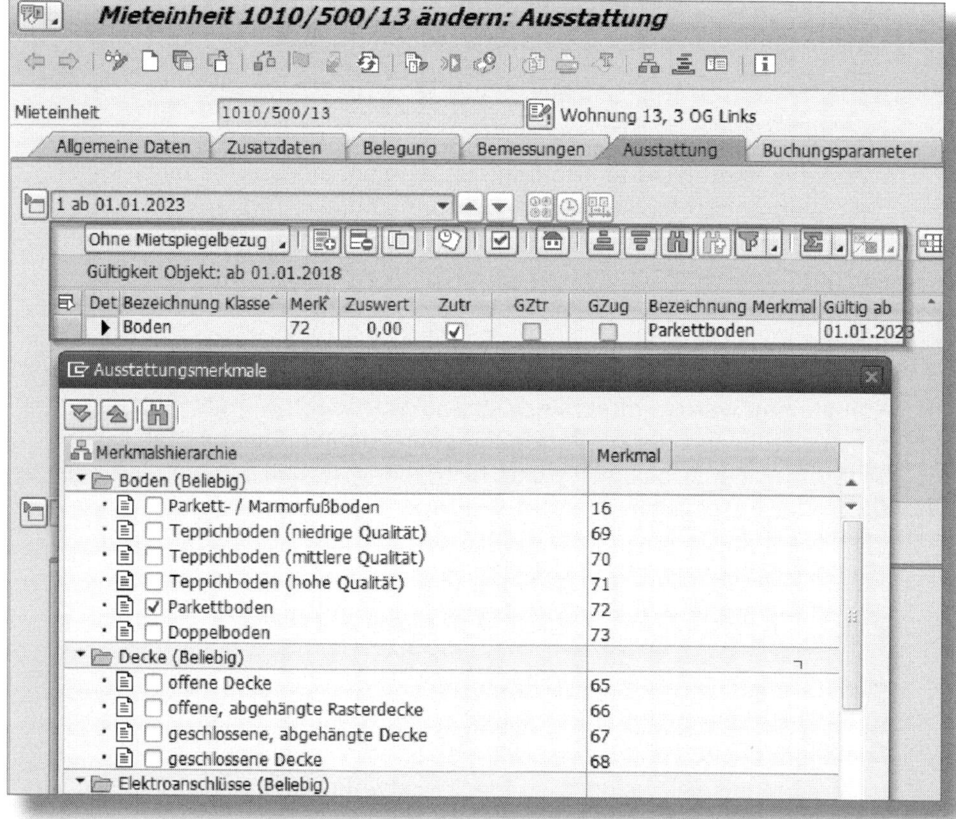

Abbildung 2.17: Pflege des Ausstattungsmerkmals »Boden«

Die Hierarchie der Ausstattungsmerkmale kann per Customizing frei definiert werden kann.

2.7 Bemessungen

Bemessungen werden genutzt, um messbare Eigenschaften von Objekten festzulegen. Eine *Bemessungsart* gibt an, um welche Eigenschaft es sich handelt. So kann z. B. die Wohnfläche als Bemessungsart festgelegt werden. Die Bemessung erlaubt spezielle Auswertungen über Flächen und eine Überprüfung der Wirtschaftseinheit nach festgelegten Kriterien.

Die Bemessungen eines Mietobjekts finden beispielsweise Anwendung in Prozessen wie der Nebenkostenabrechnung und der Optionssatzermittlung, um das Ergebnis der Umlage bzw. den Optionssatz zu bestimmen. Welche Bemessungsart dabei eine Rolle spielt, hängt von den Festlegungen auf der Abrechnungseinheit bzw. der Optionssatzmethode ab. Zudem dienen Bemessungen als Grundlage für die Berechnung von Konditionsbeträgen.

Optionssatz in SAP RE-FX

Der Optionssatz wird verwendet, um die Vorsteuer auf Immobilienobjekte entsprechend ihrer tatsächlichen Nutzung in abzugsfähige und nicht abzugsfähige Beträge aufzuteilen. Dieser Satz wird monatlich gemäß der festgelegten Optionssatzmethode für das jeweilige Objekt bestimmt. Die Methode kann entweder einen festen Satz vorgeben oder eine automatische Berechnung, basierend auf Faktoren wie Flächenverhältnis oder umbautem Raum, durchführen. Im Falle einer rein gewerblichen Nutzung beträgt der Optionssatz 100 Prozent.

2.7.1 Bemessungsarten definieren und Objekten zuordnen

Sie haben die Möglichkeit, verschiedenste Arten der Bewertung gemäß gängigen Standards im Customizing zu konfigurieren und festzulegen, bei welchen Stammdaten oder Verträgen diese Bewertungen verfügbar und/oder erforderlich sind. Im Customizing per RECACUST •

STAMMDATEN • GRUNDEINSTELLUNGEN • BEMESSUNGEN • BEMESSUNGEN DEFINIEREN ordnen Sie jeder Bewertungsart eine entsprechende Maßeinheit wie beispielsweise Fläche, Einheit, Prozent oder Raum zu (siehe Abbildung 2.18).

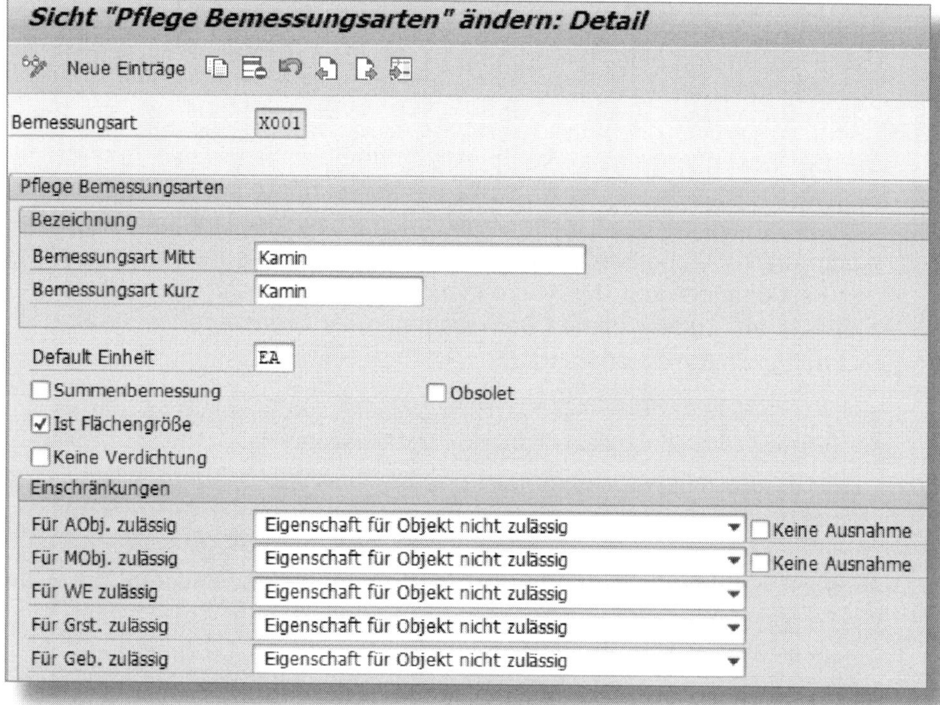

Abbildung 2.18: Neue Bemessungsart X001

Im nächsten Schritt ordnen Sie die verschiedenen Bemessungen den einzelnen Objekttypen von Immobilienobjekten und -verträgen zu. Sie können Einzelbemessungen für bestimmte Objekte zulassen oder die Pflege bestimmter Objekte ausschließen. Außerdem können Sie verschiedene Objekte überschneiden oder einzelne Objekte als optional festlegen.

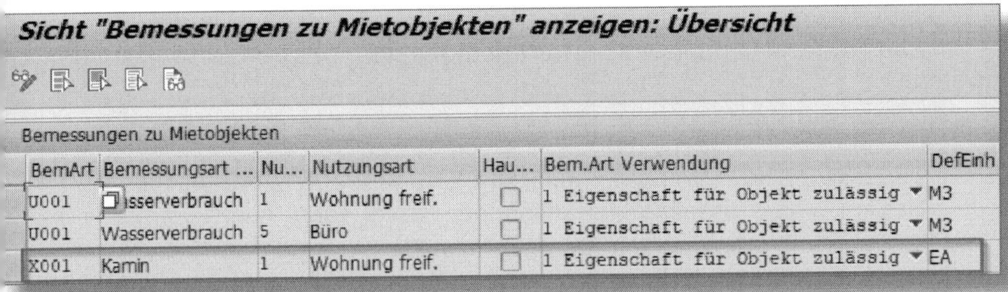

Sicht "Bemessungen zu Mietobjekten" anzeigen: Übersicht

Bemessungen zu Mietobjekten

BemArt	Bemessungsart ...	Nu...	Nutzungsart	Hau...	Bem.Art Verwendung	DefEinh
U001	…sserverbrauch	1	Wohnung freif.	☐	1 Eigenschaft für Objekt zulässig	M3
U001	Wasserverbrauch	5	Büro	☐	1 Eigenschaft für Objekt zulässig	M3
X001	Kamin	1	Wohnung freif.	☐	1 Eigenschaft für Objekt zulässig	EA

Abbildung 2.19: Neue Bemessungsart X001 der Nutzungsart 1

Falls eine Bemessung eine Fläche beinhaltet, ist dies im Customizing entsprechend angegeben, damit spezielle Berichte für Flächen erstellt werden können und die Maßeinheit überprüft werden kann. Sie können auch die Gültigkeitsdauer von Bemessungen auf einen bestimmten Zeitraum beschränken und diese Zeiträume mithilfe der Zeitscheibenverwaltung sortieren und anzeigen. In Abbildung 2.19 ist die neue BEMESSUNGSART *X001 – Kamin* für die NUTZUNGSART *1 – Wohnung freif.* definiert worden.

Die Verwendung von Bemessungen findet in verschiedenen Immobilienobjekten statt, z. B.

- in architektonischen Objekten aller Hierarchiestufen,
- in Nutzungsobjekten wie Wirtschaftseinheiten, Immobilien, Gebäuden und Mietobjekten,
- in Verträgen als vertragsspezifische Bemessung, z. B. Anzahl der Personen,
- in Abrechnungseinheiten, für die Nebenkostenabrechnung.

Bemessungen für Mietobjekte werden

- als Basis für die Berechnung und Verteilung von Konditionsbeträgen sowie
- für die Nebenkostenabrechnung und die Ermittlung von Optionswerten eingesetzt.

Die verwendete Bemessungsart hängt von den Vorgaben in der Abrechnungseinheit oder Optionswertmethode ab.

☛ Definition des Optionssatzes

Der Optionssatz ist das prozentuale Verhältnis der gewerblichen Nutzung, also umsatzsteuerpflichtiger Vermietung, zur Gesamtnutzung von Objekten und Maßnahmen. Der Wert wird in Prozent ausgedrückt.

Die benötigten Bemessungsarten definieren Sie im Customizing. Für Prozesse wie Nebenkostenabrechnungen und die Ermittlung von Optionswerten ist es sinnvoll, spezielle Bemessungsarten in Summenbemessungen zu gruppieren. So lässt sich beispielsweise die Gesamtfläche automatisch berechnen, wenn Sie unterschiedliche Bemessungen für Ihre Objekte pflegen.

Bei Summenbemessungen können Sie den Wert für die Bemessung nicht manuell eingeben. Stattdessen wird er aus den zugrunde liegenden Quellbemessungsarten ermittelt, die Sie im Customizing festgelegt haben.

2.8 Geschäftspartner und Rollenkonzept

SAP-Geschäftspartner (Business Partners) werden in SAP RE-FX verwendet, um Vertragspartner sowie andere Partner darzustellen. Die Informationen und Funktionen, die für Geschäftspartner verfügbar sind, hängen von den Rollen ab, die sie innehaben, sowie von den Stammdatenobjekten oder Verträgen, mit denen sie verknüpft sind.

Mittlerweile finden Geschäftspartner Verwendung in verschiedenen SAP-Modulen und -Komponenten. Mit SAP S/4HANA ist dieses Konzept nun auch ein fester Bestandteil jeder neuen SAP-Installation. Im Folgenden werde ich mich jedoch ausschließlich auf die Spezifika von SAP RE-FX konzentrieren.

☛ Weiterführende Literatur zum Geschäftspartner

Falls Ihnen das Konzept des Geschäftspartners noch unbekannt ist oder Sie einen Überblick über die Lösung erhalten möchten, empfehle ich Ihnen das »Praxishandbuch SAP-Geschäftspartner (Business Partner) – Funktionen und Integration in SAP S/4HANA« (Robin Schneider, Espresso Tutorials, 2., erw. Aufl., 2020): *http://5468.espresso-tutorials.de*.

Ein Geschäftspartner kann im System in mehreren Rollen auftreten. Um redundante Daten zu vermeiden, sollten Sie die Geschäftspartnerinformationen nur einmal eingeben, unabhängig davon, wie oft der Geschäftspartner in verschiedenen Geschäftsprozessen vorkommt. Wenn Sie Verträge anlegen, verwenden und prüfen Sie die Geschäftspartnerrecherche, ob der Geschäftspartner bereits vorhanden ist, damit kein Duplikat entsteht.

Beispielsweise kann ein Geschäftspartner gleichzeitig die Rolle des Interessenten innehaben, weil er sich um ein Gewerbeobjekt bewirbt, und die des Dienstleisters, weil er Reinigungsleistungen für bestimmte Objekte erbringt. Wenn der Geschäftspartner bereits Objekte bei Ihnen angemietet hat, wird ihm möglicherweise die Rolle des *Hauptmieters* zugeordnet.

2.8.1 Geschäftspartner in SAP RE-FX

Je nach Geschäftsprozess sind unterschiedliche Partnerdaten erforderlich. In einigen Fällen benötigen Sie beispielsweise Adressdaten, um eine Mietanpassung in der Korrespondenz-Anwendung zu erstellen, während Sie in anderen Fällen die IBAN und das SEPA-Mandat eines Geschäftspartners benötigen, um die Miete per Lastschriftverfahren einziehen zu können. Daher müssen Sie für jeden Geschäftsprozess bestimmte Geschäftspartnerdaten pflegen. Aus diesem Grund kann ein Geschäftspartner mehrere Rollen innehaben.

Ein Geschäftspartner, der eine natürliche Person, Organisation oder Gruppe sein kann, beinhaltet grundlegende Informationen wie Namen, Adressen und Bankverbindungen sowie solche zu den beteiligten Personen, Organisationen und Gruppen. Jede seiner Rollen erfordert bestimmte Daten, beispielsweise beim Facility Manager eine zuständige Abteilung.

Um die Rollen zu definieren, empfiehlt es sich, entweder die von SAP bereitgestellten Standardrollen zu verwenden oder beim Anlegen von kundeneigenen Rollen zumindest auf diese Standardrollen als Vorlage zurückzugreifen. Sie können die Zuordnung von Geschäftspartnerrollen in SAP RE-FX per Customizing vornehmen unter RECACUST • GESCHÄFTSPARTNER • WESENTLICHE EINSTELLUNGEN ZUM GESCHÄFTSPARTNER IM RE-KONTEXT • GESCHÄFTSPARTNERROLLEN • ZUORDNUNG ROLLENTYPEN ZU DEN IMMOBILIEN-ANWENDUNGEN • EINSTELLUNGEN ZU ROLLEN PRO OBJEKTART DEFINIEREN.

Sicht "Zuordnung Rollen zu Objekttypen / Applikationen" ändern:

Neue Einträge

Zuordnung Rollen zu Objekttypen / Applikationen

Art	Bez. Objektart	Rolle	Bezeichnung	Grp.	AdrA	Objektadr.	Kar
IW	Wirtschaftseinheit	TR0806	Verwalter	0001		nein	
IW	Wirtschaftseinheit	TR0807	Technik	0001		nein	
IW	Wirtschaftseinheit	TR0808	Hausmeister	0001		nein	
IW	Wirtschaftseinheit	TR0997	Sachbearbeiter NKA			nein	2
IW	Wirtschaftseinheit	TR0998	Sachbearbeiter	0001		nein	

Abbildung 2.20: Zuordnung Rolle »Sachbearbeiter NBK« zur Wirtschaftseinheit

Unter Abschnitt 2.8.2 werden wir einen Geschäftspartner anlegen und mit der unter Abbildung 2.20 verknüpften Geschäftspartnerrolle der Wirtschaftseinheit zuordnen.

☛ Rollenzuordnung in SAP RE-FX

In SAP RE-FX ist eine klare Zuordnung von Rollen zu den verschiedenen Objektarten entscheidend. Hierbei legen Sie fest, auf welcher Ebene Sie Partner in spezifischen Rollen bearbeiten möchten. Die Zuweisung variiert je nach System und erfordert genaue Überlegungen, beispielsweise zur Bearbeitung von Hausmeistern, die auf der Ebene der Wirtschaftseinheit, des Gebäudes und/oder des Mietobjekts erfolgen kann.

Zusätzlich ermöglicht SAP RE-FX die Differenzierung innerhalb bestimmter Objektarten:

- Architektonische Objekte: Hier können Rollen nach dem Objekttyp differenziert werden.
- Mietobjekte: Eine Differenzierung nach Nutzungsart ist möglich.
- Immobilienverträge: Rollen können nach Vertragsart spezifiziert werden.

Diese flexible Zuordnung auf verschiedenen Ebenen erlaubt eine gezielte und effiziente Verwaltung von Rollen.

Die Zuordnung der Rollen Debitor oder Kreditor zu Geschäftspartnern verwenden Sie in verschiedenen Geschäftsprozessen wie Anmiet- und Mietverträgen. In debitorischen Verträgen, wie beispielsweise Mietverträgen, wird der Buchungskreis als Vermieter, Verpächter oder Leistungserbringer dargestellt und der Vertragspartner als Debitor des Unternehmens (Mieter, Pächter oder Leistungsnutzer). In kreditorischen Verträgen, wie z. B. Anmietverträgen, tritt der Buchungskreis als Mieter oder Pächter auf und der Vertragspartner als Kreditor des Unternehmens (Vermieter oder Verpächter).

Abhängig von der Art des Vertrags werden debitorische oder kreditorische Geschäftspartner zugeordnet.

Im Anhang unter Kapitel 15 finden Sie eine vollständige Liste der Geschäftspartnerrollen, die in SAP RE-FX zur Verfügung stehen. Wenn Sie möchten, können Sie die Informationen auch selbst durch die Suche in der Tabelle BUT100 mit den Transaktionen *SE16* oder *SE16N* abrufen. Eigene Rollen erstellen Sie im Customizing per RECACUST • GESCHÄFTSPARTNER • GESCHÄFTSPARTNERROLLEN • DEBITORISCHE GESCHÄFTSPARTNER nach Bedarf. Sie können bestehende SAP-Standardrollen als Kopiervorlage nutzen und gemäß Ihren Anforderungen anpassen. Im gleichen Customizing-Pfad lassen sich auch kreditorische Rollen definieren.

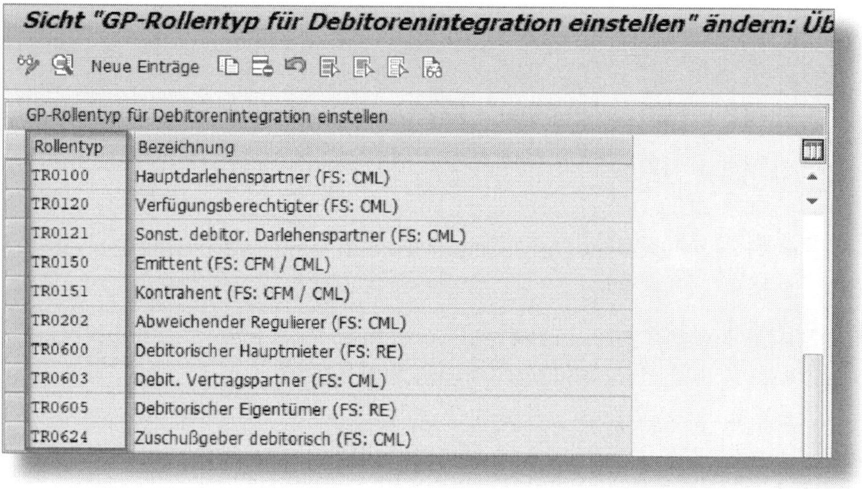

Sicht "GP-Rollentyp für Debitorenintegration einstellen" ändern: Üb

Neue Einträge

GP-Rollentyp für Debitorenintegration einstellen

Rollentyp	Bezeichnung
TR0100	Hauptdarlehenspartner (FS: CML)
TR0120	Verfügungsberechtigter (FS: CML)
TR0121	Sonst. debitor. Darlehenspartner (FS: CML)
TR0150	Emittent (FS: CFM / CML)
TR0151	Kontrahent (FS: CFM / CML)
TR0202	Abweichender Regulierer (FS: CML)
TR0600	Debitorischer Hauptmieter (FS: RE)
TR0603	Debit. Vertragspartner (FS: CML)
TR0605	Debitorischer Eigentümer (FS: RE)
TR0624	Zuschußgeber debitorisch (FS: CML)

Abbildung 2.21: Debitorenintegration für GP-Rollen

Abbildung 2.21 zeigt die Customizing-Einstellungen für Rollentypen, die einen Debitor in der Finanzbuchhaltung erfordern, wie z. B. den debitorischen Hauptmieter. In der abgebildeten Darstellung sind sämtliche Geschäftspartnerrollen mit einer debitorischen Rolle zu sehen. Falls Sie keine individuellen debitorischen Rollen definiert haben, ist in der Regel keine Anpassung an den Standardeinstellungen für RE-FX erforderlich.

2.8.2 Geschäftspartner bearbeiten

Um einen Geschäftspartner anzulegen, haben Sie in SAP RE-FX verschiedene Möglichkeiten. Beim Anlegen können Sie die Standardzuordnungsmethoden verwenden, um den Geschäftspartner einer bestimmten Rolle innerhalb des gleichen oder eines anderen Objekts oder Vertrags zuzuordnen.

Im Customizing von SAP RE-FX wurde bereits festgelegt, welche Rollen für welche Anwendungen verfügbar sind (siehe Abbildung 2.20). In Abbildung 2.22 sehen Sie im Reiter PARTNER ❶ der WIRTSCHAFTSEINHEIT *1010/500* die Zuweisung des Geschäftspartners *Sachbearbeiter NKA* ❷.

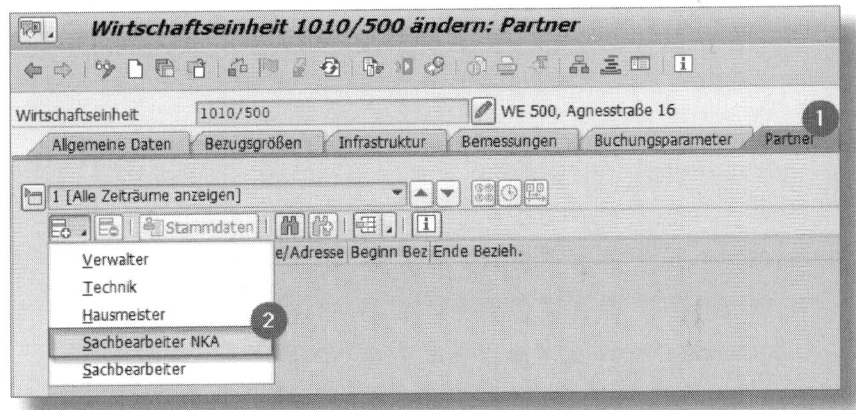

Abbildung 2.22: Neue Rolle der Wirtschaftseinheit zuordnen

Wenn Sie Geschäftspartner aus den zugehörigen Objekten oder Verträgen anlegen und pflegen, werden automatisch die zugehörigen Objekt- oder Vertragsrollen verwendet und die erforderlichen Daten erfasst (siehe Abbildung 2.23).

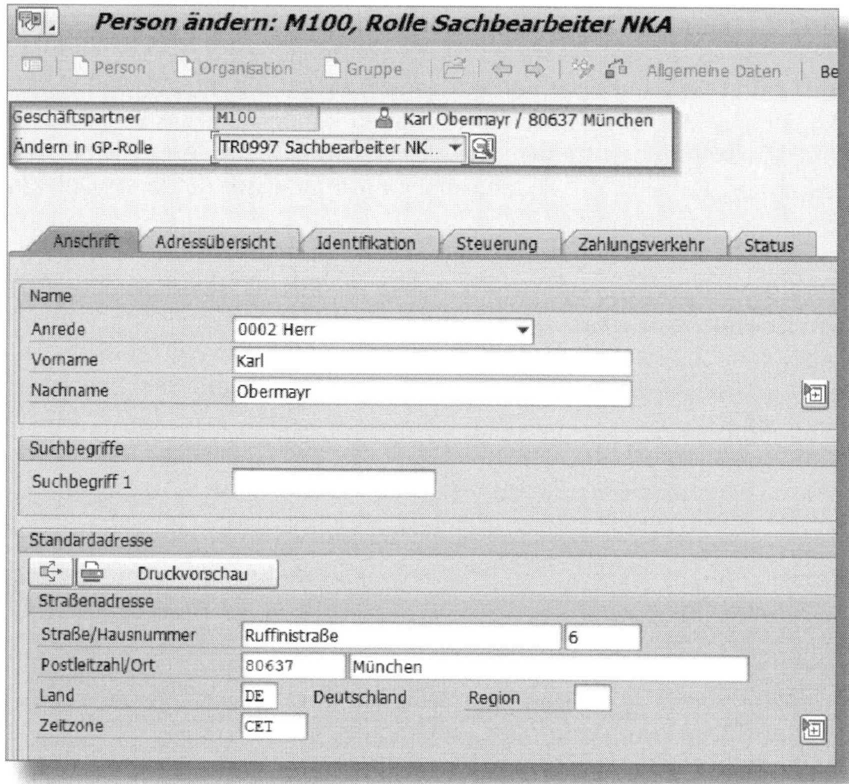

Abbildung 2.23: Anzeige des Partners in Rolle TR0997

Ein Beispiel ist die Anlage eines Sachbearbeiters aus der Abteilung Nebenkostenabrechnung (NKA) für eine bestehende Wirtschaftseinheit, bei der nicht nur die zentralen Geschäftspartnerdaten erfasst werden, sondern auch die Zuordnung zur Einheit erfolgt.

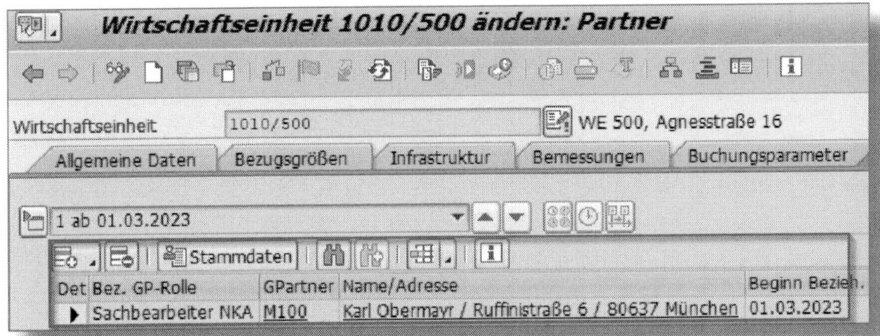

Abbildung 2.24: Wirtschaftseinheit mit Partnerzuordnung

In Abbildung 2.24 ist die WIRTSCHAFTSEINHEIT *1010/500* mit dem zugeordneten Geschäftspartner M100 in der Rolle SACHBEARBEITER NBK dargestellt.

3 Vertragsmanagement

In diesem Kapitel stelle ich Ihnen verschiedene Vertragsarten sowie die entsprechenden Vertragspartner und -bedingungen vor. Zunächst geht es um die erforderlichen Nutzungsarten und Buchungsklauseln, bevor wir die verschiedenen Vertragsarten genauer betrachten. Dabei geht es nicht nur um Mietverträge, sondern auch um kreditorische Verträge, Kautionsvereinbarungen oder Leasingverträge. Zudem wird der Lebenszyklus eines Vertrags behandelt.

3.1 Immobilienverträge

Ob es sich um die Anmietung einer Immobilie, die Vermietung von Wohn- oder Gewerbeimmobilien oder Dienstleistungsverträge für Hausreinigung handelt – Immobilienverträge unterscheiden sich in Bezug auf die Vertragspartner und -geber sowie die daraus resultierenden Zahlungsverpflichtungen. Allerdings sind alle Immobilienverträge hinsichtlich ihrer Verarbeitung in SAP RE-FX ähnlich (siehe Abbildung 3.1).

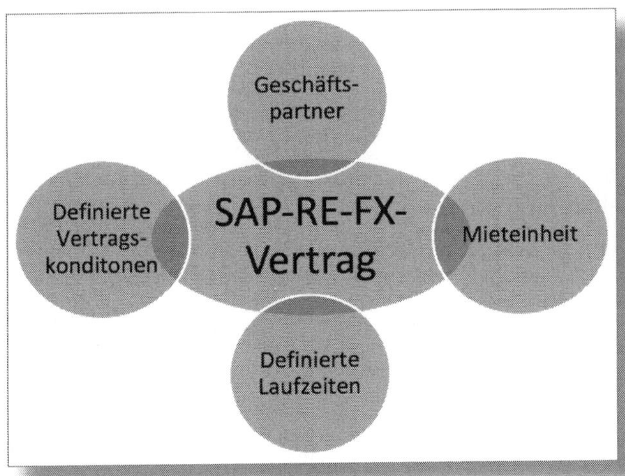

Abbildung 3.1: Umfeld eines SAP-RE-FX-Vertrags

Ein Immobilienertrag stellt eine Vereinbarung zwischen mehreren Partnern bezüglich eines oder mehrerer Vertragsgegenstände dar. Diese Vereinbarung umfasst den Vertragsbeginn, eine Laufzeit und/oder Vereinbarungen über Kündigungen und Verlängerungen. Die Vertragspartner legen dabei Zahlungen (Vertragskonditionen) für die Nutzung oder den Kauf eines oder mehrerer Vertragsgegenstände fest.

Die oben dargestellte Grafik zeigt die Definition eines Vertrags in der Realität sowie in SAP RE-FX. In Bezug auf Immobilienobjekte können Verträge verschiedene Formen annehmen, einschließlich von Miet- oder Kaufverträgen sowie verschiedenen Dienstleistungsverträgen.

SAP RE-FX ermöglicht die Abbildung aller genannten Vertragsarten und der damit verbundenen Geschäftsprozesse. Dazu gehören Buchungsprozesse für die Zahlung von Vertragskonditionen sowie Kündigungen und Verlängerungen von Verträgen. Zusätzlich lassen sich Wiedervorlagen für die Überprüfung von Vertragsdaten erstellen, Korrespondenzen für die Kommunikation mit Vertragspartnern erzeugen und Vertragskonditionen während der Vertragslaufzeit anpassen. Auf diese Weise kann der gesamte Vertragslebenszyklus in SAP RE-FX abgebildet werden.

3.2 Vertragsklauseln

Öffnen Sie den RE-Navigator (siehe Abschnitt 1.10) und navigieren Sie über das entsprechende Objekt zum Menüpunkt VERTRÄGE. In der Registerkarte BUCHUNGSPARAMETER eines Vertrags können Sie zeitabhängige Klauseln für verschiedene Parameter festlegen. So haben Sie beispielsweise die Möglichkeit, Klauseln für Buchungen (z. B. Zahlungsmethode, Bankverbindung, Steuersatz), Rhythmus (z. B. Fälligkeitsdatum für zugeordnete Konditionen) oder organisatorische Zuordnung (z. B. Profitcenter oder Geschäftsbereich) zu definieren. Auf diese Weise brauchen Sie diese nicht für jede Kondition separat erstellen.

Die Buchungsparameter werden bei der Erstellung eines Vertrags automatisch erzeugt und mit dem Schlüssel <INITIAL> versehen. Die Bezeichnungen dieser automatisch erzeugten Klauseln können Sie in den

Customizing-Einstellungen festlegen. Weiterführende Informationen zu diesen Klauselarten erhalten Sie in den kommenden Abschnitten.

Sie erkennen diese Standardklauseln anhand der leeren Klauselnummer. Diese Standardklauseln lassen sich ändern, Sie können sie jedoch nicht aus der Tabelle löschen. Die Bedingungen werden automatisch zugeordnet und auf der untergeordneten Registerkarte BEDINGUNGEN angezeigt. Sie können diese Klauseln auch im untergeordneten Register KONDITIONEN pflegen.

Wenn Sie zu einer Standardklausel abweichende Klauseln erstellen möchten, wählen Sie *Klausel anlegen*. Diese abweichenden Klauseln sind nummeriert und können geändert oder gelöscht werden. Geben Sie ihnen ggf. einen passenden Titel. Für abweichende Klauseln müssen die Bedingungen manuell zugeordnet werden.

Wenn Sie *zeitabhängige Änderungen* für die Standardklauseln und benutzerdefinierten Klauseln vornehmen möchten, wählen Sie *Neues Datum*. Auf diese Weise müssen Sie beispielsweise bei Änderungen des Zahlwegs keine neue Buchungsklausel erstellen. Stattdessen erfassen Sie die zeitabhängigen Änderungen in der vorhandenen Klausel. Dies gilt sowohl für Standardklauseln als auch für abweichende Klauseln.

3.2.1 Buchungsklauseln

Es ist möglich, einem Vertrag mehrere Konditionen zuzuweisen. Mithilfe von Buchungsklauseln können Sie unter anderem Vereinbarungen über Zahlungsmodalitäten, Bankverbindungen, Fälligkeiten und SEPA-Mandate (bei Schuldnern) treffen. Es ist nicht erforderlich, diese Vereinbarungen separat für jede einzelne Kondition zu pflegen.

Die Registerkarte BUCHUNGSPARAMETER des Vertrags enthält Buchungsklauseln, die Informationen über buchungsrelevante Vertragsdaten enthalten. In diesen Klauseln finden Sie folgende Daten:

- Zahlungsdaten (wie Zahlweg, Zahlungsbedingungen und Zahlsperre)
- Mahndaten (wie Mahnbereich und Mahnsperre)

- SEPA-Mandat (nur bei debitorischen Verträgen)
- Bankdaten (wie Bankverbindung, Hausbank und Verwendungszweck)
- Kontenfindungswert (falls hinterlegt)
- Steuerdaten (wie Steuerart und Steuergruppe)
- den Vertragspartner, der der Buchungsklausel zugeordnet ist

3.2.2 Rhythmusklauseln

Die Rhythmusklauseln sind ebenfalls auf der Registerkarte BUCHUNGSPARAMETER des Vertrags zu finden. Sie enthalten Daten, die mit dem Zahlungsrhythmus zusammenhängen, wie z. B. Angaben in Monaten oder Jahren. Diese Informationen sind ebenfalls buchungsrelevant.

Die Rhythmusklauseln enthalten wichtige Informationen für die periodischen Buchungen im Vertrag. Hierzu gehören:

- der Rhythmus und die Rhythmuseinheit, die angeben, wie oft die periodischen Buchungen stattfinden (z. B. monatlich oder jährlich)
- der Betragsbezug, der festlegt, wie ein Konditionsbetrag zeitlich aufzufassen ist (z. B. jährliche Beträge mit monatlicher Buchung der Konditionsposition)
- die Berechnungsmethode, die entweder 30 Tage für jeden Monat oder tagesgenau sein kann
- die Zahlweise, die vor-, mittel- oder nachschüssig sein kann
- die Fälligkeitsverschieberegel, die definiert, wie das Fälligkeitsdatum korrigiert wird (z. B. in Bezug auf den Fabrikkalender)

Per Customizing unter RECACUST • KONDITIONEN UND BEWEGUNGEN • PERIODENBERECHNUNG UND FÄLLIGKEIT • VORLAGEN FÜR KLAUSELN • RHYTHMUSKLAUSEL-VORLAGEN ZUORDNEN • VORLAGEN FÜR RHYTHMUSKLAUSELN DEFINIEREN erstellen Sie Vorlagen, die Sie für die Definition von Rhythmusklauseln in Immobilienverträgen, Immobilienvertragsangeboten oder in Mietobjekten (bei Leerstand) verwenden können. Diese Vorlagen überschreiben die standardmäßig von SAP vorgegebenen Bedingungen für die Klauselart »Rhythmus«.

In Abbildung 3.2 sind folgende Aktionen im SAP-RE-FX-Customizing dargestellt:

- Die eindeutige alphanumerische Identifikationsnummer *X02* für die neue KLAUSELVORLAGE wurde vergeben.
- Eine Bezeichnung für die Vorlage (BEZ. KLAUSEL) wurde hinzugefügt. Diese erscheint beim Auswählen der Vorlage für Immobilienverträge, Immobilienvertragsangebote oder Mietobjekte.
- Sie können den gewünschten RHYTHMUS eintragen. Optional können Sie auch eine FÄLLIGKEIT festlegen.

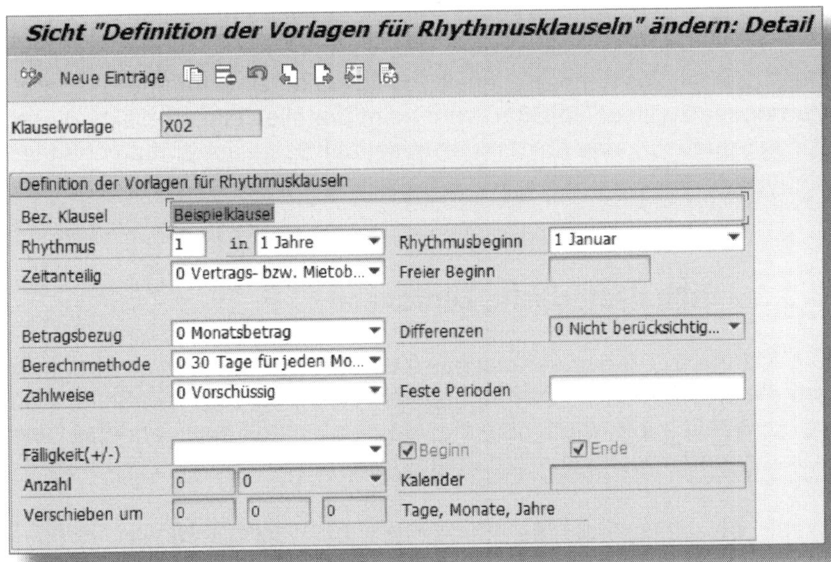

Abbildung 3.2: Benutzerdefinierte Rhythmusklausel »X02«

Unter RECACUST • KONDITIONEN UND BEWEGUNGEN • PERIODENBERECHNUNG UND FÄLLIGKEIT • VORLAGEN FÜR KLAUSELN • RHYTHMUSKLAUSEL-VORLAGEN ZUORDNEN legen Sie fest, welche Vorlagen für Rhythmusklauseln für bestimmte Objektarten zur Anwendung kommen. Sie haben auch die Möglichkeit, die Nutzung für verschiedene Objektarten zu differenzieren, sei es nach Vertragsart für Immobilienverträge oder nach Nutzungsart für Mietobjekte. In unserem Beispiel (siehe Abbildung 3.3) erfolgt die Zuordnung zu einer Kombination aus der Objektart (ART) *IS – Vertrag* und dem Differenzierungskriterium (DIFKRT) *C002 – Vermietung Wohnung*.

Neue Einträge: Übersicht Hinzugefügte

Zuordnung von Rhythmusklausel-Vorlagen zu Objektarten

Art	Bez. Objektart	Difkrt	Bezeichnung	Klauselvorlage	Nr	Neuanlage
IS	Vertrag	C002	Vermietung Wohnung	X02		☐
						☐

Abbildung 3.3: Zuordnung »X02« zu einer Objekt- und Vertragsart

Durch Setzen des Kennzeichens NEUANLAGE für eine Vorlage und deren Zuordnung zu einer Objektart wird beim Erstellen eines Objekts dieser Art automatisch eine Rhythmusklausel auf Basis der entsprechenden Vorlage erstellt.

3.2.3 Organisatorische Zuordnung

Die Klausel zur organisatorischen Zuordnung befindet sich ebenfalls auf der Registerkarte »Buchungsparameter« des Vertrags. Sie enthält hauptsächlich Informationen, die von den Einstellungen anderer SAP-Komponenten wie FI und CO abhängig sind.

Wenn beispielsweise die Funktionen für Profitcenter-Rechnungen oder Geschäftsbereiche im SAP-System aktiviert sind, müssen auch Informationen zu den Profitcentern und Geschäftsbereichen für Immobilienverträge angegeben werden. Auf Basis dieser Informationen können dann bestimmte Geschäftsvorfälle dem richtigen Profitcenter oder Geschäftsbereich zugeordnet werden.

3.2.4 Mit Zeitscheiben arbeiten

Im Stammdatendialog gibt es oft 1:n-Beziehungen. Zum Beispiel kann ein Immobilienobjekt viele Partner haben. Wenn diese Zuordnungen zeitabhängig sind, d. h., wenn der Wert für jeden Partner zu einem bestimmten Datum geändert werden kann, werden die Anzeige und Bearbeitung der Stammdaten unter Umständen unübersichtlich.

Das System teilt die Daten in Zeitscheiben auf. Jedes Mal, wenn Sie einen Partnerwechsel vornehmen, erstellt das System eine neue Zeitscheibe. Als Vorschlagswert wird immer die aktuelle Zeitscheibe angezeigt. In Abbildung 3.4 erkennen Sie, dass bereits zwei Zeitscheiben angelegt wurden, wobei diejenige mit der Kennzeichnung [AKTUELL] im Drop-down als aktive Zeitscheibe fungiert.

Beispiel Wechsel eines Technikers

In den Beispielen in Abbildung 3.4 und Abbildung 3.5 wird der Prozess des Wechselns eines Technikers illustriert. Der neue Techniker ist eine interne Ressource, die auch als Geschäftspartner erfasst ist. Die externe Ressource wurde zum Zeitpunkt *15.03.2023* entfernt und durch den internen Techniker ab *01.04.2023* ersetzt.

Abbildung 3.4: Zeitscheiben zum Partner mit der Rolle »Techniker intern«

Um historische oder zukünftige Einträge zu sehen und ggf. zu bearbeiten, verwenden Sie ▲|▼ (Pfeiltasten) für die vorherige bzw. nächste Zeitscheibe.

Wenn über den Button (Kompletter Zeitraum) die Gesamtansicht aktivieren, werden die aktuellen und zukünftigen Einträge dargestellt (siehe Abbildung 3.5).

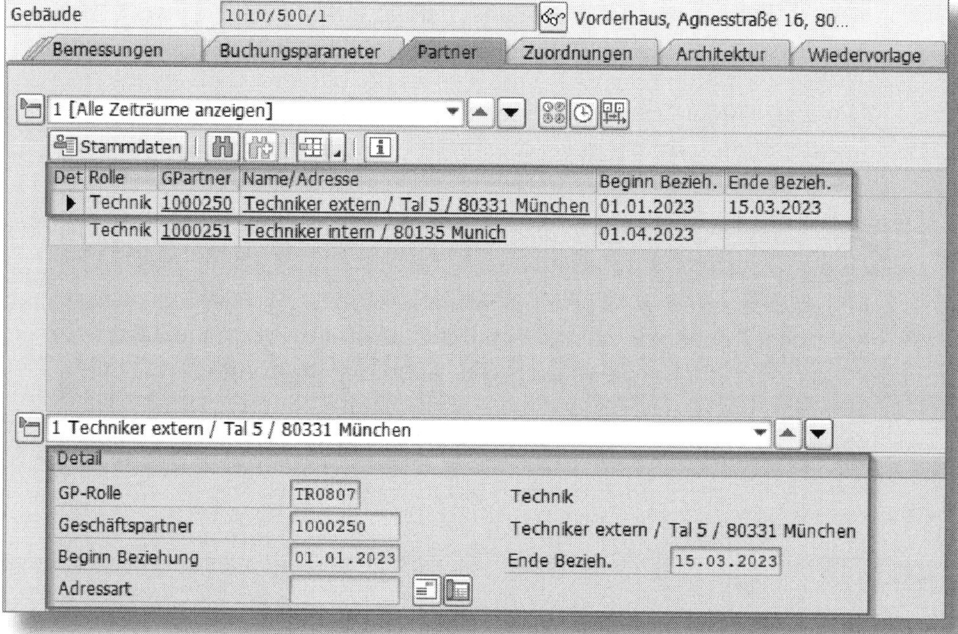

Abbildung 3.5: Gesamtanzeige Zeitscheiben im Reiter »Partner«

Die Verwendung von Zeitscheiben ist auch in anderen Anwendungen erforderlich, so beispielsweise in:

- der Definition von Bemessungen
- der Zuordnung eines Objekts zu einem Partner
- der Zuordnung eines Partners zu einem Vertrag
- den Anpassungsregeln im Vertrag (Konditionsanpassung)

- der Zuordnung von Ausstattungsmerkmalen zu Objekten
- der manuellen Zuordnung von Technischen Plätzen

3.3 Lebenszyklus eines Vertrags

Ein zentraler Bestandteil des Vertragsmanagements ist der Lebenszyklus eines Vertrags, der von dessen Anlage bis zu seiner Beendigung reicht (siehe Abbildung 3.6). Im Folgenden beschriebe ich die einzelnen Phasen des Vertragslebenszyklus.

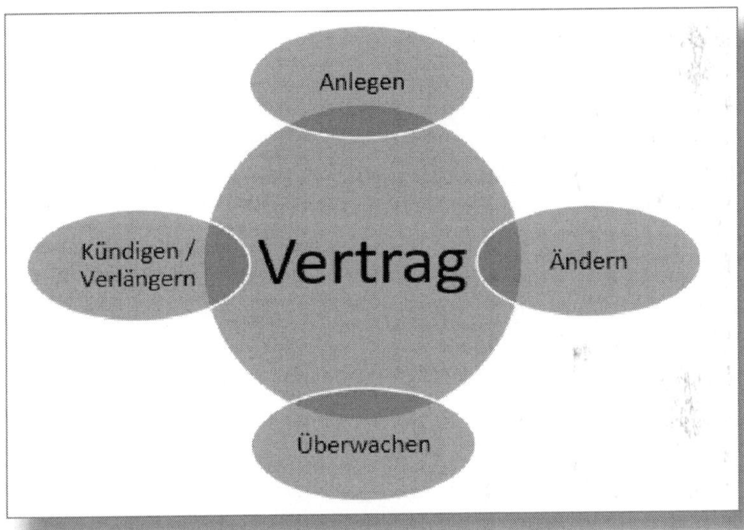

Abbildung 3.6: Lebenszyklus eines Vertrags

Der Lebenszyklus eines Vertrags in SAP RE-FX besteht aus sieben Phasen:

- Vertrag anlegen
- Vertrag aktivieren
- Vertragskonditionen anpassen
- Nebenkostenabrechnungen durchführen

- Terminüberwachung mit Wiedervorlagen
- Vertragsverlängerung
- Vertragskündigung

3.3.1 Vertrag anlegen

Nach Abschluss eines Vertrags müssen die Vertragsdaten im SAP-System erfasst werden. Hierzu zählen das Vertragsobjekt, die Vertragspartner und die Vertragslaufzeit.

Es gibt verschiedene Möglichkeiten, um Immobilienverträge zu erfassen – etwa mithilfe der Transaktionen *RE80* (RE-Navigator) und *RECN* (Vertrag bearbeiten). Eine weitere Option besteht darin, einen Vertrag für ein Mietobjekt zu erstellen, indem man in der Bearbeitung des Mietobjekts im Menü »Mietobjekt« die Funktion »Anlegen Vertrag« oder »Anlegen Folgevertrag« mithilfe der Transaktion *REBDRO* wählt. Diese Methode lässt sich nicht nur für Mietobjekte, sondern auch für Gebäude, Grundstücke und Wirtschaftseinheiten nutzen. Ein Vorteil dieser Option besteht darin, dass die Daten des Mietobjekts oder des vorherigen Vertrags bereits in den neu zu erstellenden Vertrag übernommen werden und nicht per Hand eingegeben werden müssen.

3.3.2 Vertrag aktivieren

Nachdem der Vertrag angelegt worden ist, muss er aktiviert werden, um ihn nutzbar zu machen. In dieser Phase wird geprüft, ob alle relevanten Daten korrekt erfasst wurden.

Sobald ein Vertrag aktiviert ist, wird er zahlungsrelevant und bei periodischen Buchungen berücksichtigt. Für die Durchführung dieser periodischen Buchungen verwenden Sie in SAP RE-FX die Transaktion *RERAPP* (Periodisches Buchen: Verträge). Sie wird speziell für Verträge mit externen Geschäftspartnern wie Kunden und Anbietern eingesetzt.

3.3.3 Vertragskonditionen anpassen

In der laufenden Vertragsverwaltung lassen sich Vertragskonditionen wie beispielsweise Mietzahlungen oder Instandhaltungskosten anpassen. Diese Anpassungen werden im System dokumentiert und können Auswirkungen auf weitere Prozesse haben.

3.3.4 Nebenkostenabrechnungen durchführen

In dieser Phase werden alle Miet- und Nebenkostenabrechnungen erstellt und an die Mieter oder Vertragspartner versandt. Die Abrechnungen werden automatisch auf Basis der Vertragsbedingungen erstellt und an die entsprechenden Empfänger verschickt.

3.3.5 Terminüberwachung mit Wiedervorlagen

In dieser Phase werden Fristen und Termine wie beispielsweise Kündigungsfristen oder Wartungsintervalle überwacht und im System hinterlegt. Hierbei können auch Erinnerungen und Benachrichtigungen automatisch generiert werden, um an bevorstehende Termine zu erinnern.

3.3.6 Vertragsverlängerung

Wenn der Vertrag verlängert wird, wird dies im System dokumentiert, und alle relevanten Daten werden entsprechend angepasst. Auch die Umsatzkostenabrechnung und Terminüberwachung werden entsprechend aktualisiert.

3.3.7 Vertragskündigung

Wenn der Vertrag gekündigt wird, wird dies im System dokumentiert, und alle relevanten Daten werden entsprechend angepasst. Sie können auch Rückgaben oder Abnahmen von Objekten oder Anlagen erfassen. Die Umsatzkostenabrechnung und Terminüberwachung werden entsprechend aktualisiert.

3.4 Vertragsarten

Die Vertragsart bestimmt, welche Geschäftsprozesse ausgeführt werden können. Auch die Einstellungen der Feldstatusattribute und andere Aspekte sind davon abhängig. Beispielsweise ist die Nebenkostenabrechnung nur für debitorische Vertragsarten wie Mietverträge möglich, während der Vertragsanpassungsprozess sowohl für debitorische als auch für kreditorische Verträge durchgeführt werden kann.

Der prägnanteste Unterschied zwischen kreditorischen und debitorischen Immobilienverträgen in SAP RE-FX ist die Richtung des Geldflusses. Bei einem kreditorischen Vertrag ist der Vertragspartner ein Gläubiger, dem der Mieter Zahlungen leistet, während bei einem debitorischen Vertrag der Vertragspartner ein Schuldner ist, von dem der Vermieter Zahlungen erhält. Dies hat Auswirkungen auf die Buchungskonten und die Durchführung von Geschäftsprozessen wie Nebenkostenabrechnungen oder Vertragsanpassungen.

3.4.1 Mietverträge

Der Mietvertrag ist ein belegendes Vertragsmodell, bei dem Mietobjekte immer nur einem Vertrag zugeordnet werden können. Die Mietobjekte können entweder Mieteinheiten oder Mietflächen sein. Mietverträge haben eine besondere Stellung innerhalb der Immobilienverträge, da sie den gesetzlichen Regelungen des Mietrechts unterliegen. Dazu gehören Kündigungsfristen, steuerliche Aspekte sowie Mietanpassungen und Nebenkostenabrechnungen.

3.4.2 Anmietverträge

Wenn ein Mieter ein Objekt anmietet, wird aus seiner Sicht ein kreditorischer Anmietvertrag abgeschlossen, bei dem der Vermieter als Kreditor auftritt und eine Dienstleistung erbringt. Ein solcher Vertrag kann sich auf Mietobjekte, Gebäude, Grundstücke oder Wirtschaftseinheiten beziehen. Die Konditionen des Vertrags sind ebenfalls kreditorisch und werden als Verbindlichkeiten verbucht.

3.4.3 Umsatzmietverträge

Die Umsatzmiete ist vor allem in der gewerblichen Vermietung, insbesondere im Handel, ein verbreitetes Modell, bei dem die Miete an den Umsatz des Mieters gekoppelt wird. Die gemeldeten Umsätze können nicht nur als wichtige statistische Daten dienen, sondern auch zur Ableitung von Kennzahlen, Statistiken und Prognosen genutzt werden. Auf dieser Grundlage können Wirtschaftlichkeitsanalysen und eine Umsatzmieterlösplanung durchgeführt werden. SAP RE-FX ermöglicht die Abbildung der erforderlichen Stammdaten und debitorischen oder kreditorischen Prozesse. Im Fokus stehen dabei die praxisrelevanten Vermietungsprozesse wie die Integration der Umsatzmiete und der entsprechenden Konditionen in Mietverträgen, die Erfassung von Umsatzdaten sowie der Abrechnungsprozess.

3.4.4 Hausgeldvereinbarungen

Der Vertragstyp der Hausgeldvereinbarung ist debitorisch und gehört zur Wohnungseigentumsverwaltung. Obwohl es Ähnlichkeiten zum Mietvertrag gibt, existieren auch signifikante Unterschiede. So werden spezifische Prüfungen ausschließlich für Hausgeldvereinbarungen durchgeführt.

Für jede Wohnung im Sondereigentum ist die Erstellung einer Hausgeldvereinbarung im WEG-Buchungskreis erforderlich. Beim Verkauf einer Eigentumswohnung an einen neuen Eigentümer wird für diesen eine neue Hausgeldvereinbarung erstellt. Dabei ist sicherzustellen, dass es keine zeitlichen Lücken zwischen aufeinanderfolgenden Hausgeldvereinbarungen für ein Objekt gibt. Die Fehlermeldung REBDRO048 (Keine lückenlosen Hausgeldvereinbarungen für MO XYZ vorhanden) wird angezeigt, wenn dennoch solche Lücken auftreten.

3.4.5 Serviceverträge

In SAP RE-FX haben Sie nicht nur die Möglichkeit, belegende Verträge wie Mietverträge für Wohnungen oder Gewerberäume zu erstellen, sondern auch Service- oder Dienstleistungsverträge anzulegen. Im Gegensatz zu Anmiet- oder Vermietungsverträgen kann bei Serviceverträgen die Dienstleistung sowohl erbracht als auch entgegengenommen werden, wodurch die Vertragsart sowohl kreditorisch (Nutzer) als auch debitorisch (Anbieter) sein kann. Im Vergleich zu belegenden Verträgen gibt es jedoch einige wesentliche Unterschiede: Zum einen kann ein Objekt mehreren Verträgen zugeordnet werden. Zum anderen können nichtbelegende Verträge außer Mieteinheiten und -flächen auch anderen Immobilienobjekten wie Wirtschaftseinheiten, Gebäuden oder Grundstücken zugeordnet werden.

3.4.6 Kautionsvereinbarungen

Um Mietkautionen abzubilden, haben Sie die Möglichkeit, separate Kautionsvereinbarungen zu erstellen. Dafür müssen Sie im Customizing spezielle Vertragsarten mit dem Vertragsbezug *Kautionsvereinbarung* definieren und ihnen eine Konditionsgruppe zuordnen, die nur die für Kautionsvereinbarungen geeigneten Konditionsarten enthält, wie z. B. *berechnete Kaution* und *vereinbarte Kaution*.

Da Kautionsvereinbarungen immer auf einen anderen Vertrag, den sogenannten abgesicherten Vertrag, Bezug nehmen, müssen Sie die Vertragsarten des abgesicherten Vertrags und der Kautionsvereinbarung miteinander verknüpfen. Hierfür ordnen Sie in den Customizing-Einstellungen dem abgesicherten Vertrag die Vertragsart *Kautionsvertrag* zu.

Wenn Sie eine Kautionsvereinbarung erstellen, beziehen Sie sich auf den abgesicherten Vertrag und verknüpfen die beiden Verträge miteinander. Der debitorische Hauptmieter des abgesicherten Vertrags wird als Geschäftspartner in die Kautionsvereinbarung übernommen.

3.5 Interessentenverwaltung

Die Funktion der Interessentenverwaltung ist besonders für die Wohnungswirtschaft konzipiert, da sie eine effiziente Verwaltung von Mietgesuchen und die Suche nach geeigneten freien Mietobjekten erleichtert. Zudem bietet sie die Möglichkeit, potenzielle Mieter oder Käufer von Immobilien zu erfassen und zu verwalten. Hierbei können auch Vertriebsaktivitäten wie beispielsweise Angebote oder Besichtigungen dokumentiert werden. Daher können Sie mit der Interessentenverwaltung nach leer stehenden Mietobjekten suchen und passende Interessenten dafür finden oder umgekehrt.

Sobald ein Mietobjekt leer steht, wird automatisch ein *Angebotsobjekt* erzeugt, das mit den wesentlichen Daten aus dem Mietobjekt bestückt wird. Hierbei werden beispielsweise Ausstattungsmerkmale und Bemessungen selektiv übernommen und Mietkonditionen verdichtet. Auf der Registerkarte »Angebotsobjekte« lassen sich die durch die Interessentenverwaltung erzeugten Angebotsobjekte für Mietwohnungen finden.

Dadurch wird die Suche nach freien Mietobjekten vereinfacht und die Objekte werden miteinander vergleichbar. Interessenten können somit schnell und einfach geeignete Mietwohnungen finden, und Vermieter haben die Möglichkeit, ihre Angebote effektiver zu präsentieren.

Das Erfassen eines *Immobiliengesuchs* ermöglicht es einem Interessenten, die Daten eines gewünschten Mietobjekts generisch zu beschreiben. Dabei können auch Daten erfasst werden, die nicht unbedingt direkt mit dem Mietobjekt zusammenhängen, sondern beispielsweise auf der Wirtschaftseinheit oder dem Gebäude gespeichert sind.

Der Sachbearbeiter kann in der Trefferliste der Immobiliensuche eine *Statuszuweisung* für die Kombination aus Immobiliengesuch und gefundenem Angebotsobjekt vornehmen. Das System definiert eine vorgegebene Liste von Status:

- S000 – Ablehnung des Objekts durch Bewerber
- S001 – Präferenz des Objekts durch Bewerber
- S002 – Ablehnung des Bewerbers durch Sachbearbeiter
- S003 – Präferenz des Bewerbers durch Sachbearbeiter
- S004 – Angebot wurde erstellt
- S005 – Mietvertrag wurde erstellt
- S006 – Freitext

Der Status dient als Marker, der dem Sachbearbeiter bei einer erneuten Bearbeitung des Immobiliengesuchs zeigt, ob das Objekt bereits einem Bewerber angeboten wurde und wie sich der Bewerber dazu geäußert hat.

Um aus einem Immobiliengesuch oder einem Vertragsangebot einen Vertrag zu erstellen, müssen Sie das Immobiliengesuch oder das Vertragsangebot den entsprechenden Vertragsarten zuordnen. Wenn ein Vertragsangebot zu einem Vertrag wird, ist eine Anpassung der Geschäftspartnerrollen erforderlich. Um den Prozess zu automatisieren und aus dem Bewerber einen Mieter zu machen, können Sie Kundenerweiterungen verwenden.

Vertragsangebot in SAP RE-FX

Sie können von einem Immobiliengesuch ausgehend zunächst ein Vertragsangebot erstellen und später einen Mietvertrag anlegen. Die bereits vorhandenen Daten werden dabei automatisch vom Immobiliengesuch in das Vertragsangebot übernommen. Auf diese Weise müssen Informationen wie der Vertragsbeginn und die Vertragskonditionen nicht doppelt erfasst werden, sondern sind bereits vorhanden und können bei Bedarf ergänzt werden. Es besteht aber auch die Option, ein Vertragsangebot ohne zugehöriges Immobiliengesuch anzulegen oder einen Immobilienvertrag ohne vorheriges Immobiliengesuch und Vertragsangebot zu erstellen.

Für öffentliche Träger und Kommunen, die eine große Anzahl von Objekten verwalten und einem großen Zustrom ausgesetzt sind, ist es wichtig, Ausstattungsmerkmale für Wohnberechtigungsscheine festzulegen. Die verschiedenen Wohnberechtigungsscheintypen, die für eine Wohnung erforderlich sind, werden als Ausstattungsmerkmal auf dem Mietobjekt hinterlegt. Um sicherzustellen, dass die Suche in der Interessentenverwaltung diese Merkmale berücksichtigt, müssen sie im Customizing definiert werden. Sie können außerdem Dringlichkeitsstufen für Wohnberechtigungsscheine festlegen, die jedoch rein informativ sind.

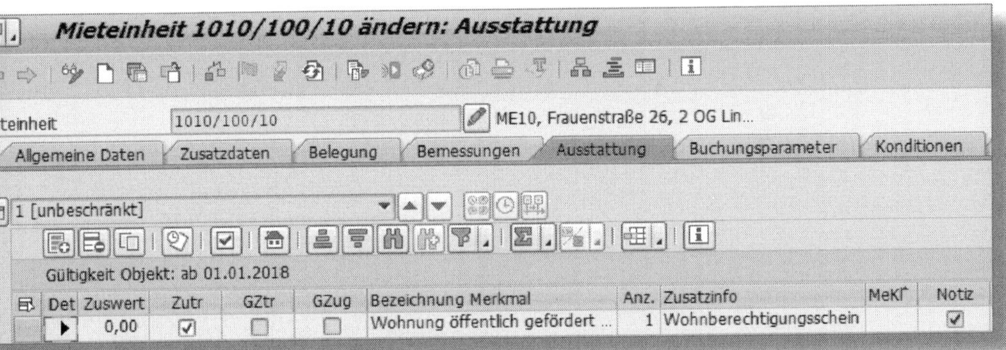

Abbildung 3.7: Ausstattungsmerkmal »Wohnung öffentlich gefördert«

Wie in Abbildung 3.7 gezeigt, wurde dem Mietobjekt 1010/100/10 das Ausstattungsmerkmal *Wohnung öffentlich gefördert ...* zugeordnet, was in der Interessentenverwaltung relevant ist und berücksichtigt wird. Voraussetzung für diesen Schritt ist, dass Sie das Ausstattungsmerkmal bereits im Customizing definiert haben.

4 Rechnungswesen

In diesem Kapitel werden wir uns eingehend mit dem Rechnungswesen in SAP RE-FX beschäftigen und die Verbindung mit dem Modul SAP FI sowie die dazugehörigen Komponenten erläutern. In nahezu jedem Mietvertrag dreht sich alles um finanzielle Aspekte, da Geldströme eine entscheidende Rolle spielen. Der Mieter ist verpflichtet, die vereinbarte Miete zu zahlen, während der Energieversorger eine Vorauszahlung verlangt usw. Um die im Kapitel beschriebenen Prozesse und Zusammenhänge besser zu verstehen, werden Buchhaltungskenntnisse im Allgemeinen sowie technische Grundlagen des SAP FI vorausgesetzt.

4.1 Periodische Buchungen

Die Buchungsparameter eines Vertrags, wie z. B. Buchungs- und Rhythmusklauseln sowie organisatorische Zuordnungen, sind entscheidend für die Erstellung von Buchungsbelegen während der periodischen Buchungsläufe. Die relevanten Informationen wie Zahlweg, Mahndaten, Bankdetails oder Fälligkeitsdatum werden aus den Buchungsparametern des Vertrags in den Buchungsbeleg übernommen.

In diesem Teil des Buches werden wir uns auf die Buchungen des Partner- und Objektfinanzstroms konzentrieren. Die Buchungen des Bewertungsfinanzstroms, der bei der Bewertung und Buchung von Leasingverträgen entsteht, sowie die daraus resultierenden Buchungen werden in Kapitel 9 behandelt.

> **Partnerfinanzstrom**
>
> Basierend auf den Konditionen, der Rhythmus- und der Buchungsklausel werden im Partnerfinanzstrom (auch Zahlungsfinanzstrom genannt) Buchungen für Debitoren- oder Kreditorenkonten erzeugt.

☛ Objektfinanzstrom

Durch die Anwendung von Konditionen, Rhythmusklauseln und Verteilungsvorschriften auf Verträge wird der Objektfinanzstrom oder Verteilungsfinanzstrom generiert. Dieser dient der Zuweisung von Erlösen oder Kosten aus debitorischen oder kreditorischen Verträgen von dem Controlling-Objekt Vertrag auf andere Controlling-Objekte, wie z. B. das vermietete Objekt.

4.1.1 Massenprozess selektieren

Um periodische Buchungen durchzuführen, rufen Sie die Transaktion *RERAPP* auf. Da es sich um einen Massenprozess handelt, wird dieser in der Praxis oft in der SAP-Hintergrundverarbeitung ausgeführt, indem ein SAP-Job per Transaktion *SE37* erstellt und eingeplant wird.

Beachten Sie, dass das Programm sowohl im Simulationsmodus als auch im Echtlauf ausgeführt werden kann. Bei Tests ist es ratsam, die Ausführung auf nur wenige Verträge zu beschränken. Das Programm liest alle Finanzstromsätze der Verträge und generiert Buchungen in der Finanzbuchhaltung (SAP FI). Sie können über die Vorabselektion im Programm festlegen, welche Verträge und Konditionsarten gebucht werden sollen. Zu den wichtigsten Parametern für die Abgrenzungen im Finanzstrom gehören der Fälligkeitstag und das Berechnungsdatum. Diese Parameter sind analog den entsprechenden Feldern im Finanzstrom und bestimmen die Auswahl der zu buchenden Finanzstromsätze.

☛ Finanzströme

Den wiederkehrenden Buchungen liegen vorab erstellte Planwerte zugrunde, die im Vertrag mittels des Finanzstroms dargestellt werden. Diese Plansätze werden im Voraus, basierend auf den Vertragskonditionen für einen bestimmten Zeitraum, generiert und in der Datenbank gespeichert. Bei der Erzeugung von Finanzstromsätzen und den nachfolgenden Buchungen sind neben dem Konditionsbetrag auch verschiedene Klauseln von Bedeutung.

In der Transaktion *RERAPP* gibt es mehrere Möglichkeiten der Selektion (siehe Abbildung 4.1). Da es sich um einen Massenprozess handelt, empfiehlt es sich, im Allgemeinen einen Batch-Job zu planen und die Online-Ausführung auf wenige Verträge zu beschränken. Sie haben die Möglichkeit, das Programm entweder im Simulationsmodus oder im Echtlauf zu starten.

Über das Selektionsbild der Transaktion legen Sie fest, welche Verträge und Konditionsarten gebucht werden sollen ❶. Die wichtigsten Parameter für die Zeiträume im Finanzstrom sind der FÄLLIGKEITSTAG und das BERECHNUNGSDATUM BIS ❷. Diese Parameter entsprechen den jeweiligen Feldern im Finanzstrom und beeinflussen die Auswahl der zu buchenden Finanzstromsätze. Die Transaktion liest die Finanzstromsätze der Verträge und erzeugt auf Grundlage dieser Sätze eine BUCHUNG in der Finanzbuchhaltung ❸.

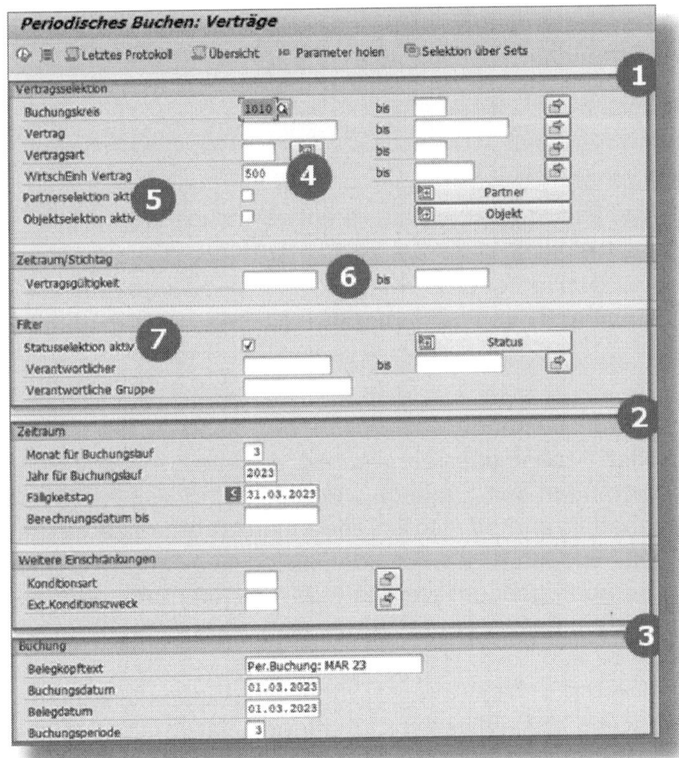

Abbildung 4.1: Selektionsmöglichkeiten Transaktion RERAPP – Teil 1

Wenn die Wirtschaftseinheitsnummer im Vertrag eindeutig ist, können Sie nach dieser Nummer (in unserem Beispiel *500*) selektieren ❹. Allerdings sollten Sie die Selektion nach Vertragspartnern vermeiden ❺, da dies sehr performanceintensiv ist.

Im Bereich ZEITRAUM/STICHTAG können Sie über das Feld VERTRAGSGÜLTIGKEIT ältere Verträge aus der Selektion ausschließen ❻.

Unter FILTER ist es dringend empfehlenswert, die STATUSSELEKTION AKTIV zu setzen ❼, um beispielsweise Verträge, die zum Löschen vorgesehen sind, von der Selektion auszuschließen.

Sie können auch Verträge nach den verantwortlichen Personen oder Personengruppen selektieren (Felder VERANTWORTLICHER und VERANTWORTLICHE GRUPPE). Voraussetzung hierfür ist, dass Sie diese zuvor definiert haben. Je nach Größe Ihres Immobilienportfolios kann es sinnvoll sein, die Arbeit auf verschiedene Gruppen aufzuteilen.

Selektion nach User

Allen Stammdatenobjekten, Verträgen und Wiedervorlageterminen in SAP RE-FX sind Benutzer (User) als verantwortliche Personen zugeordnet. Dies ermöglicht, dass der Zugriff auf diese Objekte beispielsweise im RE-Navigator über »Meine Objekte« oder im Infosystem durch die Selektion nach dem Verantwortlichen erfolgen kann.

Um die periodischen Buchungen durchzuführen, müssen Sie im Bereich ZEITRAUM den Monat oder die Periode angeben, in denen der Buchungslauf stattfinden soll. Dadurch wird das Feld FÄLLIGKEITSTAG automatisch ausgefüllt und es werden alle Finanzstromsätze ausgewählt, deren Fälligkeitsdatum kleiner oder gleich dem angegebenen Datum ist und die noch gebucht werden müssen. Alternativ oder zusätzlich können Sie ein BERECHNUNGSDATUM BIS verwenden.

Die Felder BELEGKOPFTEXT, BUCHUNGSDATUM und BELEGDATUM dienen dazu, den Buchungen zusätzliche Informationen mitzugeben (siehe

Abbildung 4.2). Diese können Sie vor dem Buchungslauf bei Bedarf im Selektionsbild anpassen.

Die BUCHUNGSPERIODE wird automatisch aus dem Buchungsdatum ermittelt, in den meisten Fällen besteht kein Grund, sie manuell abzuändern. Im Feld MODUS BUCHUNGSLAUF legen Sie fest, ob die periodische Buchung nur simuliert oder im Echtlauf durchgeführt werden soll.

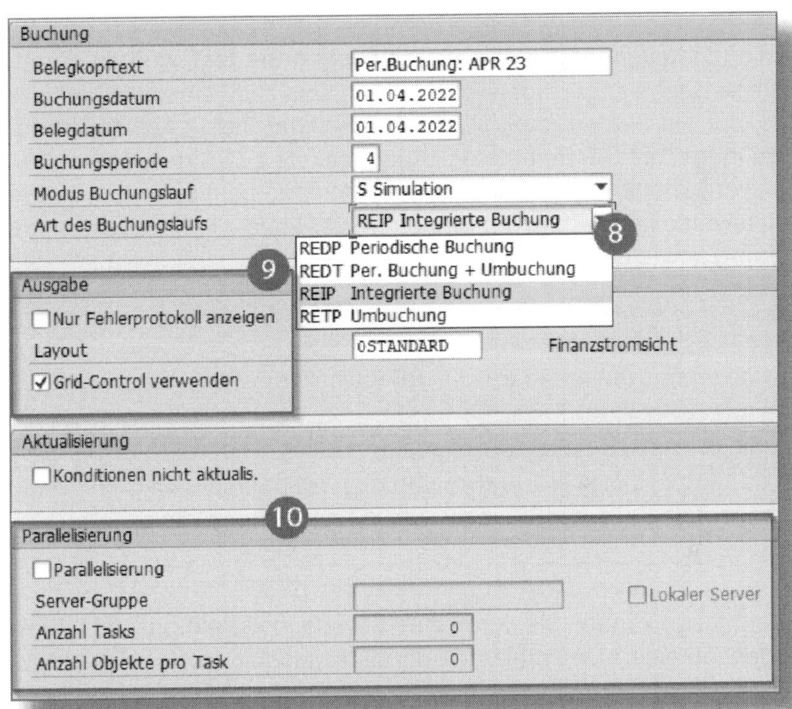

Abbildung 4.2: Selektionsmöglichkeiten Transaktion RERAPP – Teil 2

Die ART DES BUCHUNGSLAUFS ❽ beeinflusst, ob bei der periodischen Buchung sowohl der Vertrag als auch die damit verbundenen Objekte gebucht werden oder nur der Vertrag allein. Es ist auch möglich festzulegen, dass ausschließlich die mit dem Vertrag verknüpften Objekte gebucht werden.

Folgende Buchungsläufe können vor Programmstart selektiert werden:

- *REDT* – Buchung erzeugt Partner- und Objektfinanzstrom
- *REDP* – Buchung erzeugt nur Partnerfinanzstrom
- *RETP* – Buchung erzeugt nur Objektfinanzstrom
- *REIP* – periodische Buchung und Umbuchung auf Objekte in einem Beleg

Über die Einstellungen für AUSGABE ❾ legen Sie fest, wie die Ergebnisse Ihrer Suche angezeigt werden sollen, und zwar einschließlich der Option, nur ein Fehlerprotokoll anzuzeigen. Das Feld LAYOUT ermöglicht es Ihnen, die Darstellung der Ausgabeliste zu kontrollieren. In einem Layout können verschiedene Informationen gespeichert sein, wie beispielsweise der Aufbau der Spalten in der Liste, die Kriterien für die Sortierung sowie definierte Filterbedingungen.

Layoutverwendung in SAP RE-FX

Bitte beachten Sie, dass in SAP RE-FX bei Auswertungen, die Sie mit einem Reportprofil starten, nur Layouts verwendet werden können, die für dieses Reportprofil geeignet sind. Geben Sie daher zuerst das Reportprofil ein, und verwenden Sie dann die Eingabehilfe, um passende Layouts für dieses Reportprofil anzuzeigen.

Darüber hinaus können Sie durch die Auswahl im Selektionsbildschirm festlegen, ob eine ALV-Grid-Liste oder eine klassische ALV-Liste angezeigt werden soll.

Periodische Buchungen erfordern eine hohe Rechenleistung. Diese kann per PARALLELISIERUNG ❿ verteilt werden. In Systemen mit einer großen Anzahl von Verträgen führt dies oft zu einem enormen Buchungsvolumen; hier muss der Buchungslauf als Batch-Lauf geplant werden. Um die periodischen Buchungen in einem akzeptablen Zeitrahmen abzuschließen, bietet das Programm die Möglichkeit zur Parallelisierung an. Hierbei wird das Buchungsvolumen auf mehrere Server aufgeteilt und parallel verarbeitet. Die maximale ANZAHL TASKS definiert dabei die Zahl der gleichzeitig aktiven Prozesse. Sinnvolle

Werte hängen von den verfügbaren Systemressourcen sowie der zu verarbeitenden Datenmenge ab. In der Regel sind Werte zwischen zwei und acht empfehlenswert.

4.1.2 Periodische Buchungen durchführen

Hierzu rufen Sie die Transaktion *RERAPP* auf und führen die für Ihren Prozess relevanten Selektionen aus. Die Ergebnisliste der Transaktion *RERAPP* zeigt die ausgewählten Finanzstromsätze an.

Um Ihnen die Zusammenhänge besser zu verdeutlichen, werden wir uns an einem Immobilienvertrag entlanghangeln. Hierfür werden wir zunächst die festgelegten Konditionen überprüfen, um ein besseres Verständnis für die periodischen Buchungen zu erlangen.

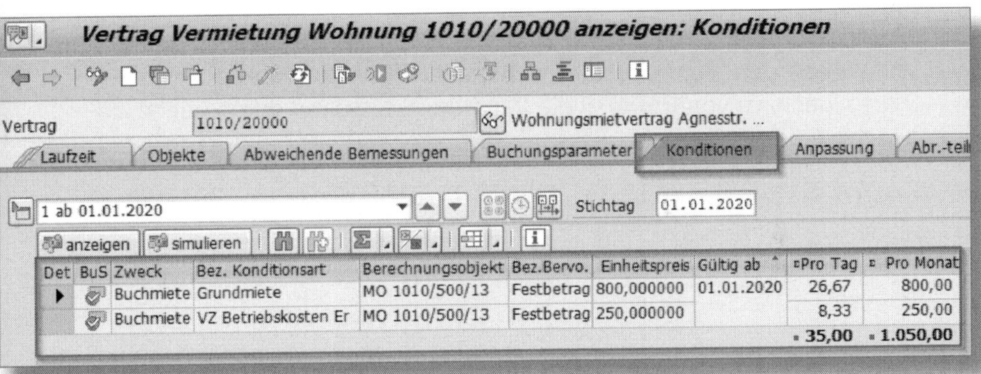

Det	BuS	Zweck	Bez. Konditionsart	Berechnungsobjekt	Bez.Bervo.	Einheitspreis	Gültig ab	Pro Tag	Pro Monat
▶		Buchmiete	Grundmiete	MO 1010/500/13	Festbetrag	800,000000	01.01.2020	26,67	800,00
		Buchmiete	VZ Betriebskosten Er	MO 1010/500/13	Festbetrag	250,000000		8,33	250,00
								▪ 35,00	▪ 1.050,00

Abbildung 4.3: Konditionen des zu buchenden Vertrags

Im gezeigten Beispiel in Abbildung 4.3 wurde der VERTRAG *20000* für den Buchungskreis *1010* angelegt. Dieser beinhaltet zwei KONDITIONEN: die monatliche GRUNDMIETE zum EINHEITSPREIS von 800 Euro und die monatliche Vorauszahlung (VZ) für BETRIEBSKOSTEN von 250 Euro.

Durch Klicken auf die Schaltflächen anzeigen überprüfen Sie bereits gebuchte Perioden, während Sie mit der Schaltfläche simulieren eine Projektion in die Zukunft erstellen.

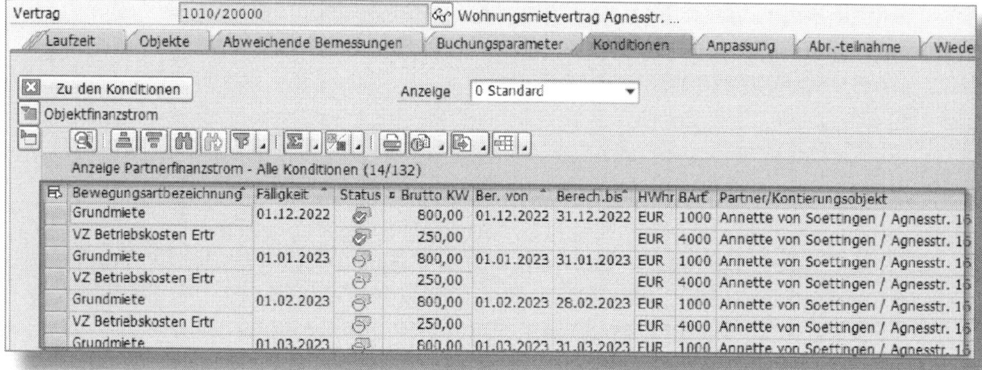

Abbildung 4.4: Partnerfinanzstrom im Vertrag – Anzeige

In Abbildung 4.4 sehen Sie das Ergebnis der Schaltfläche ANZEIGEN: Die erste Periode des im Beispiel definierten Geschäftsjahres 2023 ist noch nicht gebucht.

Wir wollen den Buchungslauf nun nachholen und führen hierzu im Startbildschirm von *RERAPP* die VERTRAGSSELEKTION durch (siehe Abbildung 4.5).

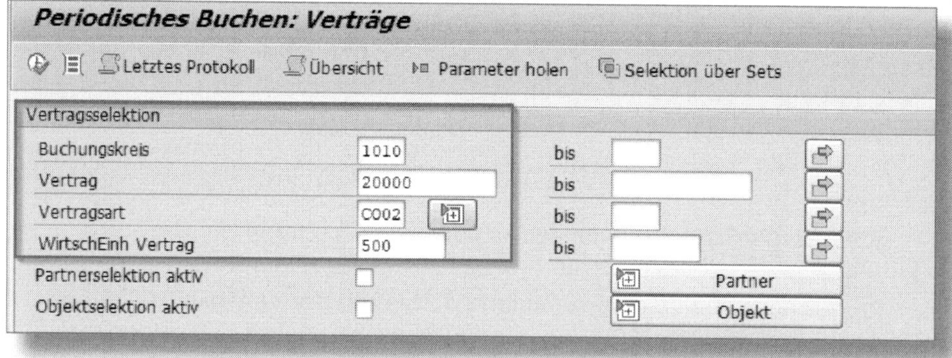

Abbildung 4.5: Transaktion RERAPP mit Vertragsbezug – Start

Nach Eingabe des BUCHUNGSKREISES *1010*, der VERTRAGSnummer *20000* und der manuellen Ausführung durch Klicken auf die Schaltfläche (Ausführen) werden die Konditionen des Vertrags ausgelesen und die zugehörigen Buchungen in der zuvor festgelegten Buchungsperiode durchgeführt.

Nach erfolgreicher Verarbeitung werden die Ergebnisse des Programmlaufs in einer Ausgabeliste angezeigt (siehe Abbildung 4.6).

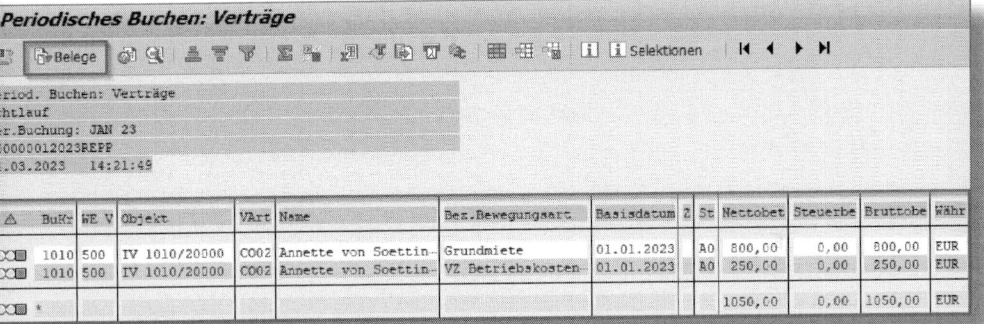

△	BuKr	WE V	Objekt	VArt	Name	Bez.Bewegungsart	Basisdatum	Z	St	Nettobet	Steuerbe	Bruttobe	Währ
	1010	500	IV 1010/20000	C002	Annette von Soettin-	Grundmiete	01.01.2023		A0	800,00	0,00	800,00	EUR
	1010	500	IV 1010/20000	C002	Annette von Soettin-	VZ Betriebskosten-	01.01.2023		A0	250,00	0,00	250,00	EUR
	*									1050,00	0,00	1050,00	EUR

Abbildung 4.6: Ergebnis des Laufs – Anzeige Finanzstrom

Anhand der Liste können Sie prüfen, ob die richtigen Finanzstromsätze gefunden wurden. Mögliche Fehler lassen sich durch Klicken auf die Schaltfläche (Fehlerprotokoll) anzeigen und im Detail überprüfen. In unserem Beispiel ist das Fehlerprotokoll jedoch nicht relevant, da alle Zeilen mit einem grünen Icon gekennzeichnet sind und somit erfolgreich verarbeitet wurden.

Rechts neben dem Fehlerprotokoll befindet sich die Schaltfläche Belege. Wenn Sie darauf klicken, gelangen Sie zur Liste der gebuchten Belege.

4.1.3 Belege prüfen

Da wir die periodische Buchung im Echtlauf durchgeführt haben, wurden Belege in die Finanzbuchhaltung gebucht. Jeder Buchungslauf wird unter einer Prozessidentifikationsnummer oder Referenznummer gespeichert, die aus einer fortlaufenden Nummer besteht. In unserem Beispiel lautet sie 000000120230000001. Die Identifikationsnummer des Buchungslaufs wird in der Spalte Referenzschlüssel (REACI) im Belegkopf eingetragen, es sei denn, die Buchungsklausel des Vertrags gibt über das Feld VERWENDUNGSZWECK einen anderen Wert vor.

Rufen Sie die Belege, wie in Abbildung 4.6 dargestellt, auf, und navigieren Sie durch Klicken auf den umrandeten Button BELEGE zu der Ansicht aus Abbildung 4.7.

```
△ Ref.Vorg. Referenzschlüssel    LogSystem Vorg Benutzer Belegkopftext        BuKr Belegdatum Buch.dat.  Umrec
   Pos SK   Betrag Währg Basisdatum GsBe St StStandort Text                                       Hauptbk

REACI      00000001202300000001          RFBU S4F74-02 Per.Buchung: JAN 23 1010 01.01.2023 01.01.2023 01.01
   1       800,00  EUR   01.01.2023       A0             *01.01.2023-31.01.2023-Grundmiete            12100000
   2       800,00- EUR                    A0             *01.01.2023-31.01.2023-Grundmiete            41000600
   3       250,00  EUR   01.01.2023       A0             *01.01.2023-31.01.2023-VZ Betriebskosten Ertr 12100000
   4       250,00- EUR                    A0             *01.01.2023-31.01.2023-VZ Betriebskosten Ertr 41000600
```

Abbildung 4.7: Vertrag – Liste der Belege

Wenn Sie die Belege anzeigen lassen möchten, die durch den Buchungslauf erstellt wurden, klicken Sie auf den Referenzschlüssel (REACI), und navigieren Sie im Pop-up-Feld durch die Belegliste, um die Buchungen in der Nebenbuchhaltung zu kontrollieren (siehe Abbildung 4.8).

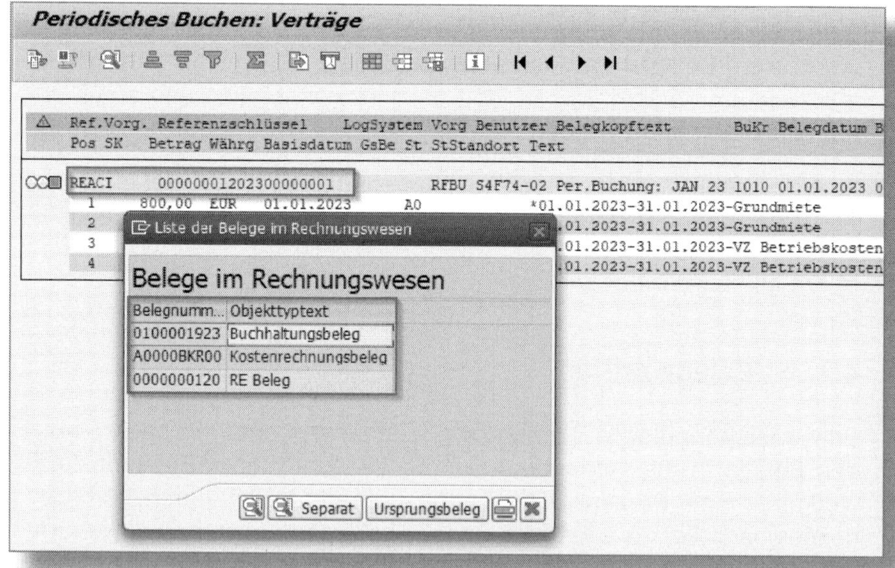

Abbildung 4.8: Rechnungswesen – Beleganzeige

Wenn Sie auf die entsprechende Zeile doppelklicken, gelangen Sie in den Buchhaltungsbeleg (siehe Abbildung 4.9).

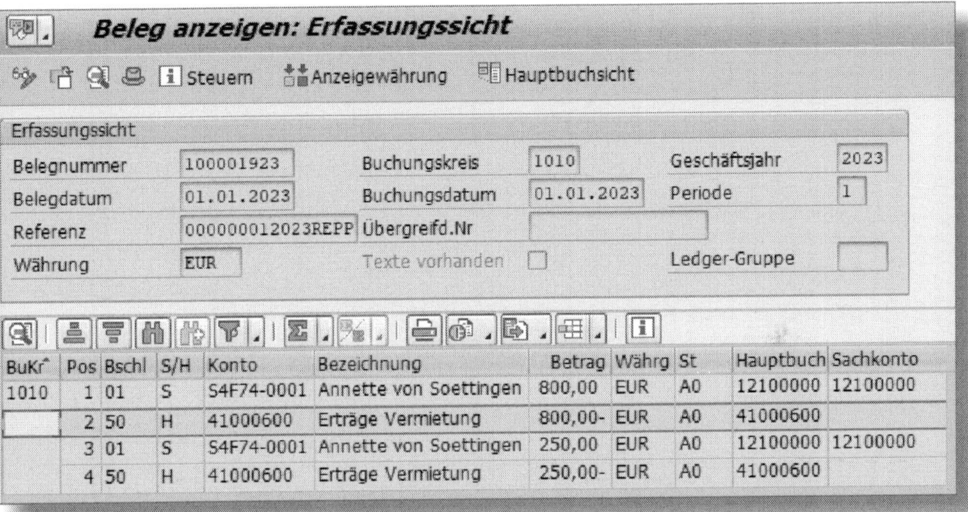

BuKr	Pos	Bschl	S/H	Konto	Bezeichnung	Betrag	Währg	St	Hauptbuch	Sachkonto
1010	1	01	S	S4F74-0001	Annette von Soettingen	800,00	EUR	A0	12100000	12100000
	2	50	H	41000600	Erträge Vermietung	800,00-	EUR	A0	41000600	
	3	01	S	S4F74-0001	Annette von Soettingen	250,00	EUR	A0	12100000	12100000
	4	50	H	41000600	Erträge Vermietung	250,00-	EUR	A0	41000600	

Abbildung 4.9: Beleganzeige in SAP FI

Sie haben noch weitere Möglichkeiten, sich die Buchungsbelege im Rechnungswesen anzuschauen. So können Sie dies entweder über das Buchungsprotokoll tun (siehe Abschnitt 4.2) oder direkt im Immobilienvertrag.

Bitte beachten Sie, dass alle Rechnungswesenbelege als eine Einheit betrachtet werden müssen und nicht einzeln storniert werden können. Wenn Sie also versuchen, einen Beleg zu stornieren, müssen alle anderen Belege ebenfalls storniert werden. In Abbildung 4.10 wurde versucht, den Buchhaltungsbeleg *100001923* in SAP FI zu stornieren, jedoch ohne Erfolg, wie die Fehlermeldung verdeutlicht.

Der Grund hierfür ist, dass SAP RE-FX die führende Anwendung für diesen Beleg darstellt, nicht SAP FI.

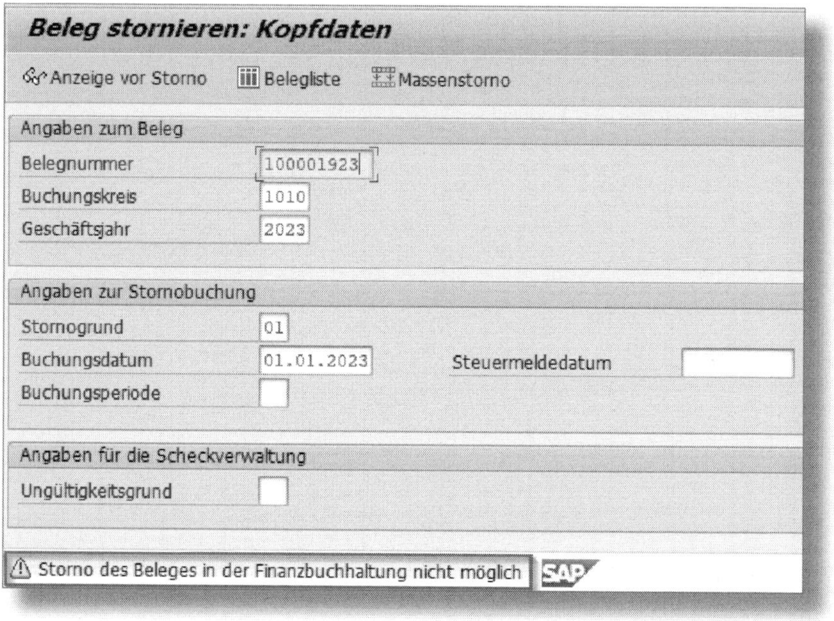

Beleg stornieren: Kopfdaten

Anzeige vor Storno | Belegliste | Massenstorno

Angaben zum Beleg

Belegnummer	100001923
Buchungskreis	1010
Geschäftsjahr	2023

Angaben zur Stornobuchung

Stornogrund	01		
Buchungsdatum	01.01.2023	Steuermeldedatum	
Buchungsperiode			

Angaben für die Scheckverwaltung

Ungültigkeitsgrund	

Storno des Beleges in der Finanzbuchhaltung nicht möglich

Abbildung 4.10: Buchhaltungsbeleg in SAP FI – Storno nicht möglich

Damit die verschiedenen Prozesse in der Buchungsschnittstelle von RE-Belegen in SAP RE-FX einheitlich behandelt werden können, wird von allen buchenden Prozessen in SAP RE-FX ein Immobilienbeleg erzeugt. Dieser verknüpft den Vorgang in SAP RE-FX mit dem Buchhaltungsbeleg in SAP FI, der für diesen Vorgang generiert wurde. Dadurch wird eine einheitliche Buchhaltung und Verwaltung der Immobilienprozesse ermöglicht.

In Abschnitt 4.5 werde ich genauer erläutern, wie Sie Buchhaltungsbelege, die in SAP RE-FX erstellt wurden, stornieren.

4.2 Buchungsprotokolle auswerten

Durch periodische Buchungen auf Objekten in SAP RE-FX werden Buchungsbelege sowohl in FI als auch in CO generiert. Zu diesen Buchungen werden Protokolleinträge geschrieben, die ausgewertet werden können. Sie lassen sich jederzeit nach dem Buchungslauf per Transaktion *RERAPL* recherchieren (siehe Abbildung 4.11).

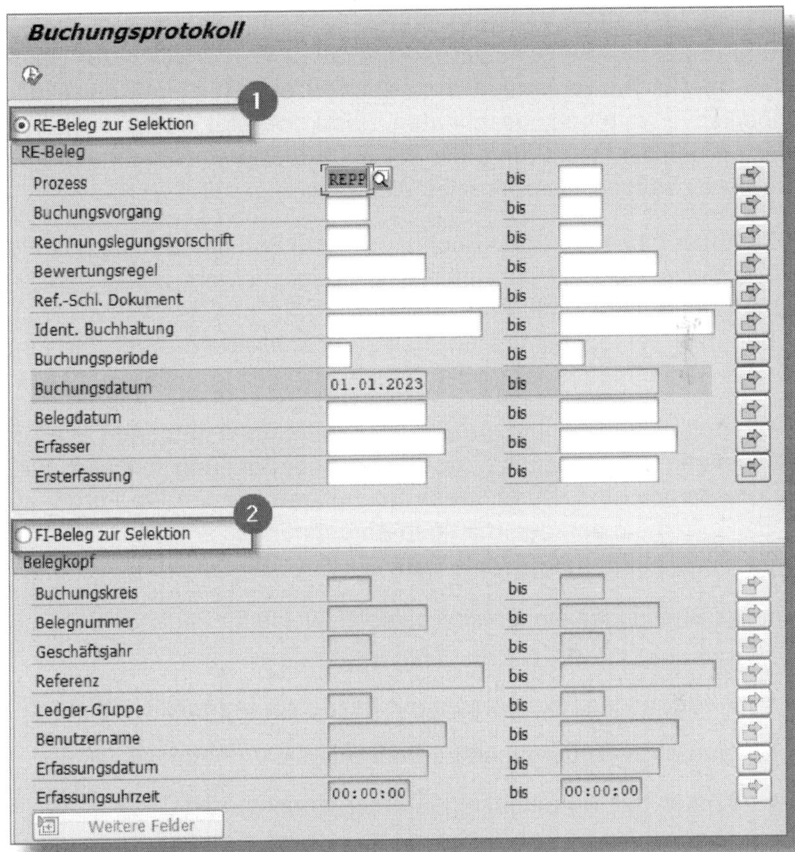

Abbildung 4.11: Buchungsprotokoll RERAPL – Datumsselektion

Im Selektionsbild haben Sie die Möglichkeit, zwischen der Selektion über RE-FX-Belege ❶ und derjenigen über Belege aus SAP FI ❷ zu wählen.

Es gibt zwei Wege, Belege aus dem SAP-Finanzwesen auszusuchen: über Informationen aus dem Belegkopf oder aus den Belegzeilen.

4.3 Einmalige Buchungen

Durch die Funktion »Einmalige Buchungen« in SAP RE-FX können Sie Buchungen im FI unter Verwendung von Daten aus der Immobilienverwaltung erstellen. Die Benutzeroberfläche ist im Vergleich zur Standard-FI-Oberfläche vereinfacht und speziell auf die Bedürfnisse der Immobilienverwaltung zugeschnitten. Dadurch bietet sie den Kollegen in der Immobilienverwaltung, die keine umfassenden Buchhaltungskenntnisse besitzen, ein optimales Werkzeug.

Der Benutzer gibt zuerst den Buchungsvorfall und den Buchungskreis an. Das System erstellt daraufhin einen oder mehrere Belege, basierend auf den Einstellungen im Customizing für den Buchungsvorfall. Der Benutzer vervollständigt die Belege anschließend durch die Eingabe des Rechnungsbetrags oder der spezifischen Immobilienobjekte.

In den einmaligen Buchungen sind alle Funktionen enthalten, die für die Erfassung und eindeutige Zuordnung einer Buchung zu einem Vertrag erforderlich sind. Durch diese Buchungen können Sie Forderungen, die außerhalb der regelmäßigen Abrechnungen anfallen, direkt an den Debitor (Hauptmieter) weitergeben.

Einmalige Buchungen eignen sich beispielsweise für folgende Buchungen:

- kreditorische Rechnungen mit Bezug auf Immobilienobjekte
- einmalige Forderungen für debitorische Vertragspartner
- Kosten der Wohnungseigentümergemeinschaft

Für die Verwendung der einmaligen Buchungen müssen Sie die nachfolgend beschriebenen Einstellungen im Customizing per RECACUST • BUCHHALTUNG • EINMALIGE BUCHUNGEN vornehmen.

Die Buchungsvorfälle sind zu definieren und in Gruppen zu gliedern. Anschließend legen Sie die Feldstatusvarianten für die Buchungsvorfälle fest.

Über RECACUST • BUCHHALTUNG • EINMALIGE BUCHUNGEN • BUCHUNGSVORFÄLLE DEFINIEREN führen Sie das Customizing der Buchungsvorfälle in der Transaktion *RERAOP* durch (siehe Abbildung 4.12).

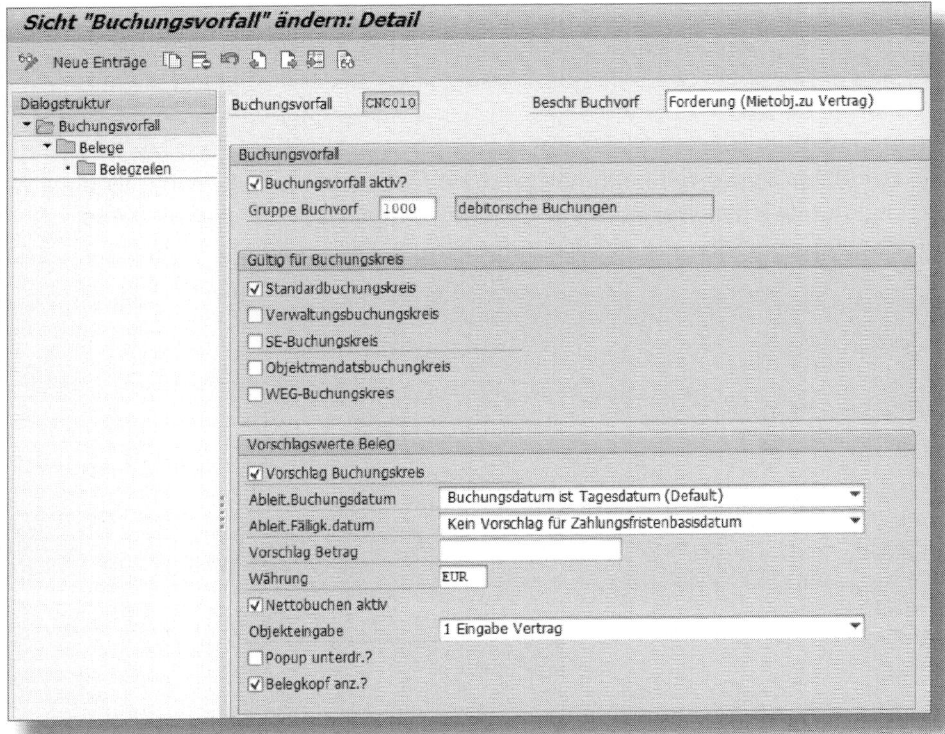

Abbildung 4.12: Buchungsvorfall RERAOP – Customizing

Soll auf Abrechnungseinheiten gebucht werden, müssen Sie abhängig vom Nebenkostenschlüssel festlegen, wie das Abrechnungsbezugsdatum ermittelt werden soll. Zudem sind Suchstrategien für den Kreditor und den Nebenkostenschlüssel anzugeben.

4.3.1 Beispiel zur einmaligen Buchung

Sie rufen die Funktion der einmaligen Buchungen direkt über die Transaktion *RERAOP* auf und wählen den Buchungskreis (BUKRS) sowie BUCHUNGSVORFALL über die Werthilfe aus.

Die Buchungen sind in Buchungsvorfallsgruppen zusammengefasst, um dem Anwender einen leichteren Überblick zu ermöglichen. Diese sind bei Auswahl der Zeile BUCHUNGSVORFALL in der dortigen Auswahlliste zu sehen.

Der Buchungsvorfall bestimmt, welche Felder nun eingabefähig sind und mit welchen Werten sie vorbelegt werden. Nach der Auswahl des Buchungsvorfalls wird ein Bild aufgebaut (siehe Abbildung 4.13).

Einmalige Buchung: Forderung (Mietobj.zu Vertrag)

Zurück zu Vorschlag

Grunddaten

Bukrs / Mandat	1010 Münchinger AG	Buchungsvorfall	CNC010 Forderung (Mietobj.zu Vertrag)
Vertrag	20000 Wohnungsmietvertra...	DebGeschPartner	S4F74-0001 Annette von Soettingen
Belegdatum	26.02.2023	Referenz	
Betrag	500,00 EUR	Hausbank/konto	/
Steuerbetrag		Steuerart/grp	MWST / NONE
Belegkopftext	Receiv.Contr./Ford.Vertr.		

Belegdatum	26.02.2023	Belegart	FX	Buchungskreis	1010 Münchinger AG
Buchungsdatum	26.02.2023	Buchungsperiode	2	Währung / Kurs	EUR /
Referenz		Steuerdatum	26.02.2023	Umrechnungsdat	26.02.2023
Belegkopftext	Receiv.Contr./Ford.Vertr.			Lfd. Nr. Beleg	1

Det	BuKr.	Beleg	Pos	Koart	S/H	Hauptbuch	Betrag	Steuerbetr	Währg	BArt	Objektidentifikation	Text
	1010	1	1	D	S		500,00	0,00	EUR	1000	IV 1010/20000	Forderung zu Vertrag
	1010		2	S	H	41000600	500,00	0,00	EUR		KST A000/T-CCA40	Handwerker Kosten

Detail:Sachkonto im Haben | Weitere Daten

Hauptbuchkto	41000600 So betriebl Erträge	Bewegungsart	Zuordnung
Objekt	KST A000/T-CCA40		Service 40
Bezugsdatum		Hausbank	Konto ID
Betrag	500,00 EUR	Valutadatum	
Steuerbetrag	0,00	Steuerart/grp	MWST / NONE
Text	Handwerker Kosten		
Menge/ Basis ME	/		

Abbildung 4.13: RERAOP – einmalige Buchung einer Forderung

4.4 Buchen mit Immobilienkontierung

Um sicherzustellen, dass die Kosten einer Reparatur einem bestimmten Objekt und keinem anderen zugeordnet werden, ist es erforderlich, im Rechnungswesen einen Bezug zum Immobilienobjekt herzustellen.

Für die Kontierung von Buchungen im Immobilienmanagement sind folgende Objekte vorgesehen: Wirtschaftseinheit, Gebäude, Grundstück, Mietobjekt, Vertrag und Kostensammler zur Abrechnungseinheit.

Um Buchungen auf Immobilienobjekte durchführen zu können, müssen der Feldstatus der zu buchenden Konten und der verwendeten Buchungsschlüssel entsprechend eingerichtet sein. Die relevanten Felder sind in den Dialogen zur Feldstatusverwaltung in den Feldgruppen Immobilienverwaltung und Vermögensverwaltung des SAP-FI-Customizing zu finden. Es wird empfohlen, diese Felder als Kann-Felder für die betroffenen Konten einzustellen.

4.5 Belege stornieren

Um sicherzustellen, dass die Daten konsistent bleiben, ist SAP RE-FX mit einer Integration in das SAP FI ausgestattet. Daher kann der betroffene Beleg nur aus SAP RE-FX storniert werden. Hierfür müssen Sie die Transaktion *RERAPPRV* (Storno periodisches Buchen Verträge) aufrufen.

Die Stornierung von Belegen möchte ich hier wieder an unserem Beispielvertrag *1010/20000 – Wohnungsmietvertrag Angesstr.* erläutern. Abbildung 4.14 zeigt, dass die Buchungen für den Abrechnungszeitraum 01/2023 abgeschlossen wurden.

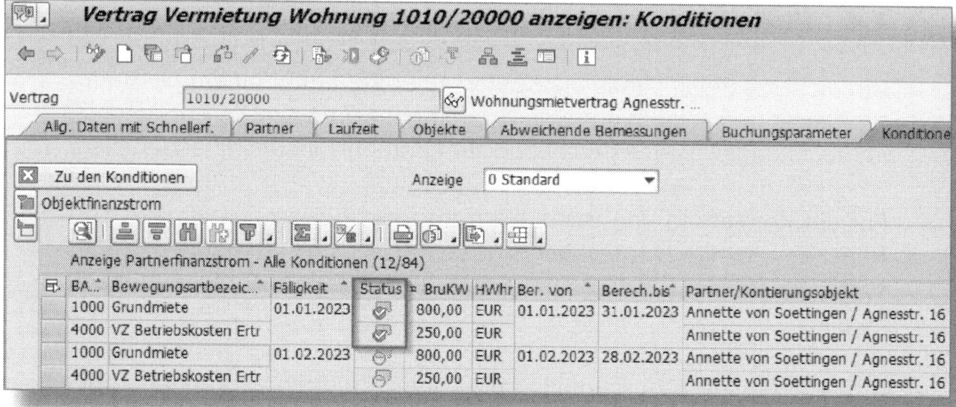

Abbildung 4.14: Vertrag mit gebuchtem Finanzstrom 01/2023

Diese Buchungen sollen nun storniert werden, da festgestellt wurde, dass die Kündigung des Mietvertrags versehentlich nicht eingetragen wurde. Die Stornierung verhindert, dass das Bankkonto der Mieterin irrtümlich belastet wird.

Wenn Sie einen Beleg in SAP RE-FX stornieren, ist es wichtig sicherzustellen, dass gleichzeitig alle nachfolgenden Belege wie beispielsweise der Kostenrechnungsbeleg ebenfalls storniert werden.

Bei der Buchung eines Belegs in SAP RE-FX müssen Sie einen entsprechenden STORNOGRUND angeben. Wie Abbildung 4.15 zeigt, können Sie in einem Drop-down-Menü verschiedene auswählen (Markierung). Der Stornogrund wird dann im stornierten Beleg vermerkt und steuert, ob ein abweichendes Buchungsdatum erlaubt ist sowie ob ein Stornobeleg aus Negativbuchungen aufgebaut werden soll.

Im Falle unserer periodischen Buchungen werden die Partnerfinanzstromsätze, die zur Erstellung der Buchungen geführt haben, für den Abrechnungszeitraum 01 von (Eintrag gebucht) auf (Eintrag noch zu buchen) zurückgesetzt (siehe Abbildung 4.16).

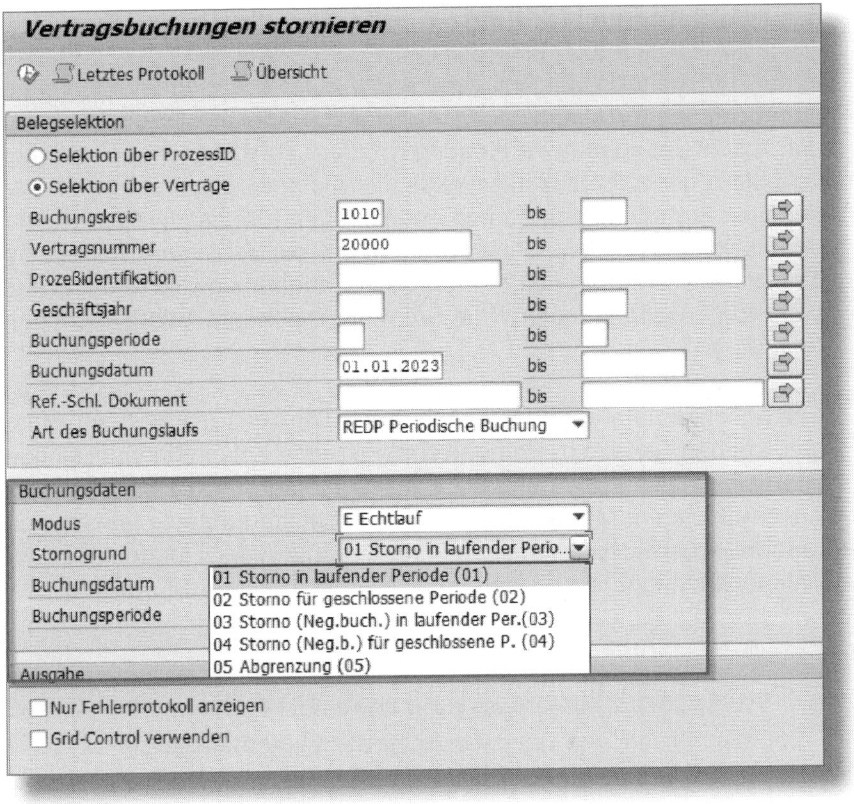

Vertragsbuchungen stornieren

Letztes Protokoll | Übersicht

Belegselektion

- ○ Selektion über ProzessID
- ◉ Selektion über Verträge

		bis	
Buchungskreis	1010	bis	
Vertragsnummer	20000	bis	
Prozeßidentifikation		bis	
Geschäftsjahr		bis	
Buchungsperiode		bis	
Buchungsdatum	01.01.2023	bis	
Ref.-Schl. Dokument		bis	
Art des Buchungslaufs	REDP Periodische Buchung		

Buchungsdaten

Modus	E Echtlauf
Stornogrund	01 Storno in laufender Perio...
Buchungsdatum	
Buchungsperiode	

01 Storno in laufender Periode (01)
02 Storno für geschlossene Periode (02)
03 Storno (Neg.buch.) in laufender Per.(03)
04 Storno (Neg.b.) für geschlossene P. (04)
05 Abgrenzung (05)

Ausgabe

- ☐ Nur Fehlerprotokoll anzeigen
- ☐ Grid-Control verwenden

Abbildung 4.15: Vertragsbuchung stornieren – Einzelvertrag

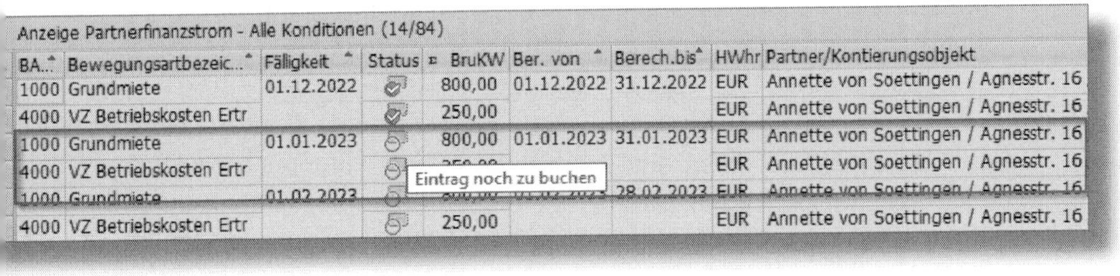

Anzeige Partnerfinanzstrom - Alle Konditionen (14/84)

BA...	Bewegungsartbezeic...	Fälligkeit	Status	BruKW	Ber. von	Berech.bis	HWhr	Partner/Kontierungsobjekt
1000	Grundmiete	01.12.2022		800,00	01.12.2022	31.12.2022	EUR	Annette von Soettingen / Agnesstr. 16
4000	VZ Betriebskosten Ertr			250,00			EUR	Annette von Soettingen / Agnesstr. 16
1000	Grundmiete	01.01.2023		800,00	01.01.2023	31.01.2023	EUR	Annette von Soettingen / Agnesstr. 16
4000	VZ Betriebskosten Ertr			Eintrag noch zu buchen			EUR	Annette von Soettingen / Agnesstr. 16
1000	Grundmiete	01.02.2023				28.02.2023	EUR	Annette von Soettingen / Agnesstr. 16
4000	VZ Betriebskosten Ertr			250,00			EUR	Annette von Soettingen / Agnesstr. 16

Abbildung 4.16: Vertragsbuchungen für Periode 01 storniert

4.6 Anlagenbuchhaltung

In der Buchhaltung von Anlagegütern wird in festgelegten Intervallen die *Absetzung für Abnutzung (AfA)* erfasst. Dabei erfolgt die Buchung der Abschreibungen in Verbindung mit dem entsprechenden Immobilienobjekt, um sicherzustellen, dass die Abschreibungsbeträge bei der genauen Ermittlung von Kosten und Erträgen für das jeweilige Objekt berücksichtigt werden können. Daher liegt die Verantwortung für die bilanzielle Bewertung des Immobilienvermögens sowie für die Erfassung von Abschreibungen in der SAP-FI-Komponente Anlagenbuchhaltung (FI-AA).

Um Abschreibungen in der Buchhaltung von Anlagegütern zu erfassen, können Sie einem Immobilienobjekt eine entsprechende Anlage zuordnen. Diese Zuordnung dient als Grundlage für die Buchung von Abschreibungen. Mittels geeigneter Anlagenstammsätze lassen sich Immobilienobjekte wie Grundstücke, Gebäude oder Flurstücke in der Anlagenbuchhaltung abbilden.

Architektonische Erweiterungen in der Anlagenbuchhaltung darstellen

Nehmen wir an, das Dachgeschoss des Hinterhauses der Agnesstraße 16 wurde renoviert und es können nun zwei zusätzliche Wohnungen vermietet werden. Wegen bilanz- und steuerrechtlicher Vorgaben muss der Anbau separat abgeschrieben werden. Aus diesem Grund wird neben dem bestehenden Anlagenstammsatz ein weiterer Anlagenstammsatz für den Anbau erstellt.

Bitte beachten Sie, dass eine Immobilie in der Anlagenbuchhaltung ausschließlich aus buchhalterischer Sicht dargestellt wird. Anlagenstammsätze werden entsprechend buchhalterischen Kriterien strukturiert, wobei die Art und Dauer der Abschreibung eine entscheidende Rolle spielen.

Unter wirtschaftlicher Betrachtungsweise spielt es in Bezug auf das Management von Immobilien keine Rolle, ob ein zusätzlich errichteter Teil eines Immobilienobjekts anderen Abschreibungsvorschriften unterliegt als der ursprüngliche Teil. Es ist daher möglich, aus Sicht des Immobilienmanagements nur ein Gebäude zu führen, während in der Anlagenbuchhaltung mehrere Anlagen erfasst werden. In anderen Fällen kann es sinnvoll sein, mehrere Gebäude als eine Anlage zu betrachten.

Um einem Gebäude mehrere Anlagen zuzuordnen, legen Sie zunächst per Customizing unter Übergreifende Einstellungen zu Stammdaten und Vertrag • Zuordnung von Objekten anderer Komponenten • Technische Plätze/Anlagen/Projekte/CO-Aufträge fest, welchen Objekten grundsätzlich Anlagen zugeordnet werden dürfen (siehe Abbildung 4.17).

Über die Objektart *IB* und die Zuordnungsobjektart *AN* wird gesteuert, dass eine Anlage einem Gebäude zugeordnet werden darf bzw. dass das Objekt in der Anlage ersichtlich ist.

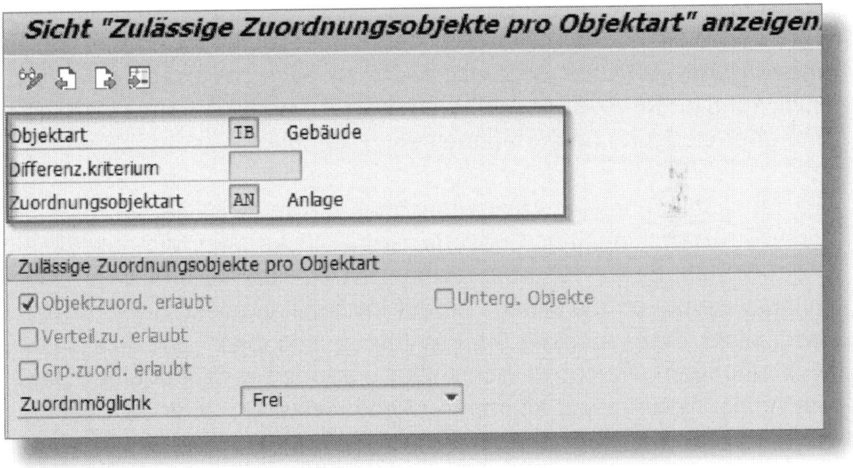

Sicht "Zulässige Zuordnungsobjekte pro Objektart" anzeigen
Objektart IB Gebäude
Differenz.kriterium
Zuordnungsobjektart AN Anlage
Zulässige Zuordnungsobjekte pro Objektart
Objektzuord. erlaubt
Unterg. Objekte
Verteil.zu. erlaubt
Grp.zuord. erlaubt
Zuordnmöglichk Frei

Abbildung 4.17: Zuordnungsobjekt »Anlage zum Gebäude«

Per RECACUST • Grundeinstellungen • Grundeinstellungen für den Buchungskreis bestimmen Sie, ob Anlagenzuordnungen obligatorisch sind und ob Anlagen mehreren verschiedenen Immobilien gleichzeitig zugeordnet sein können (siehe Abbildung 4.18).

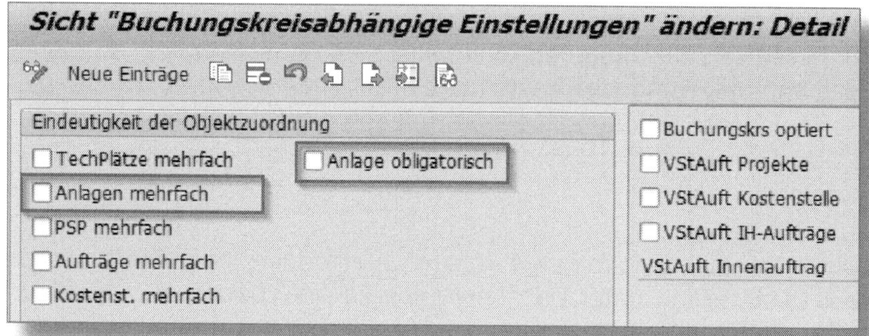

Abbildung 4.18: Anlage zum Buchungskreis – Grundeinstellungen

Nachdem Sie das Customizing durchgeführt haben, können Sie die Anlage in der Anlagenbuchhaltung erstellen und dem entsprechenden Gebäude zuordnen. In unserem Beispiel wurde die ANLAGE *500000* mit der Unternummer *0* dem Gebäude *Agnesstr. 16, BJ. 1892* zugeordnet (siehe Abbildung 4.19).

Sie können die Zuordnungen des Registers anzeigen, indem Sie die Anlage in SAP FI-AA per Doppelklick öffnen oder im Asset Explorer zurück zur SAP RE-FX springen. Wie erwartet, sehen Sie eine vollständig integrierte Lösung der Komponenten.

Es ist möglich, in der Anlagenbuchhaltung Immobilienobjekte, egal, ob Wirtschaftseinheiten, Gebäude, Grundstücke oder Mietobjekte, als Kontierungsobjekte für Abschreibungen zu nutzen, und zwar unabhängig davon, ob die Anlage einem Immobilienobjekt zugeordnet ist oder nicht. Dazu müssen Sie das Immobilienobjekt, auf das die Abschreibungen gebucht werden sollen, unter den zeitabhängigen Daten im Anlagenstammsatz eintragen. Voraussetzung hierfür ist, dass das Immobilienobjekt für die Buchung freigegeben ist.

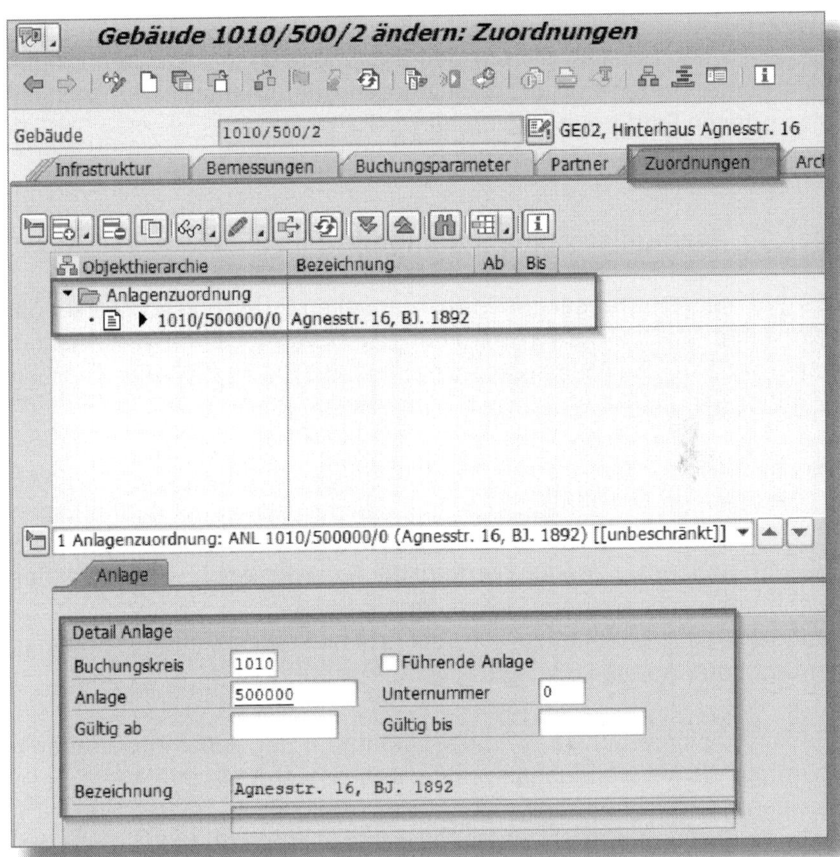

Abbildung 4.19: Zuordnung Anlage zum Gebäude erfolgt

4.7 Zahlungsverkehr

Wenn der Mieter eine Einzugsermächtigung erteilt oder der Teilnahme am Lastschrifteinzug zugestimmt hat, können ausstehende Zahlungen mithilfe des Zahlprogramms beglichen werden. Der vereinbarte Zahlungsweg wird im Vertrag festgehalten und bei der periodischen Buchung automatisch übernommen. Falls kein Zahlungsweg angegeben wurde, wird die Zahlung gemäß den Vorgaben des Debitorenkontos reguliert.

Wenn der Mieter sich jedoch auf keines dieser Zahlungsverfahren eingelassen hat, müssen Sie auf den Zahlungseingang auf dem jeweiligen Konto warten und die Zahlung dann automatisch oder manuell den offenen Forderungen zuordnen.

4.7.1 Manueller Zahlungseingang

Es gibt mehrere Transaktionen zur manuellen Erfassung von Zahlungseingängen in SAP RE-FX, darunter *REEXFB05* (Buchen mit Ausgleichen), *REEXF_26* (Zahlungseingang) und *REEXF_28* (Schnellerfassung Zahlungseingang).

Ähnlich wie bei den entsprechenden Ausgleichstransaktionen in SAP FI erfassen Sie zunächst den eingegangenen Betrag auf dem entsprechenden Sachkonto und wählen dann offene Posten zur Ausgleichung aus. Im Gegensatz zu SAP FI erfolgt die Auswahl jedoch nicht über das Debitorenkonto, sondern Sie greifen direkt über die Vertragsnummer auf das Debitorenkonto zu, d. h., die Erfassung des Zahlungseingangs erfolgt unter Angabe der Vertragsnummer.

Es wird davon ausgegangen, dass Mieter in der Regel ihre Vertragsnummer als Verwendungszweck angeben, wenn sie ihre Miete überweisen.

4.7.2 Mieteinzug per Zahlprogramm

Verträge, die durch das maschinelle Zahlungssystem ausgewählt werden sollen, müssen ein gültiges und bestätigtes SEPA-Lastschriftmandat haben und im Immobilienvertrag diesem Zahlungsweg zugeordnet sein.

Das maschinelle Zahlprogramm (Transaktion *F110*) kann sowohl Ein- als auch Auszahlungen bearbeiten. Die fälligen Posten der Geschäftspartner werden im Rahmen des Zahlungslaufs je nach Zahlungsart ermittelt. Bei Bedarf können diese Zahlungsdaten bearbeitet werden. Um die Informationen an die Hausbank weiterzuleiten, werden Zahlungsträger (DTA) erzeugt, die zur Kommunikation mit den Banken dienen.

Eigenentwicklungen bei vielen Banken

Viele namhafte Banken haben in Zusammenarbeit mit der SAP SE im SAP-RE-FX-Umfeld Entwicklungskooperationen vereinbart und bieten ihren Kunden Integrationen an. Dabei liegt der Fokus häufig auf der Kontoführung mit virtuellen Kontonummern, der Bereitstellung von Portallösungen für Freigaben sowie der Integration in die Mietenbuchhaltung.

Für Zahlungsausgänge wird das Format SEPA_CT (SEPA Credit Transfer) und für Zahlungseingänge das Format SEPA_DD (SEPA Direct Debit) verwendet. Die erstellten Zahlungsträger müssen an die jeweiligen Banken übermittelt werden, was in der Regel per Schnittstelle oder Portallösung erfolgt.

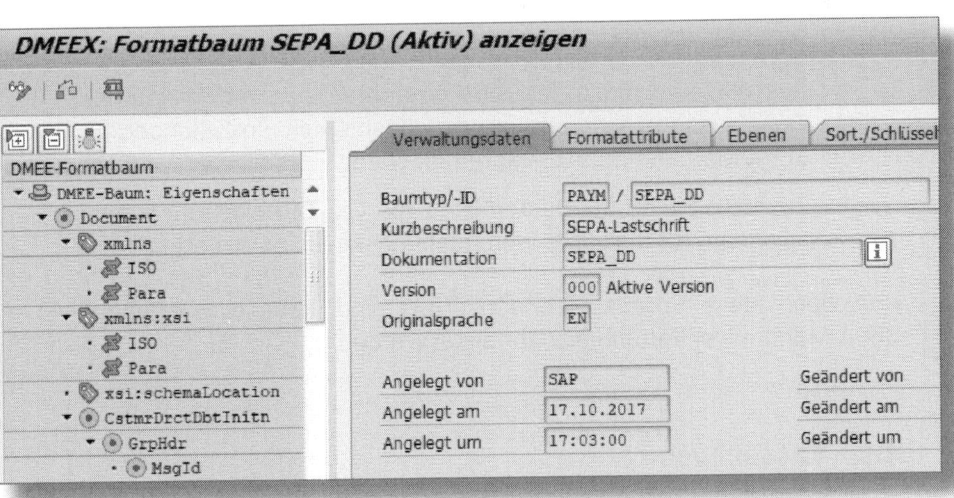

Abbildung 4.20: Data Medium Exchange Engine – Formatbaum SEPA

Die Data Medium Exchange Engine (DMEE) wird verwendet, um die Zahlungsträgerformate zu aktualisieren. Wenn Sie einen DMEE-Formatbaum verwenden, um eine DTA-Datei für eine bestimmte Zahlungsart zu erstellen, wie z. B. in Abbildung 4.20 *SEPA_DD*, müssen Sie auch verschiedene Einstellungen in der Payment Medium Workbench (PMW) tätigen. Die PMW stellt ein Instrument dar, um Zahlungsmittel zu konfigurieren und zu generieren, die von einem Unternehmen an seine Hausbanken übermittelt werden sollen.

4.8 SEPA-Mandatsverwaltung

Insbesondere in der Wohnungsbranche ist es üblich, dass Mieter dem Immobilienunternehmen über ein SEPA-Mandat die Erlaubnis erteilen, Zahlungen mittels SEPA-Lastschriftverfahren von ihrem Girokonto – oder von mehreren Konten, je nach Vertragsgestaltung – abzubuchen. Im Weiteren erläutere ich die besonderen Aspekte der Verwaltung von SEPA-Mandaten unter Verwendung von SAP RE-FX.

Hierfür sind bestimmte Voraussetzungen erforderlich:

- Zunächst müssen im SAP-RE-FX- Customizing die Grundfunktionen für das SEPA-Verfahren aktiviert werden.
- Des Weiteren muss das SEPA-Verfahren im Customizing des Finanzwesens aktiviert sein, die allgemeinen Einstellungen für SEPA-Mandate müssen hinterlegt werden.
- Zusätzlich sind im Customizing die Gläubigeridentifikationsnummern für die zahlenden Buchungskreise einzutragen.

Erst wenn diese Voraussetzungen erfüllt sind, kann eine effektive SEPA-Mandatsverwaltung gewährleistet werden.

4.9 Kassenbuch

Es ist erforderlich, jeden einzelnen Umsatz aufzuzeichnen. Auch Geschäftsvorfälle mit Barzahlungen, die in der Wohnungsbranche weit verbreitet sind, sind davon betroffen. Aus diesem Grund wird in vielen Fällen, in der Regel für jeden Außenstandort, eine Geschäftskasse benötigt, eine sogenannte Handkasse. Mit dem SAP-Kassenbuch können Sie diese Prozesse auch digital abbilden.

Als Nebenbuch der Bankbuchhaltung in SAP wird das Kassenbuch hauptsächlich für die Verwaltung von Bargeld im Unternehmen genutzt. Es ermöglicht eine einfache Erfassung, Sicherung und Buchung von Kassenbucheinträgen.

Das Kassenbuch führt automatisch den Anfangs- und Endsaldo sowie die Salden der Ein- und Ausgaben auf. Pro Buchungskreis können Sie mehrere Kassenbücher führen – bei mehreren Standorten je Buchungskreis oder Wirtschaftseinheit.

Dank des Kassenbuchs ist es möglich, Buchungen auf Sachkonten sowie Kreditoren- und Debitorenkonten vorzunehmen. Wenn beispielsweise ein Mieter die Miete bar einzahlen möchte oder muss, kann er dank des Kassenbuchs seine Mietzahlung direkt auf seinem Mieterkonto verbuchen lassen.

4.10 Mahnwesen

Es kann vorkommen, dass im geschäftlichen Bereich ein Geschäftspartner seinen Zahlungsverpflichtungen nicht fristgerecht nachkommt. In solchen Fällen sendet man dem Schuldner eine Zahlungserinnerung oder einen Mahnbescheid, um ihn auf seine ausstehenden Zahlungen aufmerksam zu machen. Der Mahnprozess umfasst die offenen Posten auf den Geschäftspartnerkonten. Mithilfe des Mahnprogramms werden die fälligen offenen Posten ausgewählt, die Mahnstufe des jeweiligen Kontos ermittelt und die vordefinierte Mahnkorrespondenz erstellt.

Das Mahnprogramm bietet alle notwendigen Funktionen für den Mahnprozess in der Wohnungs- und Immobilienbranche. Durch das im Folgenden dargestellte Customizing steuern Sie das Mahnprogramm und passen es an die individuellen Anforderungen und Bedürfnisse Ihres Unternehmens an.

4.10.1 Mahnverfahren

Für die Erstellung und Versendung von Mahnungen bedienen Sie sich ebenfalls einer Funktion aus dem SAP-Finanzwesen, nämlich der Transaktion *F150*. Diese ist im Anwendungsmenü des SAP-Finanzwesens zu finden und auch im Anwendungsmenü von SAP RE-FX unter BUCHHALTUNG • MAHNEN. Ein Mahnlauf umfasst die folgenden Schritte:

- Auswertung der belegfähigen Dokumente und Belegpositionen sowie Generierung des Mahnbestands
- Erzeugung und Versendung des Mahnschreibens

Das Mahnverfahren regelt den gesamten Ablauf des Mahnvorgangs. Sie können mehrere Verfahren definieren.

Obwohl das Mahnwesen grundsätzlich ein Geschäftsprozess des SAP-Finanzwesens ist, erfordert es spezifische Anpassungseinstellungen in SAP RE-FX. Diese Einstellungen sind im Customizing per RECACUST • BUCHHALTUNG • INTEGRATION FI-GL, FI-AR, FI-AP zu finden.

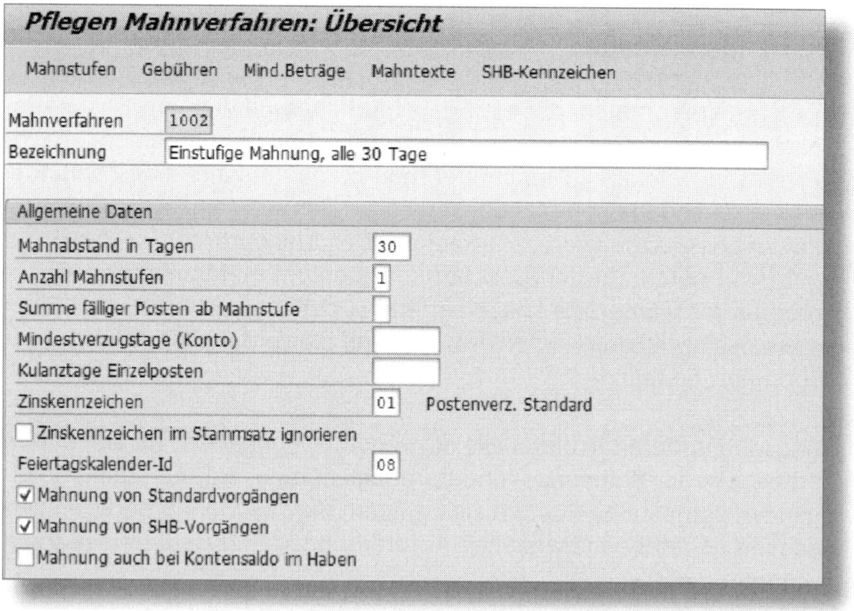

Pflegen Mahnverfahren: Übersicht

Mahnstufen Gebühren Mind.Beträge Mahntexte SHB-Kennzeichen

Mahnverfahren 1002
Bezeichnung Einstufige Mahnung, alle 30 Tage

Allgemeine Daten
Mahnabstand in Tagen 30
Anzahl Mahnstufen 1
Summe fälliger Posten ab Mahnstufe
Mindestverzugstage (Konto)
Kulanztage Einzelposten
Zinskennzeichen 01 Postenverz. Standard
☐ Zinskennzeichen im Stammsatz ignorieren
Feiertagskalender-Id 08
☑ Mahnung von Standardvorgängen
☑ Mahnung von SHB-Vorgängen
☐ Mahnung auch bei Kontensaldo im Haben

Abbildung 4.21: Einstufiges Mahnverfahren –30 Tage

Abbildung 4.21 zeigt ein Beispiel für ein Mahnverfahren, das in SAP RE verwendet wird. Zunächst legen Sie die für SAP RE-FX relevanten Mahnverfahren im Customizing per SPRO • FINANZWESEN • DEBITOREN- UND KREDITORENBUCHHALTUNG • GESCHÄFTSVORFÄLLE • MAHNEN • MAHNVERFAHREN DEFINIEREN an.

Am Beispiel des MAHNVERFAHRENS *1002* aus dem Customizing wird deutlich, dass der MAHNABSTAND, also wann ein Debitor wieder gemahnt werden darf, auf *30* Tage festgelegt ist. Die ANZAHL MAHNSTUFEN beträgt *1*, weshalb nach dieser einen Mahnung keine weiteren Mahnungen erfolgen.

4.10.2 Mahnstufen

Die Mahnstufen basieren in der Regel auf der Anzahl der Tage, um die die offenen Posten in Verzug sind. Es ist auch möglich, Mahnstufen auf Grundlage des Mahnbetrags oder eines prozentualen Anteils davon zu bestimmen (umsatzbezogene Mahnstufenermittlung). Innerhalb eines Mahnverfahrens können mehrere Mahnstufen definiert werden.

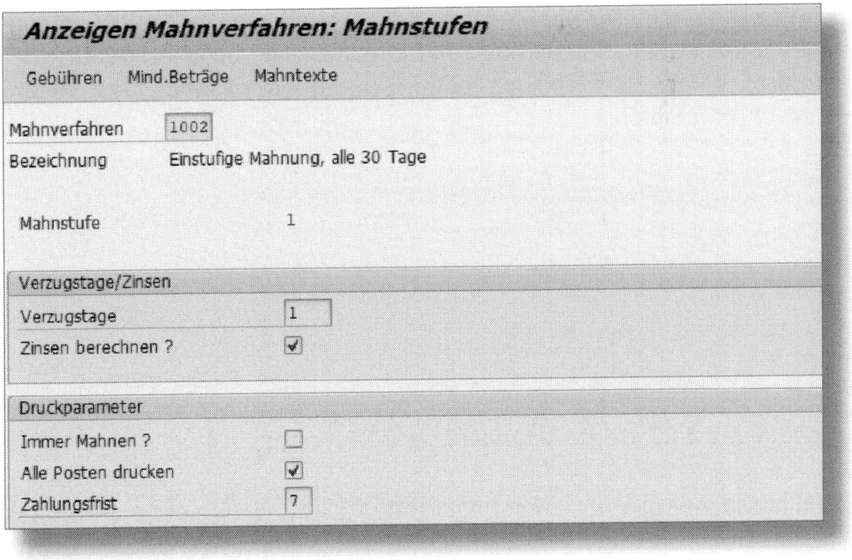

Anzeigen Mahnverfahren: Mahnstufen

Gebühren Mind.Beträge Mahntexte

Mahnverfahren 1002
Bezeichnung Einstufige Mahnung, alle 30 Tage

Mahnstufe 1

Verzugstage/Zinsen
Verzugstage 1
Zinsen berechnen ? ☑

Druckparameter
Immer Mahnen ? ☐
Alle Posten drucken ☑
Zahlungsfrist 7

Abbildung 4.22: Mahnstufen zum Mahnverfahren

Wie in Abbildung 4.22 gezeigt, bewirkt der Haken bei ZINSEN BERECHNEN?, dass für Belege mit der Mahnstufe Zinsen berechnet werden. Die Anzahl der VERZUGSTAGE bezieht sich auf die Nettofälligkeit, die ein Posten mindestens aufweisen muss, um eine bestimmte Mahnstufe zu erhalten. Bei der Berechnung der Verzugstage wird keine Kulanz berücksichtigt.

4.10.3 Mahnbereiche

Ein Mahnbereich ist eine organisatorische Einheit, die das Mahnwesen innerhalb eines Buchungskreises untergliedert. Beispielsweise können Sie einen Mahnbereich einer bestimmten Abteilung oder Verkaufsorganisation zuordnen. Beim Buchen eines offenen Postens wird diesem ein Mahnbereich zugewiesen. Es ist möglich, offene Posten getrennt nach Mahnbereichen zu mahnen, jedoch ist mindestens ein Mahnbereich obligatorisch.

Abbildung 4.23 zeigt die Definition von Mahnbereichen. Das ist dann relevant, wenn mehrere Organisationseinheiten innerhalb eines Buchungskreises für die Abwicklung des Mahnwesens zuständig sind. Diese Organisationseinheiten, auch als Mahnbereiche bezeichnet, können verschiedenen Strukturen entsprechen, wie beispielsweise einer Sparte, einem Vertriebsweg, einer Verkaufsorganisation oder einem Geschäftsbereich.

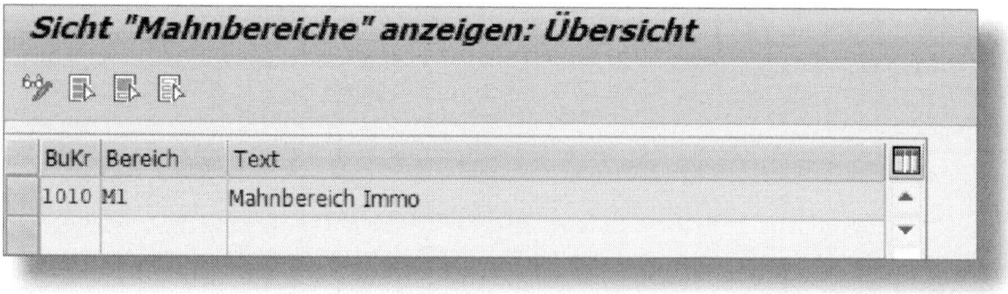

Sicht "Mahnbereiche" anzeigen: Übersicht

BuKr	Bereich	Text
1010	M1	Mahnbereich Immo

Abbildung 4.23: Neuer Mahnbereich »M1«

Falls Mahnungen für einen bestimmten Mahnbereich nicht aktiv sind, müssen Sie dies für Ihren Buchungskreis per F150 • UMFELD aktivieren.

Im Zusammenhang mit SAP RE-FX sind im Customizing der Finanzbuchhaltung und des Flexiblen Immobilienmanagements immobilienbezogene Einstellungen vorzunehmen, um das Mahnverfahren entsprechend anzupassen. Insbesondere geht es dabei um die Gruppierung von Mahnungen nach Verträgen und die Berücksichtigung von gesetzten Mahnsperren für Verträge.

4.10.4 Mahngruppierung nach Verträgen

In der Regel werden Mahnungen pro Geschäftspartner erstellt. Im Vertragsmanagement ist es jedoch möglicherweise sinnvoll, offene Posten eines Geschäftspartners unter Berücksichtigung des jeweiligen Vertrags zusammenzufassen und zu mahnen. Dazu können Sie zweistellige Gruppierungsschlüssel definieren und bis zu zwei Felder aus der Belegposition angeben, die für eine Gruppierung maßgeblich sind. Posten mit identischem Inhalt in diesen Feldern werden zusammen in einer Mahnung behandelt.

In der Wohnungswirtschaft könnte beispielsweise für jedes Mietobjekt eine eigene Mahnung an den Geschäftspartner verschickt werden. Hierfür definieren Sie per FINANZWESEN • DEBITOREN UND KREDITORENBUCHHALTUNG • GESCHÄFTSVORFÄLLE • MAHNEN • MAHNVERFAHREN • MAHNGRUPPIERUNGEN FESTLEGEN einen Gruppierungsschlüssel, der sich auf das Feld »Vertragsnummer« bezieht. Offene Posten mit gleicher Vertragsnummer werden somit gemeinsam gemahnt.

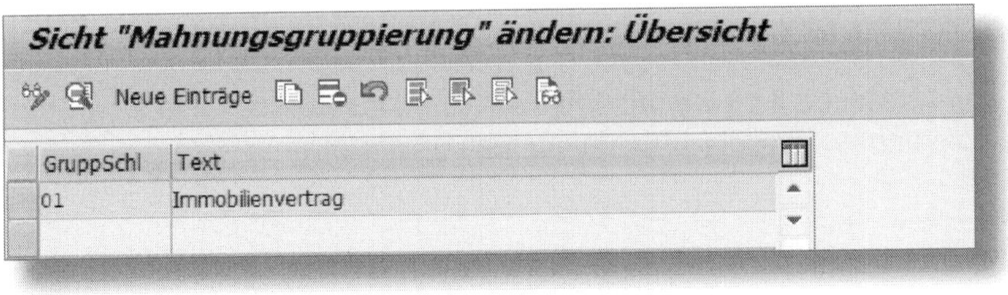

Abbildung 4.24: Mahngruppierungen festlegen

Tragen Sie dann in den betreffenden Geschäftspartnerstammdaten den Gruppierungsschlüssel (GRUPPSCHL) ein, um offene Posten zu Mahnungen zusammenzufassen. In Abbildung 4.24 beispielsweise handelt es sich um den Schlüssel *01* für einen *Immobilienvertrag*.

Es besteht auch die Möglichkeit, per RECACUST • BUCHHALTUNG • INTEGRATION FI-GL, FI-AR, FI-AP • MAHNEN • ANWENDUNG/ ROLLENTYP/ MAHNPARAMETER ZUORDNEN weitere Vertragspartner, wie beispielsweise Untermieter oder Bürgen, in den Mahnprozess einzubeziehen (siehe Abbildung 4.25).

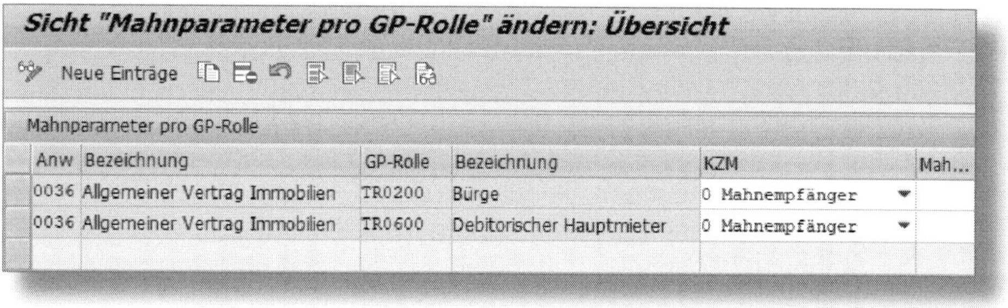

Sicht "Mahnparameter pro GP-Rolle" ändern: Übersicht

Neue Einträge

Mahnparameter pro GP-Rolle

Anw	Bezeichnung	GP-Rolle	Bezeichnung	KZM	Mah...
0036	Allgemeiner Vertrag Immobilien	TR0200	Bürge	0 Mahnempfänger	
0036	Allgemeiner Vertrag Immobilien	TR0600	Debitorischer Hauptmieter	0 Mahnempfänger	

Abbildung 4.25: Weitere Mahnempfänger

Wenn Sie in den Stammdaten einen debitorischen Geschäftspartner erfassen, können Sie einen Gruppierungsschlüssel angeben. Falls dieser Gruppierungsschlüssel die Felder VERTRAGSNUMMER und VERTRAGSART enthält, lassen sich die Posten, die zu einem bestimmten Vertrag gehören, gemeinsam mahnen. Existieren mehrere Verträge mit diesem Geschäftspartner, können Sie auf diese Weise separate Mahnungen für jeden Vertrag erstellen.

In Abbildung 4.26 werden offene Posten des Kontos nach dem Gruppierungsschlüssel *01* für Mahnungen gruppiert.

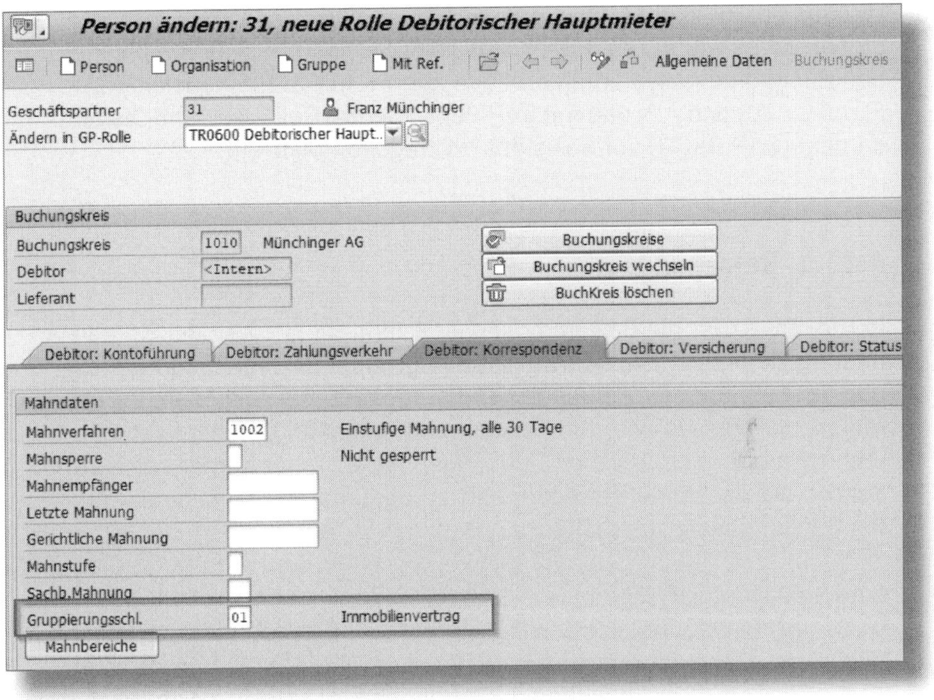

Abbildung 4.26: Mahnen per Gruppierungsschlüssel

4.11 Kontenfindung

Im Zusammenhang mit der Integration von SAP RE-FX in das Rechnungswesen wird oft von der Kontenfindung gesprochen. Dieser Prozess ermöglicht es, eine Verbindung zwischen den Vorgängen in der Immobilienverwaltung und der Finanzbuchhaltung herzustellen. Dabei geht es darum zu bestimmen, auf welches Finanzbuchhaltungskonto bei einem bestimmten Vorgang gebucht werden soll.

Die Bezeichnung »Kontenfindung« ist eine verkürzte Darstellung, denn um eine Buchung in SAP korrekt durchzuführen, benötigt man zusätzliche Informationen aus dem Customizing, wie z. B. eine Belegart oder einen Buchungsschlüssel, sowie Informationen aus den Vertragsdaten, wie das Kontokorrent des Vertragspartners.

Um das Customizing für das Buchen von Belegen in SAP RE-FX zu verstehen, ist es wichtig zu wissen, dass das System mit zwei verschiedenen Buchhaltungssystemen arbeiten kann – mit SAP Financials (SAP FI mit GL, AR und AP) und mit SAP Public Sector Collection and Disbursement (SAP PSCD) auf Basis des Vertragskontokorrents.

4.11.1 Bewegungsart

In SAP RE-FX ist die Bewegungsart das zentrale Element der Kontenfindung. Jede Buchung wird auf Grundlage einer Bewegungsart erstellt und der Buchungssatz entsprechend aufgebaut. Bei zu buchenden Immobilienprozessen wie der Umsatzmietabrechnung, Nebenkostenabrechnung oder periodischen Buchungen ist es daher immer der erste Schritt, die passende Bewegungsart zu bestimmen, um einen korrekten Buchungssatz zu erhalten.

Eine Bewegungsart legen Sie in SAP RE-FX über RECACUST • KONDITIONEN UND BEWEGUNGEN • BEWEGUNGSARTEN • BEWEGUNGSARTEN DEFINIEREN an. Dabei ist die zentrale Einstellung das Soll-Haben-Kennzeichen (Spalte S/H in Abbildung 4.27), das bestimmt, ob es sich bei der Buchung um einen Soll- oder einen Haben-Vorgang handelt.

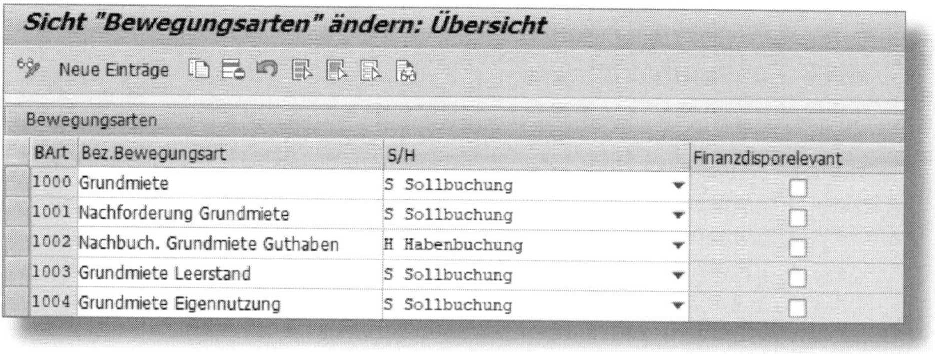

Sicht "Bewegungsarten" ändern: Übersicht

Neue Einträge

Bewegungsarten

BArt	Bez.Bewegungsart	S/H	Finanzdisporelevant
1000	Grundmiete	S Sollbuchung	☐
1001	Nachforderung Grundmiete	S Sollbuchung	☐
1002	Nachbuch. Grundmiete Guthaben	H Habenbuchung	☐
1003	Grundmiete Leerstand	S Sollbuchung	☐
1004	Grundmiete Eigennutzung	S Sollbuchung	☐

Abbildung 4.27: Pflege von Bewegungsarten

Diese Definition der Bewegungsart ist eine Voraussetzung für das Anlegen von Konditionsarten sowie die Kontenfindung. Die Bewegungsarten dienen der Klassifizierung von Bewegungen im Finanzstrom und in der Buchhaltung. In solchen Fällen müssen Sie anhand eines Beziehungsschlüssels die Referenzbewegungsarten zuordnen. Diese definieren Sie unter RECACUST • KONDITIONEN UND BEWEGUNGEN • BEWEGUNGSARTEN • REFERENZBEWEGUNGSARTEN ZUORDNEN.

Das Soll-Haben-Kennzeichen hat eine wichtige steuernde Funktion. Sie sollten sich an den Beispielen orientieren, die im Auslieferungs-Customizing von SAP vorhanden sind, um Fehler bei der Einstellung des Kennzeichens zu vermeiden. Eine fehlerhafte Einstellung des Kennzeichens kann zu falschen Buchungen führen. Das Kennzeichen bestimmt unter anderem, welche Kontierung in welcher Buchungszeile verwendet wird und welches Vorzeichen für den Finanzstromsatz gilt.

4.11.2 Konditionsart

Um periodische Buchungen für jede Konditionsart zu erzeugen, ist im Customizing die Angabe einer geeigneten Bewegungsart erforderlich, die die Buchung für diese Kondition steuert. Die aus der Konditionsart abgeleitete Bewegungsart erscheint im Finanzstrom. Sobald die Bewegungsart angelegt wurde, muss sie im Customizing per RECACUST • KONDITIONEN UND BEWEGUNGEN • KONDITIONSARTEN UND KONDITIONSGRUPPEN • KONDITIONSARTEN DEFINIEREN der entsprechenden Konditionsart zugeordnet werden – wie in unserem Beispiel die BEWEGUNGSART *1000 Grundmiete* der KONDITIONSART *10 –Grundmiete* (siehe Abbildung 4.28).

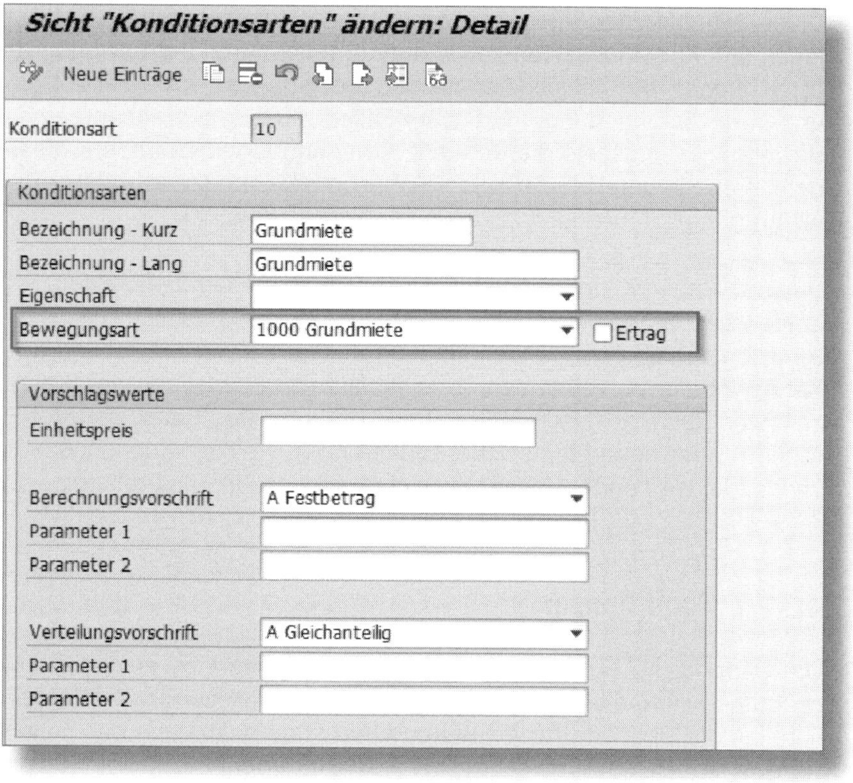

Sicht "Konditionsarten" ändern: Detail
Neue Einträge
Konditionsart 10
Konditionsarten
Bezeichnung - Kurz Grundmiete
Bezeichnung - Lang Grundmiete
Eigenschaft
Bewegungsart 1000 Grundmiete Ertrag
Vorschlagswerte
Einheitspreis
Berechnungsvorschrift A Festbetrag
Parameter 1
Parameter 2
Verteilungsvorschrift A Gleichanteilig
Parameter 1
Parameter 2

Abbildung 4.28: Pflege von Konditionsarten

Sie können Konditionsarten einem Vertrag oder Mietobjekt zuordnen, damit diese an periodischen Buchungsprozessen teilnehmen können. Jedoch ist es bei manchen Prozessen wie Pauschalen, Vorauszahlungen und Umsatzmieten erforderlich, bestimmte Konditionsarten auf besondere Weise zu behandeln. Die Eigenschaften einer Konditionsart geben diesen Prozessen an, wie sie mit den definierten Konditionsarten umgehen sollen.

Ein Beispiel für die Verwendung der Eigenschaft *0001 Vorauszahlung* für Hausgeldvereinbarungen ist die Verwaltung von Wohnungseigentümergemeinschaften. Für die Behandlung von Instandhaltungsrücklagen steht außerdem die Eigenschaft *0003 Instandhaltungsrücklage* zur Verfügung (siehe Abbildung 4.29).

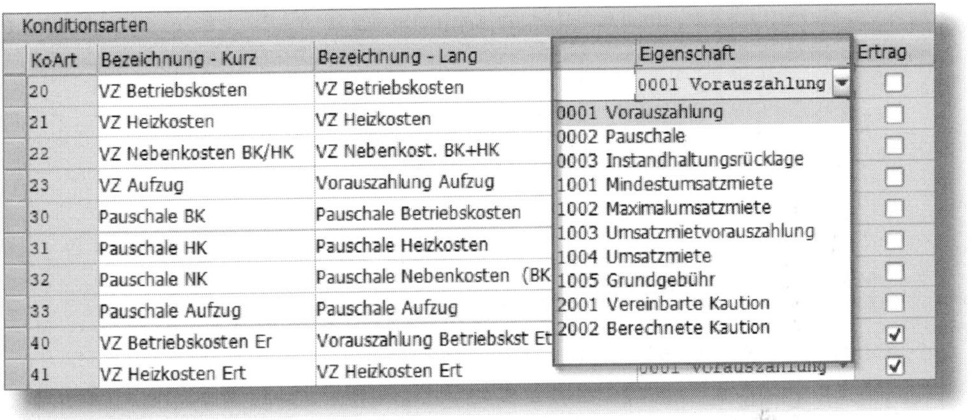

Konditionsarten

KoArt	Bezeichnung - Kurz	Bezeichnung - Lang	Eigenschaft	Ertrag
20	VZ Betriebskosten	VZ Betriebskosten	0001 Vorauszahlung	☐
21	VZ Heizkosten	VZ Heizkosten		☐
22	VZ Nebenkosten BK/HK	VZ Nebenkost. BK+HK		☐
23	VZ Aufzug	Vorauszahlung Aufzug		☐
30	Pauschale BK	Pauschale Betriebskosten		☐
31	Pauschale HK	Pauschale Heizkosten		☐
32	Pauschale NK	Pauschale Nebenkosten (BK		☐
33	Pauschale Aufzug	Pauschale Aufzug		☐
40	VZ Betriebskosten Er	Vorauszahlung Betriebskst Et		☑
41	VZ Heizkosten Ert	VZ Heizkosten Ert	0001 Vorauszahlung	☑

0001 Vorauszahlung
0002 Pauschale
0003 Instandhaltungsrücklage
1001 Mindestumsatzmiete
1002 Maximalumsatzmiete
1003 Umsatzmietvorauszahlung
1004 Umsatzmiete
1005 Grundgebühr
2001 Vereinbarte Kaution
2002 Berechnete Kaution

Abbildung 4.29: Eigenschaft der Konditionsart

4.11.3 Kontosymbole

Nachfolgend werden wir untersuchen, wie die notwendigen Konfigurationen für die Kontenfindung und die dazugehörigen Kontosymbole vorgenommen werden können, um Buchungen zu kontrollieren. Die Kontosymbole sind eng mit den Bewegungsarten verknüpft.

Zwei Voraussetzungen müssen erfüllt sein, um die Kontenfindung durchzuführen: Erstens müssen die Buchhaltungskonten, die belegt werden sollen, im System bereits vorhanden sein. Zweitens müssen die Bewegungsarten in SAP RE-FX eingerichtet sein, damit sie mit den Kontosymbolen verknüpft werden können.

Zunächst werden die Kontosymbole mit der Transaktion *RECACUST* erstellt (siehe Abbildung 4.30). Anschließend werden sie im zweiten Schritt durch entsprechende SAP-FI-Sachkonten ersetzt. Dieses Vorgehen hat den Vorteil, dass man in SAP RE-FX unabhängig von der verwendeten FI-Installation und dem Kontenplan ist.

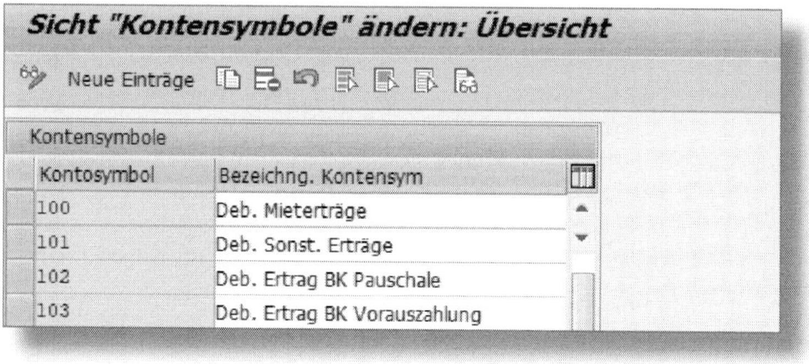

Sicht "Kontensymbole" ändern: Übersicht

Neue Einträge

Kontensymbole

Kontosymbol	Bezeichng. Kontensym
100	Deb. Mieterträge
101	Deb. Sonst. Erträge
102	Deb. Ertrag BK Pauschale
103	Deb. Ertrag BK Vorauszahlung

Abbildung 4.30: Pflege der Kontosymbole

Es ist möglich, zusätzlich zu den Kontosymbolen auch Kontenfindungswerte zu definieren, die die Kontenfindung bei automatischen Buchungen kontrollieren. Diese Werte können beispielsweise in Buchungsregeln auf einem Vertrag hinterlegt werden. Ich werde jedoch in diesem Kontext nicht weiter darauf eingehen.

Die Zuweisung der Kontosymbole zu den Bewegungsarten erfolgt über RECACUST • BUCHHALTUNG • AUTOMATISCH ERZEUGTE BUCHHALTUNGSBELEGE • KONTENFINDUNG • KONTOSYMBOL ZUR BEWEGUNGSART ZUORDNEN.

Sicht "Kontenfindung" ändern: Übersicht

Neue Einträge

Kontenfindung

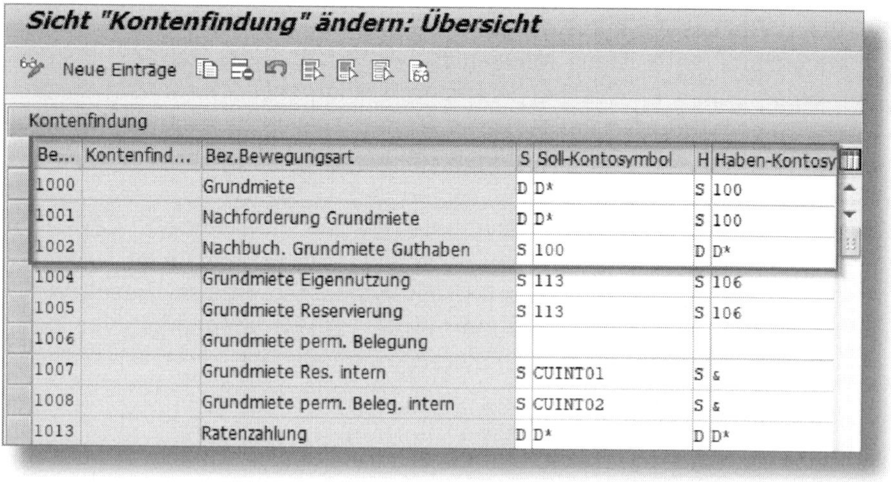

Be...	Kontenfind...	Bez.Bewegungsart	S	Soll-Kontosymbol	H	Haben-Kontosy
1000		Grundmiete	D	D*	S	100
1001		Nachforderung Grundmiete	D	D*	S	100
1002		Nachbuch. Grundmiete Guthaben	S	100	D	D*
1004		Grundmiete Eigennutzung	S	113	S	106
1005		Grundmiete Reservierung	S	113	S	106
1006		Grundmiete perm. Belegung				
1007		Grundmiete Res. intern	S	CUINT01	S	&
1008		Grundmiete perm. Beleg. intern	S	CUINT02	S	&
1013		Ratenzahlung	D	D*	D	D*

Abbildung 4.31: Kontosymbol der Bewegungsart zuordnen

Die Buchung in Abbildung 4.31 wird über die Bewegungsart (BE...) *1000* gesteuert. Dies hat folgende Auswirkungen auf den Buchungsprozess:

- Es wird ein Debitorenkonto im Soll bebucht, das dem SOLL-KONTOSYMBOL *D** für ein Debitorenabstimmkonto entspricht.
- Es wird ein Sachkonto im Haben bebucht, das dem HABEN-KONTOSYMBOL *100* für debitorische Mieterträge zugeordnet ist.

Um die Kontenfindung durchzuführen, müssen die Kontosymbole, die im Customizing definiert wurden, durch Sachkonten ersetzt werden. Dies erfolgt mithilfe von RECACUST • BUCHHALTUNG • INTEGRATION FI-GL, FI-AR, FI-AP • KONTENFINDUNG • KONTOSYMBOLE ERSETZEN und hängt vom verwendeten Kontenplan in SAP FI ab. Aufgrund der definierten Kontenfindung ermittelt das System die entsprechenden Sachkonten.

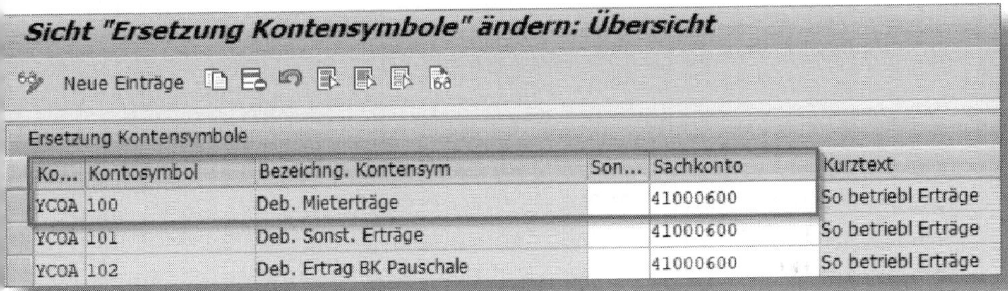

Sicht "Ersetzung Kontensymbole" ändern: Übersicht

Neue Einträge

Ersetzung Kontensymbole

Ko...	Kontosymbol	Bezeichng. Kontensym	Son...	Sachkonto	Kurztext
YCOA	100	Deb. Mieterträge		41000600	So betriebl Erträge
YCOA	101	Deb. Sonst. Erträge		41000600	So betriebl Erträge
YCOA	102	Deb. Ertrag BK Pauschale		41000600	So betriebl Erträge

Abbildung 4.32: Ersetzung durch Sachkonten

Die Zuordnung des Kontosymbols zu einem Sachkonto erfolgt abhängig vom festgelegten Kontenplan, wie in Abbildung 4.32 dargestellt. Wenn beispielsweise das KONTOSYMBOL *100* verwendet wird, wird ihm das SACHKONTO *41000600 –So betriebl Erträge* zugewiesen. Es ist jedoch zu beachten, dass der Kontenfeldstatus der verwendeten Konten die Kontierung auf Immobilienobjekte zulassen muss.

Es ist selbstverständlich möglich, Buchungen auch in Nebenbücher zu tätigen. Im vorliegenden Beispiel wurde durch die Bewegungsart 1000 im Soll ein Debitorenkonto bebucht. Buchungen mit den Kontoarten D, K und A werden in Nebenbücher in SAP FI gebucht. Bei Debitoren-

bzw. Kreditorenkonten muss berücksichtigt werden, dass Buchungen mit dem Abstimmkonto des entsprechenden Geschäftspartners erfolgen. Dies wird dadurch erreicht, dass im Customizing zur Ersetzung der Kontosymbole das Sachkonto leer gelassen wird.

Abbildung 4.33: Sonderhauptbuch-Kennzeichen

Es besteht die Möglichkeit, abweichende Abstimmkonten zu verwenden, um Buchungen mit dem Sonderhauptbuch-Kennzeichen durchzuführen. Wenn das KONTOSYMBOL *DK** verwendet wird, wie in Abbildung 4.33, wird die Buchung mit dem Kennzeichen *K – RE Vorauszahlung Betriebskost.* ausgeführt, da dieses in der entsprechenden Spalte hinterlegt ist. Dies ist relevant für alle Belegpositionen auf Debitoren- oder Kreditorenkonten, die im Hauptbuch auf einem abweichenden Abstimmkonto fortgeschrieben werden. Das Sonderhauptbuch-Kennzeichen bestimmt, welches Konto zu wählen ist.

4.11.4 Belegarten festlegen

Die Definition von Belegarten zur Buchung von Buchungsbelegen erfolgt über FINANZWESEN • GRUNDEINSTELLUNGEN FINANZWESEN • BELEG • BELEGARTEN. Bei dieser Customizing-Aktivität werden für Geschäftsvorfälle in Verbindung mit Debitoren, Kreditoren und Sachkonten Belegarten erstellt. Diese ermöglichen eine Unterscheidung zwischen Geschäftsvorfällen und steuern die Ablage von Belegen. Für jede Belegart können Sie einen eigenen Nummernkreis angeben, aus dem dann die Belegnummern generiert werden. Ein Nummernkreis kann auch für mehrere Belegarten verwendet werden. In Abbildung 4.34 sehen Sie das Customizing zu Belegarten.

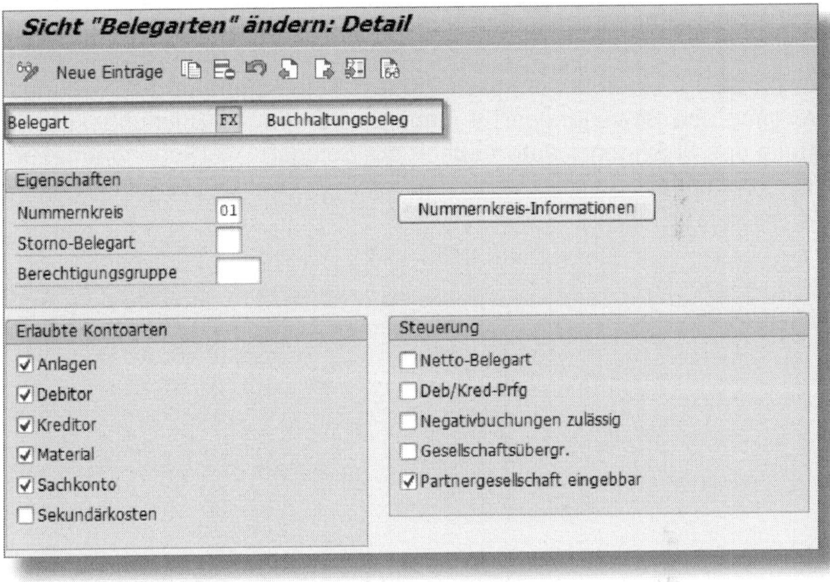

Abbildung 4.34: Definition der neuen Belegart FX

Die Festlegung der Belegarten für SAP RE-FX erfolgt prozess- und vorgangsabhängig im Customizing unter RECACUST • BUCHHALTUNG • INTEGRATION FI-GL, FI-AR, FI-AP • KONTENFINDUNG • BELEGARTENFINDUNG DEFINIEREN.

Die hier definierten Prozesse umfassen die buchenden Aktivitäten wie periodische Buchungen, Vorsteueraufteilungen, Umsatz- und Nebenkostenabrechnungen.

Folgende Prozesse erfordern keine Einstellungen in diesem Customizing-Bereich:

- RERV – Stornierungsprozess: Die Belegart für Stornierungen wird aus den Einstellungen des Customizings des FI-Systems übernommen.
- REAL – Abgrenzung: Die Belegart für Abgrenzungen wird aus den Einstellungen der Accrual Engine übernommen.

Wenn Sie für einen bestimmten Prozess keine Einträge für Buchungsvorgang und Bewegungsart angeben, wird von der Buchungsschnittstelle des FI-Systems automatisch die Belegart AB (Buchhaltungsbeleg) verwendet.

5 Controlling

Das Controlling von Immobilien ist aufgrund ihres hohen Wertes und der für ihren Erwerb und ihre Bewirtschaftung erforderlichen langfristigen Investitionen eine zentrale Aufgabe im Unternehmen. Eine objektgenaue Auswertung der jeweiligen Kosten und Erlöse sowie das Ziehen der richtigen Schlussfolgerungen hieraus sind dabei besonders wichtig. Wie kann man den wirtschaftlichen Nutzen einer Immobilie ermitteln? SAP RE-FX bietet verschiedene Möglichkeiten, um einen Überblick über die effiziente Bewirtschaftung von Immobilien zu erhalten. In diesem Kapitel werden unterschiedliche Optionen, wie beispielsweise die CO-Planung auf Immobilienobjekten oder die Istbuchungen für Immobilienobjekte, erläutert.

5.1 Immobilienobjekte als CO-Objekte

Immobilienobjekte können als Kontierungsobjekte in SAP CO behandelt werden, ähnlich wie Kostenstellen oder Aufträge. Wenn ein Beleg auf ein Konto mit einer Primärkostenart oder einer Erlösart gebucht wird, wird parallel dazu ein Kostenrechnungsbeleg bzw. CO-Beleg für das betreffende Immobilienobjekt erstellt.

Sie können die Kontierung auf der Ebene eines Immobilienobjekts steuern, indem der CO-Status verwendet wird. Jedes Controlling-Objekt ist an die CO-Statusverwaltung angeschlossen. Dadurch kann oder können automatisch, aber auch manuell ein oder mehrere Status auf dem Objekt gesetzt werden.

Damit die Kontierung auf Immobilienobjekte möglich ist und diese in Geschäftsprozessen wie Kosten- und Erlösplanung oder Controlling-Abrechnungen berücksichtigt werden können, ist es erforderlich, dass der Buchungskreis einem Kostenrechnungskreis zugeordnet und dieser für die Immobilienverwaltung aktiviert ist (siehe Abschnitt 1.8).

Bevor ein Immobilienobjekt als Kontierungsobjekt im Controlling genutzt werden kann, muss es freigegeben sein, d. h., sein Status muss FREI sein.

5.2 Planen auf Immobilienobjekte

Wie bei anderen CO-Objekten ist es möglich, Kosten und Erlöse für Immobilienobjekte zu planen. In SAP RE-FX können Sie standardmäßig auf der Ebene von Wirtschaftseinheiten, Gebäuden und Grundstücken planen. Eine Planung auf der Ebene von Mietobjekten ist aus betriebswirtschaftlicher Sicht in der Regel zu detailliert und daher nur in seltenen Fällen sinnvoll.

Um eine Planung für Immobilienobjekte durchzuführen, müssen zunächst alle Objekte für die Kontierung freigegeben werden, indem ihr Status auf FREI gesetzt wird. Falls eine detaillierte Einzelpostenplanung gewünscht ist, muss bei den betreffenden Immobilienobjekten der entsprechende Status für die Einzelpostenplanung aktiviert werden. Zu diesem Zweck weisen Sie dem jeweiligen Immobilienobjekt im Stammdatendialog ein Statusschema zu, das den entsprechenden Status enthält.

Sie müssen im Customizing mithilfe von *RECACUST* ein Planungslayout erstellen, das die verschiedenen Arten von Immobilienobjekten enthält. Es kann auch erforderlich sein, ein Excel-Planungslayout zu erstellen.

5.3 Profitcenter

Das Profitcenter in SAP ist eine organisatorische Einheit, die dazu dient, betriebswirtschaftliche Informationen zu verwalten und auszuwerten. Es ermöglicht eine ergebnisorientierte Betrachtung der Geschäftstätigkeit nach Verantwortungsbereichen, so z. B. nach Abteilungen, Regionen, Produktlinien oder Kundensegmenten.

Mit dem Profitcenter können Sie Einnahmen, Kosten und Ergebnisse innerhalb Ihres Unternehmens verfolgen und analysieren. Die finanzielle Performance einzelner Bereiche lässt sich messen und steuern, indem Sie Umsätze und Kosten den entsprechenden Profitcentern zuordnen.

☛ Definition der Profitcenter-Hierarchie für Ihr Unternehmen

Identifizieren Sie geschäftliche Anforderungen, und nutzen Sie die Profitcenter-Struktur zur Verbesserung von Kostenrechnung, Controlling und Berichterstattung. Bedenken Sie den organisatorischen Aufbau Ihres Unternehmens, und strukturieren Sie die Profitcenter entsprechend den Verantwortungsbereichen.

Durch die Verwendung von Profitcentern können Sie Berichte und Analysen erstellen, die Ihnen einen detaillierten Einblick in die Profitabilität Ihrer jeweiligen Geschäftsbereiche geben. Dies erleichtert die Entscheidungsfindung, Ressourcenallokation und Budgetierung und ermöglicht darüber hinaus eine effektive Kostenkontrolle.

Mit der *Profitcenter-Rechnung* können Sie sich Ihre betriebswirtschaftliche Erfolgsrechnung nach Verantwortungsbereichen gegliedert darstellen lassen. Diese Bereiche können nach Regionen oder nach verschiedenen Segmenten Ihres Portfolios – wie Wohnungen, Büros oder Verkaufsflächen – aufgeteilt werden. Dadurch erhalten Sie eine ergebnisorientierte Gliederung Ihrer Finanzdaten.

Damit Sie die Profitcenter-Rechnung nutzen können, muss diese zuerst aktiviert werden. Danach lassen sich theoretisch alle Immobilienobjekte einem Profitcenter zuordnen. Dies erfolgt in den Buchungsparametern.

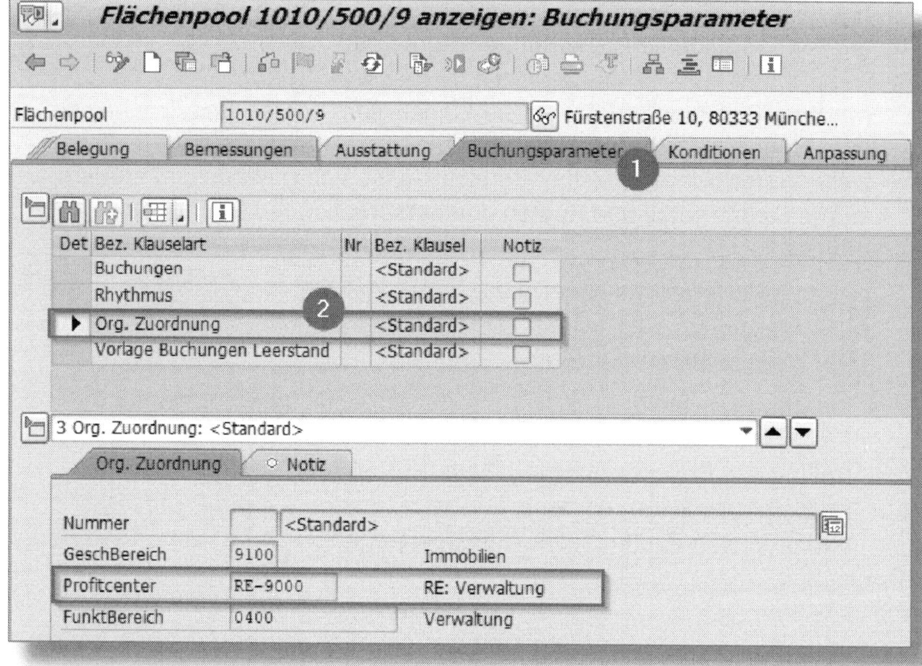

Abbildung 5.1: Profitcenter in der »Org. Zuordnung«

Aus Abbildung 5.1 ist ersichtlich, dass im Reiter BUCHUNGSPARAMETER ❶ ein neues PROFITCENTER *RE-9000* in den ORG. ZUORDNUNGEN ❷ hinterlegt ist.

Wenn ein Immobilienobjekt, wie z. B. ein Mietobjekt, kein eigenes Profitcenter hat, kann es das Profitcenter des übergeordneten Objekts erben, beispielsweise das der Wirtschaftseinheit. Bei Verträgen ist eine eindeutige Zuordnung nur dann möglich, wenn dem Vertrag ausschließlich Objekte desselben Profitcenters zugeordnet sind.

5.4 Umlage und Verteilung

Umlage und Verteilung dienen im Controlling der Kostenverrechnung auf andere Controlling-Objekte. Immobilienobjekte können in diesen Prozessen sowohl als Sender als auch als Empfänger eingesetzt werden. Für die Durchführung während des Periodenabschlusses benötigen Sie die Transaktionen *KSU5* (Umlage ausführen) und *KSV5* (Verteilung ausführen).

Umlage und Verteilung erfolgen mithilfe von Zyklen, in denen neben anderen Kriterien auch statistische Kennzahlen als Basis dienen. Diese Kennzahlen lassen sich manuell über entsprechende Transaktionen pflegen. Zusätzlich bietet SAP RE-FX die Möglichkeit, statistische Kennzahlen aus den Bewertungen der Immobilienobjekte zu generieren.

Ein konkretes Szenario wäre die Umlage der Facility-Management-Kosten auf verschiedene Abteilungen innerhalb eines Gebäudes.

Im Customizing legen Sie fest, welche Bemessungsarten und Ebenen der Immobilienobjekthierarchie für die Berechnung bestimmter statistischer Kennzahlen herangezogen werden sollen.

6 Konditionen

Dieses Kapitel widmet sich dem Thema Konditionen und deren Auswirkungen auf periodische Buchungen in SAP RE-FX. Ich erläutere, welche Buchungen im System erforderlich sind und welche Grundlagen dafür existieren. Des Weiteren erkläre ich den Anpassungsprozess.

6.1 Konditionen verwalten

Die Vertragsbedingungen und die daraus resultierenden Finanzströme bilden die Grundlage für regelmäßige Buchungen im Vertrag. Bei Vertragskonditionen sind verschiedene Aspekte von Bedeutung: Aus welchen Teilen besteht die Miete oder das Nutzungsentgelt? Wie hoch ist der zu zahlende Betrag? Handelt es sich um einen festen Betrag, oder wird er berechnet? Und wenn ja, auf welcher Grundlage? Wann und wie oft ist der Betrag fällig? Wer ist zahlungspflichtig? Ist der Betrag steuerpflichtig – und wenn ja, welche Steuersätze fallen an?

6.2 Gängige Anpassungsverfahren

Die Anpassung von Konditionen bezieht sich darauf, spezifische Bedingungen wie etwa eine Miete zu ändern. Konditionen können auf Basis unterschiedlicher Faktoren angepasst werden, z. B. durch den Einsatz des Mietindex. Hierbei wird der Wert der Kondition entweder erhöht oder reduziert. Im Folgenden beschreibe ich die gebräuchlichsten Verfahren.

Beachten Sie, dass Anpassungsverfahren länderspezifisch sind; so gibt es beispielsweise für Österreich und die Schweiz eigene Anpassungsverfahren.

6.2.1 Mietspiegel

Ein Mietspiegel ist eine Übersicht über die durchschnittlichen Mietpreise für Wohnraum in einer bestimmten Stadt oder Region. Er gibt Auskunft darüber, welche Mietpreise dort üblicherweise für verschiedene Wohnungsgrößen und -typen verlangt werden.

Mietspiegel der Stadt München

Die Landeshauptstadt München gibt alle zwei Jahre einen qualifizierten Mietspiegel heraus, der auf einer Befragung von Vermietern und Mietern basiert und Auskunft über die ortsüblichen Vergleichsmieten für verschiedene Wohnungsgrößen und -typen gibt. Die Mietpreise werden in Euro pro Quadratmeter angegeben und sind nach Baujahr, Größe und Ausstattung des Wohnobjekts differenziert. Die Preise beziehen sich auf die Kaltmiete, also die Miete ohne Nebenkosten: »Mietspiegel für München 2023. Informationen zur ortsüblichen Miete« (Landeshauptstadt München, Direktorium/Statistisches Amt, Stand: 01/2022): *https://2023.mietspiegel-muenchen.de/broschueren/Mietspiegel_2023_Broschuere.pdf.*

Der Mietspiegel stellt für Vermieter und Mieter gleichermaßen eine Orientierungshilfe dar und ist eine wichtige Grundlage für die Bestimmung von Mietpreisen. Er wird von den örtlichen Gerichten und Behörden als sachverständiges Gutachten anerkannt und dient somit bei Mietstreitigkeiten häufig als Entscheidungsgrundlage.

In der Schweiz gibt es keinen bundesweiten Mietspiegel, da das Mietrecht in den Zuständigkeitsbereich der Kantone fällt. Die meisten Kantone haben daher ihre eigenen Mietspiegel, die von den örtlichen Behörden oder Fachverbänden erstellt werden.

In Österreich existiert ebenfalls keine einheitliche Regelung für den Mietspiegel. Die meisten Bundesländer haben jedoch eigene Mietspiegel, die von den jeweiligen Landesregierungen oder von Mietervereinigungen erstellt werden. Diese geben Auskunft über die ortsüblichen Mietpreise für verschiedene Wohnungstypen und Größenklassen.

Mietspiegel anlegen

Im Customizing müssen Sie einen Mietspiegel als Grundlage für die Anpassung der Miete individuell erstellen, da keine vorgefertigten Strukturen vorhanden sind und diese im Vorfeld erfragt werden müssen. Sie richten ihn per RECACUST • ANPASSUNG VON KONDITIONEN (MIETANPASSUNG) • MIETSPIEGEL ein.

Die relevanten Informationen in den Immobilienstammdaten werden folgendermaßen hinterlegt:

- Die Wirtschaftseinheit bestimmt über den verwendeten Mietspiegel.
- Das Gebäude ist bestimmend für Baujahr und Lageklasse.
- Das Mietobjekt enthält Bemessungen für die Größe der Wohnung, Ausstattungsklasse und mietspiegelrelevante Ausstattungsmerkmale.

Der Feldstatus von Gebäuden und Mietobjekten hängt vom Mietspiegel der Wirtschaftseinheit ab.

Jedes Feld im Mietspiegel enthält eine Untergrenze, einen Mittelwert und eine Obergrenze für den Mietpreis. Jeder dieser drei Werte kann als Basismiete verwendet werden, um als Grundlage und Vergleichswert für Mietanpassungen zu dienen.

Abbildung 6.1 zeigt Mietspiegelfelder basierend auf dem Münchner Mietspiegel. Die Wohnungen werden entsprechend ihrer BAUALTERSKLASSE, LAGEKLASSE, GRÖSSENKLASSE und AUSSTATTUNGSKLASSE in das passende Mietspiegelfeld eingeordnet.

Nicht nur die Kategorisierung von Wohnungen nach Lage oder Größe beeinflusst die Ermittlung der Basismiete. Zusätzlich können spezielle Zuschlags- oder Abschlagsmerkmale berücksichtigt werden, die in Ausstattungsmerkmalen zusammengefasst und in sogenannten Zu- und Abschlagsklassen erfasst werden. Hierfür ist die Aktivierung der Checkbox ☑ Mietspiegel verwendet Merkmalsklassen in den GRUNDDATEN des Mietspiegels erforderlich.

Sicht "Grunddaten" ändern: Detail
Neue Einträge
Dialogstruktur
Grunddaten
Referenzen
Baualtersklassen
Lageklassen
Größenklassen
Ausstattungsklassen
Mietspiegelfächer
Merkmalsgruppen
Merkmalsklassen
Zu-/Abschlagsmer
Zu-/Abschläge je I
Mietspiegel
M-2020
Mietspiegel 2020 LH München
Grunddaten
Gültig ab
01.01.2020
bis
Währung
EUR Euro
Basis
M Mittelwert
Flächenart
A004 Wohnfläche
Flächeneinheit
M2 Quadratmeter
Mietspiegel verwendet Mietspiegelfächer
Mietspiegel verwendet Merkmalsklassen
Zu-/Abschlagsmerkmal mit Punkten gewichten
Dimension für Berechnung der Basismiete
Baualtersklasse
Lageklasse
Größenklasse
Ausstattungsklasse

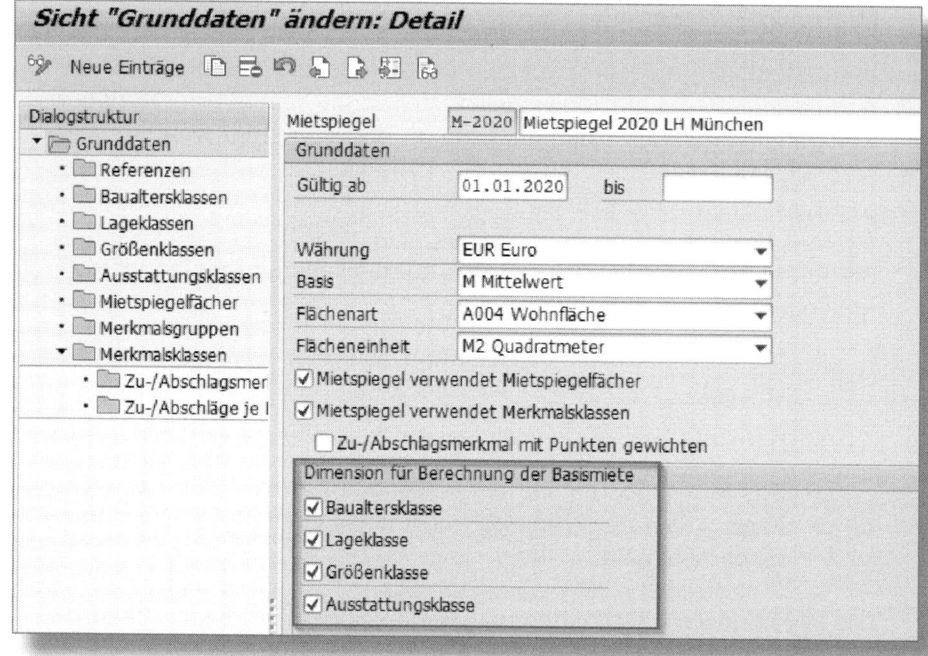

Abbildung 6.1: Mietspiegel von München

Im Mietspiegel sind auch MERKMALSKLASSEN enthalten, die ähnliche Merkmale der Mietobjekte zusammenfassen (siehe Abbildung 6.2).

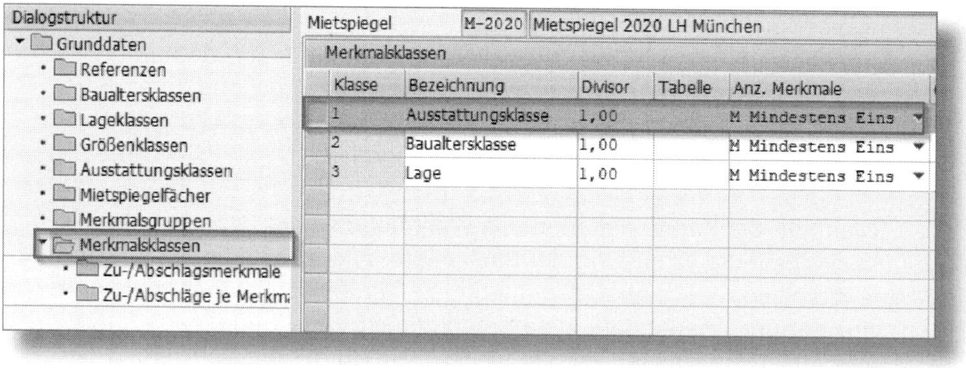

Dialogstruktur
Grunddaten
Referenzen
Baualtersklassen
Lageklassen
Größenklassen
Ausstattungsklassen
Mietspiegelfächer
Merkmalsgruppen
Merkmalsklassen
Zu-/Abschlagsmerkmale
Zu-/Abschläge je Merkm
Mietspiegel
M-2020
Mietspiegel 2020 LH München
Merkmalsklassen
Klasse
Bezeichnung
Divisor
Tabelle
Anz. Merkmale
1
Ausstattungsklasse
1,00
M Mindestens Eins
2
Baualtersklasse
1,00
M Mindestens Eins
3
Lage
1,00
M Mindestens Eins

Abbildung 6.2: Merkmalsklassen pflegen

Sofern der Mietspiegel, der abgebildet werden soll, Merkmalsklassen für Zu- und Abschlagsklassen vorsieht und dies in den Grunddaten entsprechend angegeben wurde, müssen Sie diese Merkmalsklassen definieren und den im abzubildenden Mietspiegel angegebenen Text eintragen. Es ist erforderlich, einen Divisor festzulegen, durch den die Punktesumme der Bewertung geteilt werden soll. Außerdem bestimmen Sie, ob Merkmale dieser Merkmalsklasse bei der Bearbeitung des Mietobjekts nur einmal oder beliebig oft als zutreffend gekennzeichnet werden dürfen. Zu Informationszwecken können Sie die Nummer der Tabelle aus dem Mietspiegel angeben, die für diese Merkmalsklasse relevant ist.

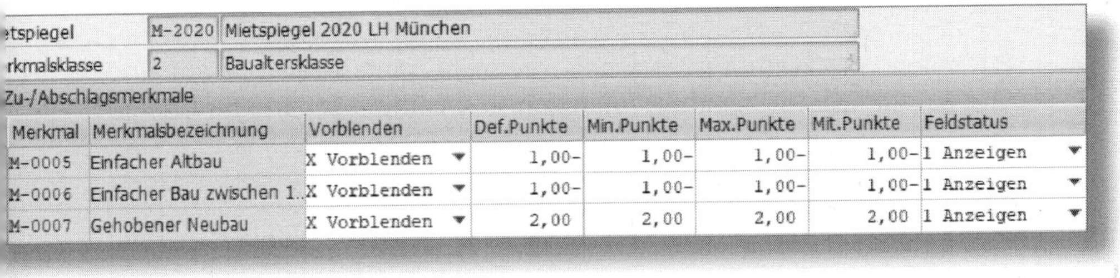

tspiegel: M-2020 Mietspiegel 2020 LH München
rkmalsklasse: 2 Baualtersklasse
Zu-/Abschlagsmerkmale

Merkmal	Merkmalsbezeichnung	Vorblenden	Def.Punkte	Min.Punkte	Max.Punkte	Mit.Punkte	Feldstatus
M-0005	Einfacher Altbau	X Vorblenden	1,00-	1,00-	1,00-	1,00-	1 Anzeigen
M-0006	Einfacher Bau zwischen 1...	X Vorblenden	1,00-	1,00-	1,00-	1,00-	1 Anzeigen
M-0007	Gehobener Neubau	X Vorblenden	2,00	2,00	2,00	2,00	1 Anzeigen

Abbildung 6.3: Zu- und Abschlagsmerkmale

Wenn Sie Merkmalsklassen verwenden, dann können Sie alle Merkmale der Merkmalsklasse genauer definieren. Wie in Abbildung 6.3 erkennbar, ordnen Sie die Merkmale der Merkmalsklasse zu. Sie hinterlegen zum einen Vorbelegungen für die Bewertung auf dem Mietobjekt sowie zum anderen die Punktespannen pro Merkmal. Sofern gewünscht, können Sie zudem Werte für die Interpolation erfassen und angeben, ob und wie dieses Merkmal für die Berechnung mittels Wohnwertvorzeichen genutzt wird.

Bevor Sie Merkmale in diesem Bereich hinterlegen, müssen Sie diese zuvor mittels der Customizing-Transaktion RECACUST • Anpassung von Konditionen (Mietanpassung) • Mietspiegel • Ausstattungsmerkmale für Gebäude, Mietobjekt und Flurstück definieren anlegen. Darüber hinaus müssen Sie die Merkmale, die Sie in einem Mietspiegel verwenden möchten, durch das Kennzeichen REMs (Relevant Mietspiegel) markieren (siehe Abbildung 6.4).

Sicht "Austattungsmerkmale" ändern: Übersicht

Neue Einträge

Austattungsmerkmale

Merk...	MO	GE	FS	ReMs	Anz.	Ausstattungsmerkmal
M-0005	☐	☑	☐	☑	☐	Einfacher Altbau
M-0006	☐	☑	☐	☑	☐	Einfacher Bau zwischen 1949 und 1978
M-0007	☐	☑	☐	☑	☐	Gehobener Neubau
M-0008	☑	☐	☐	☑	☐	Dachterasse / DG-Wohnung mit Balkon
M-0009	☑	☐	☐	☑	☐	Balkon / Terasse / Wintergarten vorhanden

Abbildung 6.4: Ausstattungsmerkmale definieren

Für solche Ausstattungsmerkmale, die nicht mietspiegelrelevant sind, können Sie über folgende Customizing-Aktivität eine Struktur definieren: RECACUST • STAMMDATEN • NUTZUNGSSICHT • MIETOBJEKT • ATTRIBUTE • STRUKTUR DER AUSSTATTUNGSMERKMALE MIETSPIEGELUNABHÄNGIG FESTLEGEN.

Ausstattungsmerkmale in Immobilienobjekten pflegen

In den Grunddaten des Gebäudes bzw. des Immobilienobjekts werden die zutreffenden Ausstattungsmerkmale auf der Registerkarte AUSSTATTUNG erfasst (siehe Abbildung 6.5).

Selektieren Sie die Ansicht des angelegten Münchner Mietspiegels per Klick auf den Button MIETSPIEGEL 2020 LH MÜNCHEN, und wählen Sie , um Ausstattungsmerkmale hinzuzufügen. Entscheiden Sie sich in unserem Fall für das bereits bekannte Ausstattungsmerkmal EINFACHER ALTBAU aus dem vorherigen Beispiel.

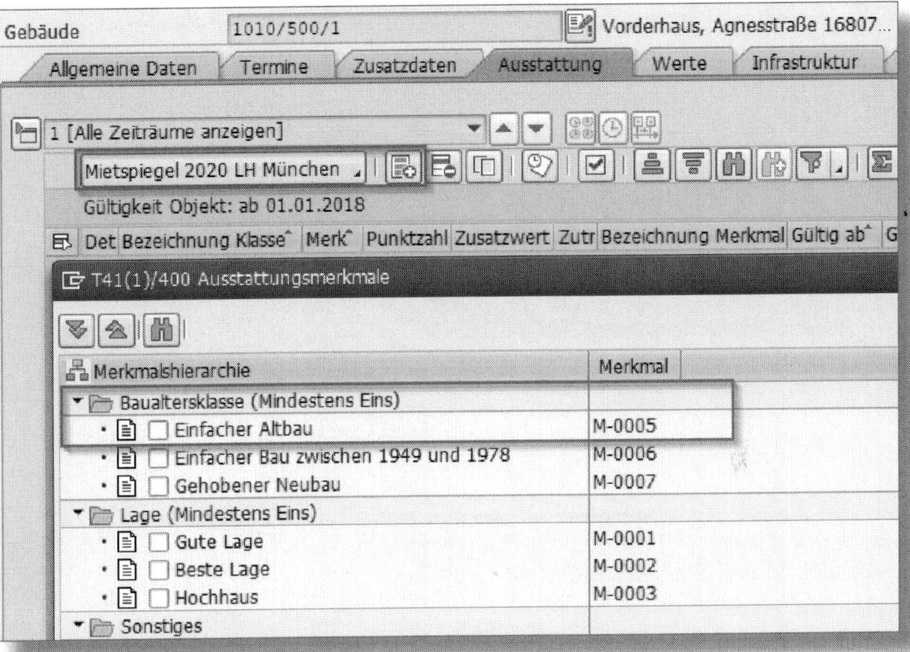

Abbildung 6.5: Ausstattungsmerkmale zum Gebäude

6.2.2 Staffelmiete

Die Staffelmiete wird bei Abschluss eines Mietvertrags festgelegt. Dabei definiert man die Zeitpunkte und Beträge für zukünftige Mieterhöhungen. Diese Konditionen können Sie direkt im Immobilienvertrag erfassen: Über den Reiter KONDITIONEN und den Button mit dem Symbol für »Staffelmiete« ❶ öffnet sich die Eingabemaske STAFFEL GENERIEREN ❷ (siehe Abbildung 6.6).

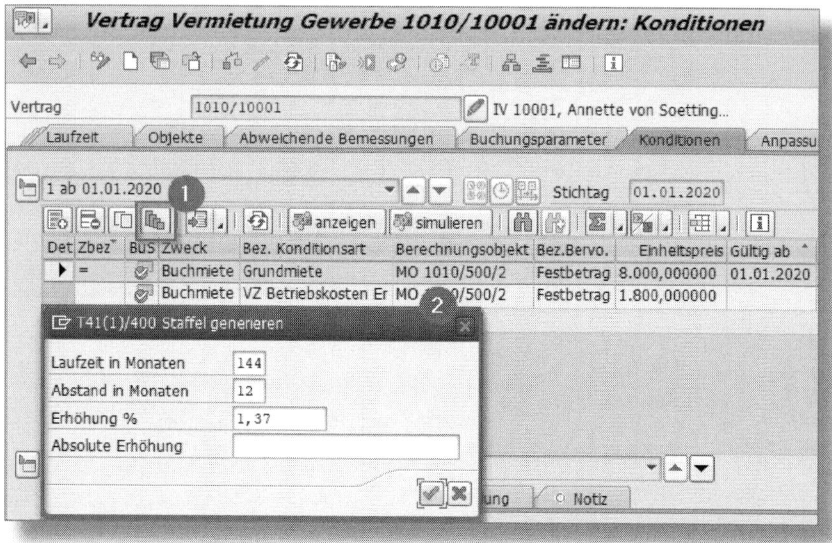

Abbildung 6.6: Staffelmiete generieren

Pflegen Sie die LAUFZEIT IN MONATEN und den ABSTAND IN MONATEN, der zwischen den einzelnen Erhöhungen liegen soll. Die Erhöhung lässt sich entweder als ERHÖHUNG % oder als ABSOLUTE ERHÖHUNG in Euro angeben. Anhand dieser Informationen berechnet das System automatisch die Konditionsbeträge für die Staffelmiete.

6.2.3 Freie Anpassung

Eine Anpassung der Konditionen kann frei erfolgen, d. h. entweder durch eine prozentuale Veränderung oder durch die Änderung der Konditionen um einen bestimmten Betrag. Es besteht auch die Möglichkeit, die Werte einer Kondition zu übernehmen. Durch die freie Anpassung können Sie neue Konditionen im Vertrag oder Mietobjekt erzeugen. Ebenso lassen sich Konditionen aufteilen, z. B. eine Bruttomiete in Grundmiete und Vorauszahlungen für Betriebs- und Heizkosten.

Als Beispiel für eine freie Anpassung für Verträge und Mietobjekte verwende ich hier die prozentuale Erhöhung einer Grundmiete (siehe

Abbildung 6.7). Sie müssen die Verfahrensparameter für die freie Anpassung im Vorfeld auswählen.

Um die Anpassung durchzuführen, öffnen Sie die Transaktion *REAJPR*. Gehen Sie zur Registerkarte VERFAHRENSPARAMETER, und geben Sie die spezifische Anpassungsmaßnahme ein, auf die sich der Anpassungslauf beziehen soll.

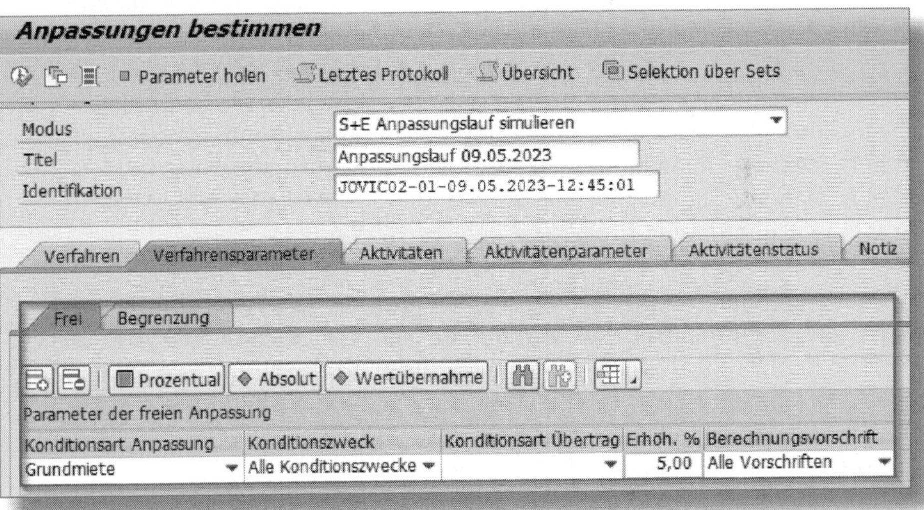

Abbildung 6.7: Verfahrensparameter »Frei«

6.2.4 Anpassungsmaßnahme

Mit der Anpassungsmaßnahme (ID TASK) können Sie Konditionen aufgrund der Kosten einer Maßnahme anpassen. Die Maßnahmen können dabei folgende sein:

- freie Maßnahme
- Modernisierung
- Gutachten
- Wirtschaftlichkeitsberechnung

Eine weitere Anwendungsmöglichkeit ist im Bereich von Wohneigentümergemeinschaften (WEG) die Berechnung von Sonderumlagen.

Im Gegensatz zu einigen anderen beschriebenen Anpassungsverfahren erfordert dieses Verfahren ein weiteres Stammdatenobjekt: die Anpassungsmaßnahme. In ihr werden die für die Anpassung benötigten Daten wie die beteiligten Mietobjekte und die Kosten- und Finanzierungspositionen gespeichert. Sie dient als Grundlage für die Berechnung der Anpassung.

Die Anpassung von Bedingungen basiert auf dem *Anpassungsverfahren TASK* (Anpassungsmaßnahme), das mehrere Anpassungsregeln hat. Diesem Anpassungsverfahren sind wiederum sogenannte *Maßnahmentypen* zugeordnet. Diese bestimmen, wie die Konditionswerte für die zugeordneten Objekte berechnet werden.

Jedem Maßnahmentyp ist hierfür eine Anpassungsregel des TASK-Verfahrens zugeordnet. Die Zuordnung erfolgt über RECACUST • ANPASSUNG VON KONDITIONEN (MIETANPASSUNG) • ANPASSUNGSMASSNAHME • STAMMDATEN • EINSTELLUNGEN PRO ANPASSUNGSREGEL • PARAMETER ZUR ANPASSUNGSREGEL DEFINIEREN.

Im Folgenden behandle ich die verschiedenen Maßnahmentypen, die das System unterscheidet.

Maßnahmentyp MO (Modernisierung)

Hierfür ist im Auslieferungs-Customizing eine Regel namens TASKMO vordefiniert. Sie erlaubt es, die Kosten der Modernisierung sowie die beteiligten Mietobjekte in der Anpassungsmaßnahme zu erfassen. Die jährliche Mieterhöhung für alle Mietobjekte und -verträge, die an der Maßnahme beteiligt sind, beträgt standardmäßig elf Prozent dieser Kosten und wird nach der Wohn- bzw. Nutzfläche verteilt. Den Prozentsatz und die Bemessungsart für die Verteilung können Sie jedoch im Customizing anpassen.

MO kann auch für andere Anpassungen verwendet werden, die eine Umlage eines Grundbetrags nach einer Bemessungsart erfordern, so

z. B. die Anpassung der Kondition für Instandhaltungsrücklagen bei Hausgeldverträgen (Regel TASKSA).

Maßnahmentyp EO (Gutachten)

Im Auslieferungs-Customizing gilt für diesen Typ die Regel TASKEO. Damit können Sie für jedes Mietobjekt und jeden Vertrag, die der Anpassungsmaßnahme zugeordnet sind, die neuen Mietpreise individuell festlegen.

Maßnahmentyp FR (freie Maßnahme)

Diesem Typ ist im Auslieferungs-Customizing die Regel TASKFR zugeordnet. Diese verwenden Sie beispielsweise, um externe Mietberechnungen für Mietobjekte und/oder Verträge in das System zu importieren und dann über die Mietanpassung auf den berechneten Wert anzupassen.

Maßnahmentyp WB (Wirtschaftlichkeitsberechnung)

Hierbei handelt es sich genau genommen um drei Maßnahmentypen, die eine Anpassung der Miete für öffentlich geförderte Wohnungen gemäß dem deutschen Mietrecht durch die Wirtschaftlichkeitsberechnung ermöglichen: Die Anpassungsmaßnahme *WB-Hauptberechnung* (MC) ist optional und umfasst mehrere Teil- und Zusatzberechnungen. *WB-Teilberechnungen* (PC) definieren die Gesamtkosten und den Finanzierungsplan für alle beteiligten Objekte, während *WB-Zusatzberechnungen* (AC) nachträgliche Änderungen wie Modernisierungen und Umbauten abbilden. Diese Anpassungsmaßnahmen sind speziell auf das deutsche Mietrecht ausgerichtet.

Customizing der Maßnahmentypen

Um ein Gutachten zu erstellen, werden andere Informationen benötigt als für eine Modernisierungsmaßnahme. Daher können Sie für jeden Maßnahmentyp eine eigene FELDSTATUSVARIANTE anlegen (siehe Abbildung 6.8). Sie ordnen diese der Anpassungsregel zu und legen dadurch fest, welche Felder im SAP-Dialog als Eingabefelder zur Verfügung stehen.

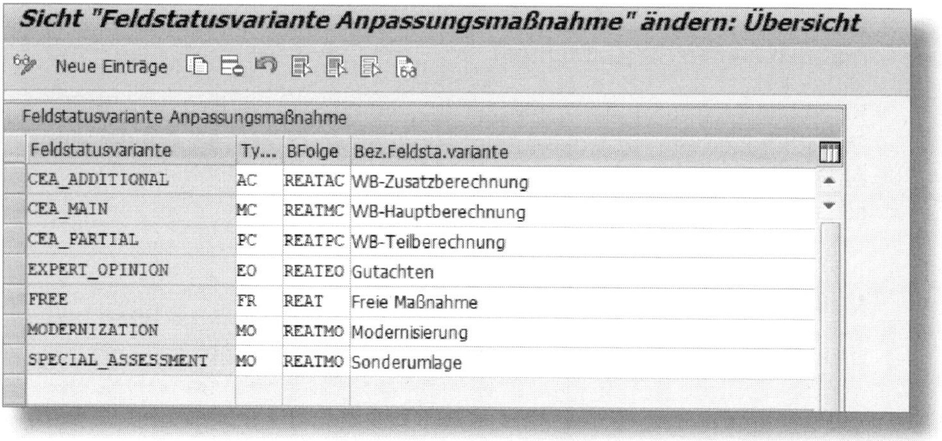

Sicht "Feldstatusvariante Anpassungsmaßnahme" ändern: Übersicht

Neue Einträge

Feldstatusvariante Anpassungsmaßnahme

Feldstatusvariante	Ty...	BFolge	Bez.Feldsta.variante
CEA_ADDITIONAL	AC	REATAC	WB-Zusatzberechnung
CEA_MAIN	MC	REATMC	WB-Hauptberechnung
CEA_PARTIAL	PC	REATPC	WB-Teilberechnung
EXPERT_OPINION	EO	REATEO	Gutachten
FREE	FR	REAT	Freie Maßnahme
MODERNIZATION	MO	REATMO	Modernisierung
SPECIAL_ASSESSMENT	MO	REATMO	Sonderumlage

Abbildung 6.8: Feldstatus einer Anpassungsmaßnahme

Außerdem definieren Sie, welche Bemessungsart als Grundlage für die Kostenverteilung dient. Die Aufteilung der Kosten, Finanzierungs- und Aufwandspositionen sowie die Definition von Zweckbindungen erfolgen ebenfalls auf der Ebene der Maßnahmentypen.

Anpassungsmaßnahme anlegen

Bevor eine Mietanpassung über die Anpassungsmaßnahme durchgeführt werden kann, muss eine Anpassungsmaßnahme erstellt werden. Hierfür steht die Transaktion *REAJAT* zur Verfügung. Alternativ können Sie hierfür den RE-Navigator per Transaktion *RE80* nutzen (siehe Abbildung 6.9).

Als Erstes erfassen Sie im Register ALLGEMEINE DATEN die grundlegenden Informationen der Anpassungsmaßnahme (siehe Abbildung 6.10), einschließlich des GÜLTIGKEITSZEITRAUMS ❶ – des Start- und Enddatums sowie des Aktivierungsdatums, ab dem die neuen Mietkonditionen gültig sein werden.

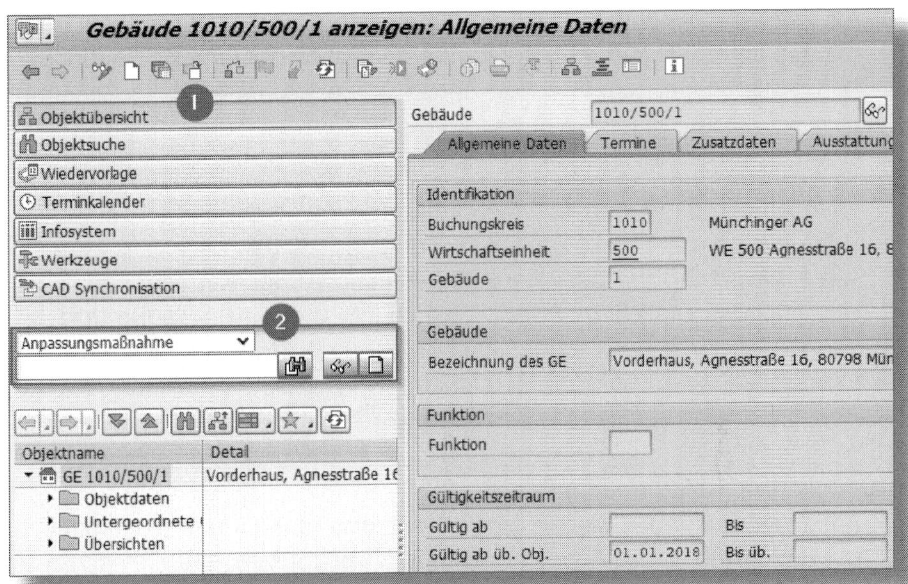

Abbildung 6.9: Anpassungsmaßnahme im RE-Navigator anlegen

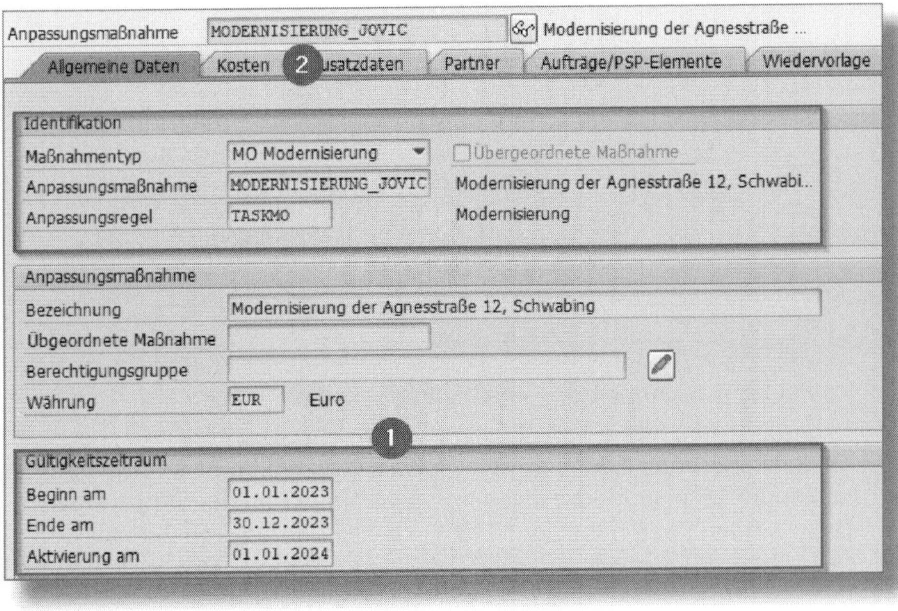

Anpassungsmaßnahme MODERNISIERUNG_JOVIC Modernisierung der Agnesstraße ...
Allgemeine Daten | Kosten | 2 Zusatzdaten | Partner | Aufträge/PSP-Elemente | Wiedervorlage

Identifikation
Maßnahmentyp MO Modernisierung ☐ Übergeordnete Maßnahme
Anpassungsmaßnahme MODERNISIERUNG_JOVIC Modernisierung der Agnesstraße 12, Schwabi...
Anpassungsregel TASKMO Modernisierung

Anpassungsmaßnahme
Bezeichnung Modernisierung der Agnesstraße 12, Schwabing
Übgeordnete Maßnahme
Berechtigungsgruppe
Währung EUR Euro

1
Gültigkeitszeitraum
Beginn am 01.01.2023
Ende am 30.12.2023
Aktivierung am 01.01.2024

Abbildung 6.10: Bearbeitung einer Anpassungsmaßnahme

Als Nächstes wechseln Sie zum Register KOSTEN ❷. Dort geben Sie die geplanten Kosten mithilfe von Kostenpositionen und Kostenpositionsgruppen ein.

☛ Kostenpositionen

Die Kosten einer Anpassungsmaßnahme sowie diejenigen für jedes betroffene Objekt können in Kostenpositionen unterteilt werden, wodurch eine detaillierte Darstellung in der Korrespondenz möglich ist. Die Pflege erfolgt über RECACUST • ANPASSUNG VON KONDITIONEN • ANPASSUNGSMASSNAHME (Z. B. MODERNISIERUNGSMASSNAHME, GUTACHTEN) • STAMMDATEN • GLIEDERUNG DER KOSTEN, sie bietet eine zusätzliche Transparenz für alle Beteiligten.

Anschließend haben Sie die Möglichkeit, diejenigen Kostenpositionen zu wählen, die für die Anpassungsmaßnahme relevant sind.

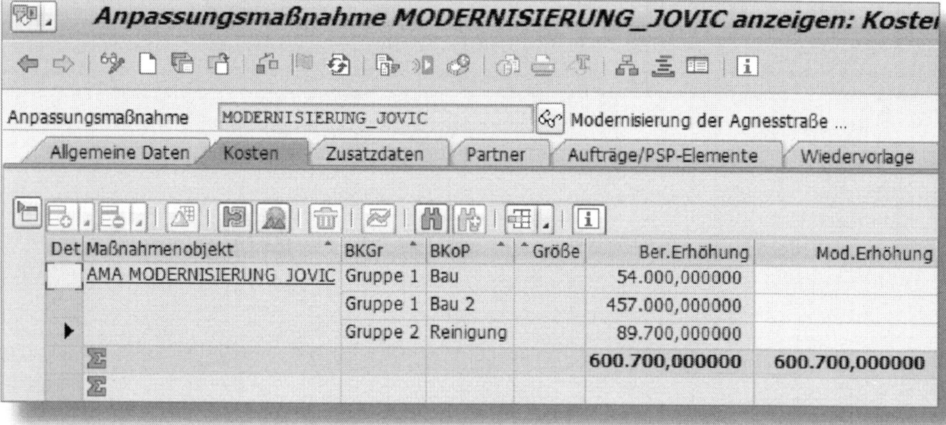

Abbildung 6.11: Anpassungsmaßnahme – Kostengruppen

Im Szenario von Abbildung 6.11 soll an den Wohnungen in der Agnesstraße 16 eine Modernisierungsmaßnahme durchgeführt werden. Dazu werden Kostenpositionen für GRUPPE 1 und GRUPPE 2 erfasst.

6.2.5 Indexanpassung im Gewerbe

Indexmieten werden im Gewerbeimmobilien-Bereich auf Basis von Indexvereinbarungen wertgesichert, d. h., die Miete wird immer wieder anhand eines bestimmten Index, wie beispielsweise des Verbraucherpreisindex, angepasst.

Es gibt zwei mögliche Verfahren zur Berechnung der Miete aufgrund von Wertsicherungsklauseln per Indexvereinbarung:

- *Schwellenwert:* Die vereinbarte Erhöhung oder Senkung der Miete tritt ein, sobald der Index eine festgesetzte Schwelle erreicht oder überschreitet.
- *Zeitraum:* Die Mietanpassungen werden in einem festen Rhythmus durchgeführt, und die Indexveränderung, die in diesem Zeitraum stattgefunden hat, dient als Basis zur Berechnung der neuen Miete.

Indexanpassungsregel pflegen

In SAP RE-FX werden Indexklauseln über Anpassungsklauseln im Vertrag abgebildet; diese wiederum werden den anzupassenden Konditionen zugeordnet. Um eine Anpassungsklausel für die Indexanpassung im Vertrag zu hinterlegen, benötigen Sie eine geeignete Anpassungsregel.

Zu deren Anlage nutzen Sie das Customizing per RECACUST • ANPASSUNG VON KONDITIONEN (MIETANPASSUNG) • ANPASSUNGSREGELN • VERFAHRENSÜBERGREIFEND • ANPASSUNGSREGELN DEFINIEREN. Hierbei haben Sie die Wahl zwischen dem Erstellen einer neuen Anpassungsregel oder der Verwendung eines bereits bestehenden Verfahrens. Im nächsten Schritt bestimmen Sie die grundlegenden Customizing-Einstellungen, die benötigten Regeln für das Verfahren und setzen den Anpassungsrhythmus des Anpassungstermins fest (siehe Abbildung 6.12).

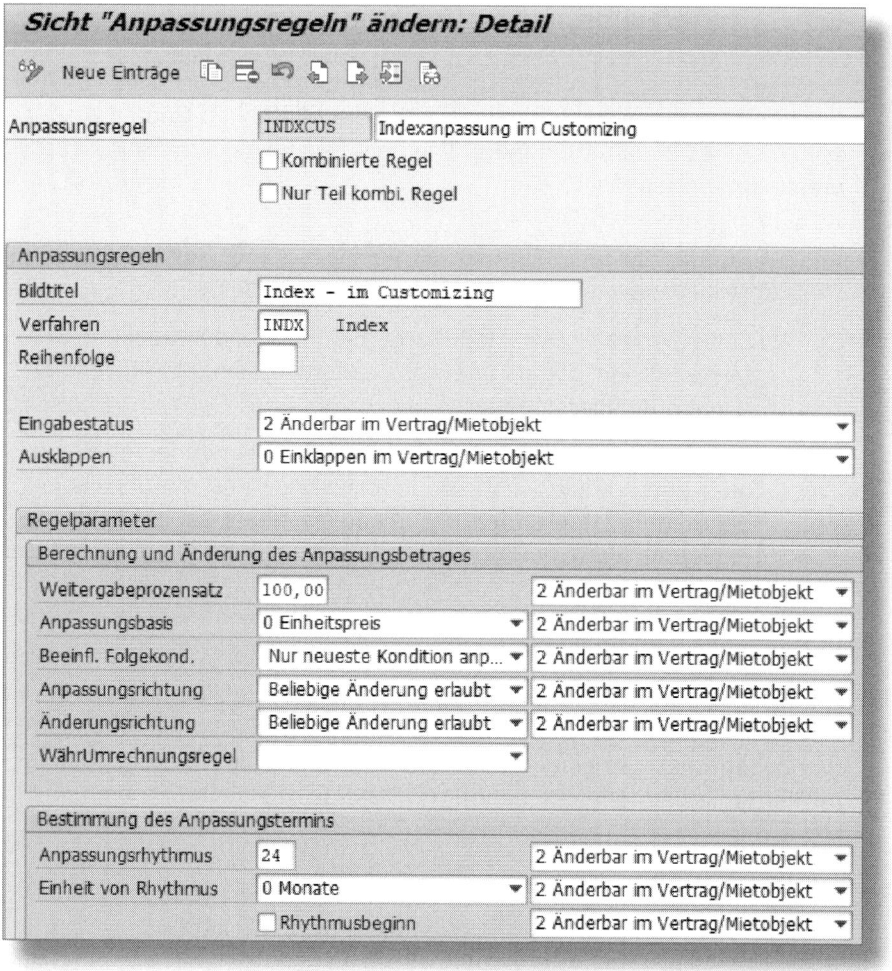

Abbildung 6.12: Anpassungsregeln – Customizing

Die Anpassungsregeln legen fest, welcher Algorithmus zur Berechnung des Anpassungsbetrags verwendet wird. Basis für die Berechnung sind die spezifischen Vertrags- oder Mietobjektdaten sowie die beim Aufruf des Anpassungsprozesses eingegebenen Daten.

> **☛ Anpassungsregeln im Customizing**
>
> Im Standard-Customizing von SAP RE-FX sind für häufig verwendete Anpassungsverfahren entsprechende Regeln hinterlegt. Diese können Sie kopieren und gemäß den kundenspezifischen Anforderungen modifizieren.

Sie können die Parameter für die Indexanpassung sowie die Eingabemöglichkeiten für den Benutzer festlegen. Dabei geben das Customizing-Feld EINGABESTATUS und die Einstellungen in der rechten Spalte an, welche Felder im Vertragsdialog für Änderungen zugänglich sind.

Um die Indexanpassung dem Vertrag zuzuordnen, öffnen Sie den entsprechenden Immobilienvertrag und navigieren zur Registerkarte ANPASSUNG (siehe ❶ in Abbildung 6.13).

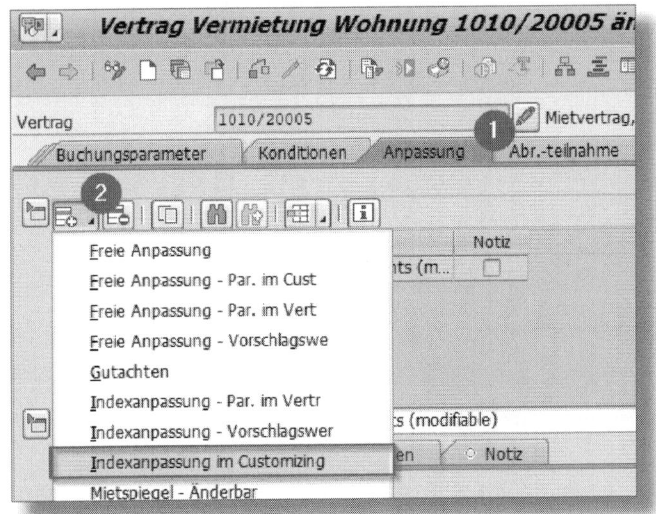

Abbildung 6.13: Anpassung im Vertrag pflegen

Klicken Sie auf den Button »Klausel anlegen« ❷, um eine neue Klausel hinzuzufügen. Es erscheint eine Liste mit verschiedenen Anpassungsklauseln, aus der Sie diejenige auswählen, die für die Indexanpassung geeignet ist.

Des Weiteren ist es erforderlich, die Indexanpassungsklausel den Bedingungen für die Indexanpassung zuzuordnen. Hierfür gehen Sie zur Registerkarte KONDITIONEN (siehe ❶ in Abbildung 6.14) und anschließend zur Unterregisterkarte KLAUSELN ❷, in der Sie die ID der ANPASSUNG eintragen.

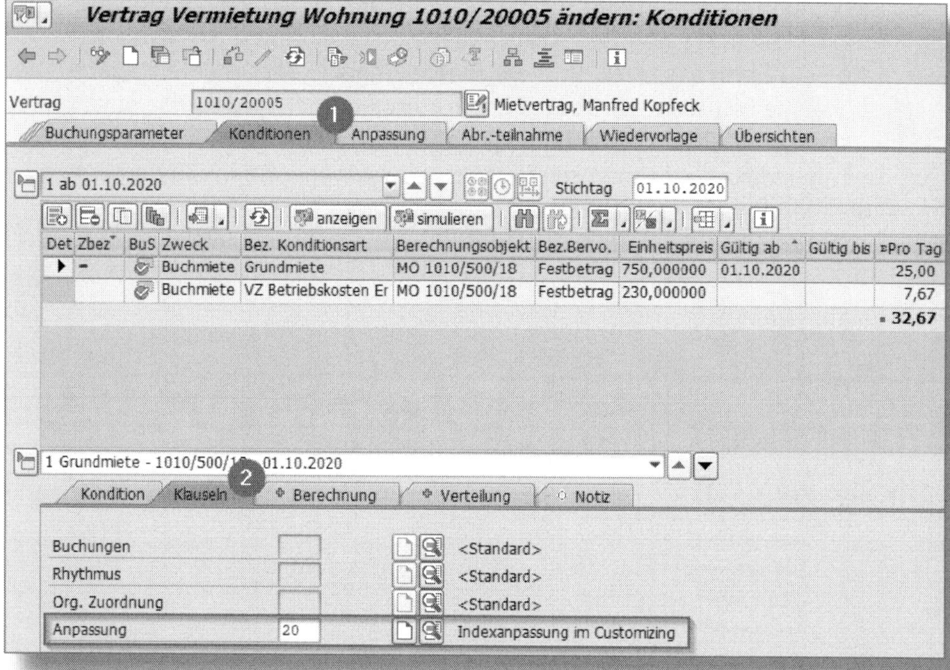

Abbildung 6.14: Anpassungsklausel zur Kondition pflegen

Beim Hinzufügen einer neuen Klausel zum Vertrag zählt das System die IDs in Zehnerschritten. In Abbildung 6.14 wird beispielsweise die Nummer *20* angezeigt, was darauf hinweist, dass bereits eine Klausel hinterlegt wurde.

Wenn Sie Änderungen an den Bedingungen Ihrer Indexmietverträge vornehmen möchten, können Sie diese grundsätzlich direkt aus dem

Vertrag heraus aufrufen. In den meisten Fällen ist es jedoch sinnvoller und empfehlenswert, solche Modifikationen im Batch-Modus durchzuführen.

Indexstände hinterlegen

Grundsätzlich werden Indexreihen unter RECACUST • ANPASSUNG VON KONDITIONEN (MIETANPASSUNG) • INDEXANPASSUNG • INDEXSTÄNDE HINTERLEGEN im Customizing verwaltet. Jedoch ist es zweckmäßiger, diese Aktivität aus dem Customizing auszulagern: Aus Sicht des Fachbereichs handelt es sich um eine Einstellung des laufenden Betriebs, weshalb eine direkte Pflege im Produktivsystem in Betracht gezogen werden sollte.

> **Indexstände hinterlegen**
>
> SAP stellt die Indexklasse 6 für Immobilienobjekte und 5 für den Unterhalts- und Betriebskostenindex Schweiz bereit. Die Indexklasse legt die wichtigsten Eigenschaften einer Indexreihe fest. SAP empfiehlt Ihnen, die Standardeinstellungen nicht zu verändern.
>
> Dies ist eine von SAP entwickelte Struktur, um Indexstände im System zu verwalten. Der Pflegedialog für Indexreihen beginnt auf der Ebene der Indexklassen (siehe Abbildung 6.15).

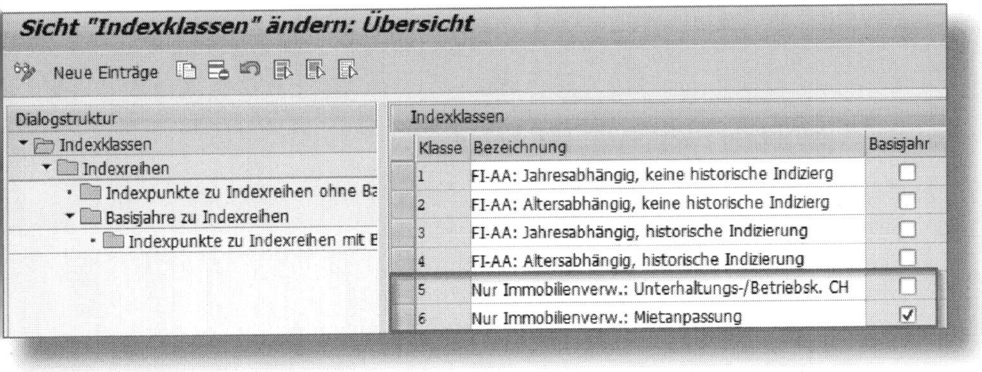

Sicht "Indexklassen" ändern: Übersicht

Neue Einträge

Dialogstruktur
- Indexklassen
  - Indexreihen
    - Indexpunkte zu Indexreihen ohne Ba
    - Basisjahre zu Indexreihen
      - Indexpunkte zu Indexreihen mit B

Indexklassen

Klasse	Bezeichnung	Basisjahr
1	FI-AA: Jahresabhängig, keine historische Indizierg	☐
2	FI-AA: Altersabhängig, keine historische Indizierg	☐
3	FI-AA: Jahresabhängig, historische Indizierung	☐
4	FI-AA: Altersabhängig, historische Indizierung	☐
5	Nur Immobilienverw.: Unterhaltungs-/Betriebsk. CH	☐
6	Nur Immobilienverw.: Mietanpassung	☑

Abbildung 6.15: Pflege von Indexklassen

Indexklassen werden nicht nur in SAP RE-FX, sondern auch in anderen SAP-Anwendungen wie der Anlagenbuchhaltung verwendet. In SAP RE-FX können entweder die von SAP bereitgestellten oder aber eigene Indexklassen verwendet werden.

☛ Pflegetransaktion REAJINDX

Die Indexstände können auch über das Anwendungsmenü von SAP RE-FX oder die zugehörige Transaktion REAJINDX gepflegt werden.

Als Erstes überprüfen Sie, ob die vorhandenen Indexklassen für Ihre Zwecke ausreichend sind. SAP RE-FX benötigt eine Indexklasse für die Mietanpassung mit der Angabe des Indizierungsrhythmus und des Basisjahres.

Im nächsten Schritt pflegen Sie die Indexreihen. Hierfür legen Sie zunächst die benötigten Indexreihen pro Indexklasse an und fügen dann für Indexreihen mit Basisjahr das entsprechende Jahr hinzu.

Im dritten und letzten Schritt erstellen Sie die notwendigen Indexdaten für die jeweiligen Indexreihen.

Deutsche Verbraucherpreisindizes sind beim Statistischen Bundesamt erhältlich, während Sie jene für die Mitgliedstaaten der Europäischen Union über das Statistische Amt der Europäischen Union (Eurostat) beziehen können.

6.3 Anpassungsverfahren durchführen

Obwohl die Anpassungsverfahren unterschiedliche Parameter und Stammdaten haben, ist der grundlegende Ablauf einer Anpassung immer derselbe – unabhängig davon, welches der verfügbaren Verfahren verwendet wird. Anpassungen können sowohl für Vermietungs- als auch für Anmietungsverträge durchgeführt werden.

6.3.1 Anpassung bestimmen

Starten Sie die Transaktion *REAJPR* aus dem Anwendungsmenü von SAP RE-FX (siehe Abbildung 6.16).

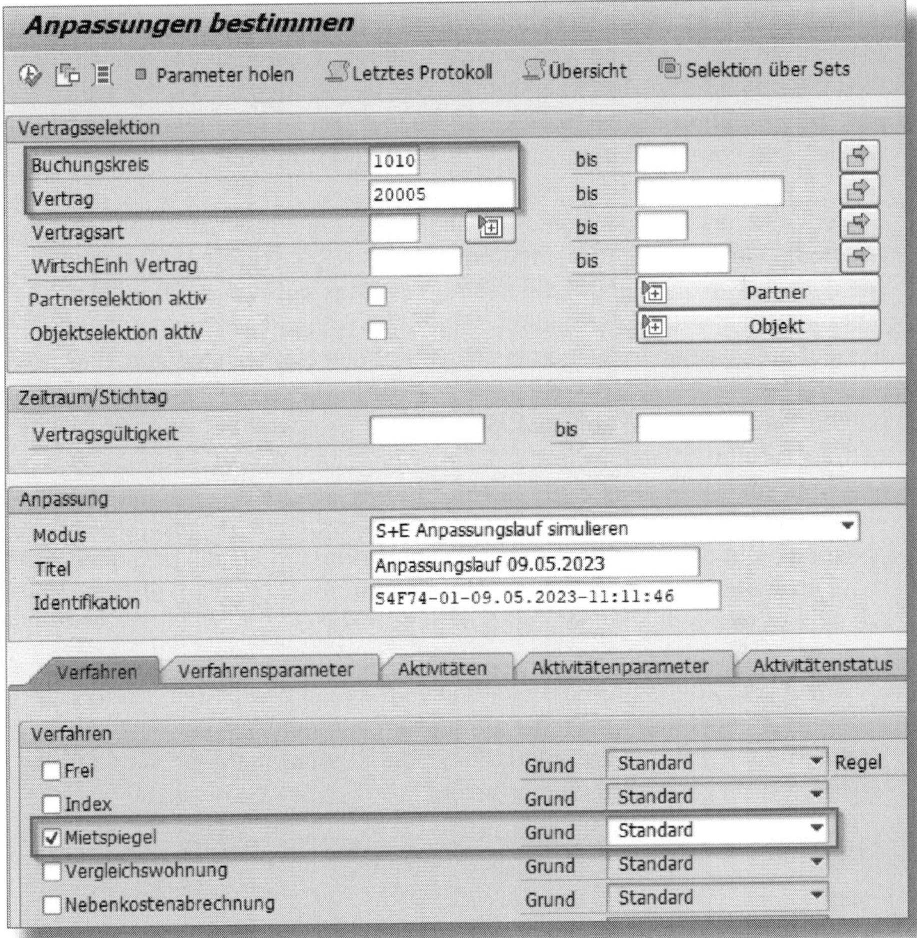

Abbildung 6.16: Anpassung bestimmen durch Transaktion »REAJPR«

Hier geben Sie zunächst den BUCHUNGSKREIS und die Nummer des VERTRAGS ein.

Für unser Beispiel wählen Sie als VERFAHREN die Anpassung des MIETSPIEGELS aus. Welche Daten in den weiteren Registern zu erfassen sind, hängt vom ausgewählten Anpassungsverfahren ab.

Es ist empfehlenswert, dass Sie die Anpassung von Konditionen zunächst im Simulationsmodus durchführen – insbesondere dann, wenn es sich um große Massenänderungsverfahren handelt. Daher wählen Sie im Bereich ANPASSUNG den MODUS *S+E Anpassungslauf simulieren* aus. Das Ergebnis dieser Simulation kann anschließend gespeichert werden und entspricht dann einer Anpassung im Echtlauf.

Bei jeder Anpassung wird eine Anpassungsidentifikationsnummer erzeugt, die sich aus dem Benutzernamen des angemeldeten Users sowie dem Datum und der Uhrzeit des Anpassungslaufs zusammensetzt (Feld IDENTIFIKATION). Es besteht die Möglichkeit, diese Anpassungs-ID zu überschreiben und einen aussagekräftigen Namen einzugeben.

Öffnen Sie die Transaktion *REAJSH*, um das Protokoll der Anpassungen aufzurufen. Wählen Sie dazu die entsprechende Anpassungs-ID aus, und lassen Sie das Programm laufen. Alle Schritte der Anpassung sowie deren Ergebnisse werden im Protokoll festgehalten. Falls die Anpassung nicht das erwartete Ergebnis liefert, können Sie die Ursachen dafür im Protokoll nachvollziehen. Nach dem Anpassungslauf erhalten Sie eine Liste mit den berechneten Anpassungen.

Im Anschluss können Sie die Ergebnisse manuell bearbeiten. Hierbei lassen sich beispielsweise die Anpassungsergebnisse für einzelne Verträge oder Mietobjekte ändern oder die Zustimmung der anderen Vertragspartei zur Anpassung erfassen.

Anpassungssimulation bestimmen (JOVIC-01-09.05.2023-11:48:39)

Von Simulation in Echtlauf wechseln

Anpassungsobjekt	Konditionenobjekt	Status				Bisheriger Preis	Berechneter Preis
IV 1010/20005	MO 1010/500/18					750,000000	560,595000

Abbildung 6.17: Anzeige der Anpassungssätze im Ergebnis

Bei der Mietanpassung, die in Abbildung 6.17 dargestellt ist, wurde eine auf *560,59* Euro reduzierte Miete berechnet.

Sobald Sie die Änderungen überprüft haben, wechseln Sie vom aktiven Simulationsmodus in den Echtlauf per Klick auf den Button VON SIMULATION IN ECHTLAUF WECHSELN, und sichern Sie die Ergebnisse der Mietanpassung.

Die Transaktion *REAJCH* gestattet es Ihnen außerdem, bereits durchgeführte und gesicherte Anpassungsläufe weiter zu bearbeiten. Dafür drücken Sie beispielsweise nach Erhalt der Zustimmung bei zustimmungspflichtigen Anpassungsregeln den Button (siehe Abbildung 6.18). Es ist jedoch nicht möglich, neue Anpassungen zu bestimmen.

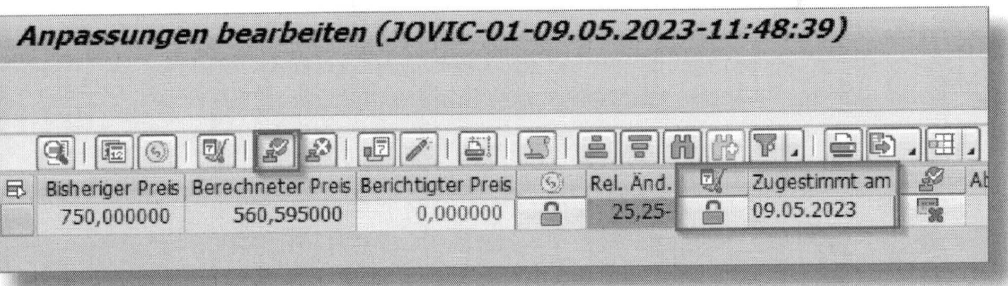

Abbildung 6.18: Zustimmung zu Anpassung

6.3.2 Anpassung aktivieren

Damit die neu berechneten Konditionen bei den periodischen Buchungen von Verträgen und Mietobjekten berücksichtigt werden, müssen Sie die Anpassung aktivieren. Es erfolgt eine Aktualisierung zum Anpassungsdatum. Die modifizierten Konditionen werden bei der Generierung des Finanzstroms und somit auch bei der nächsten periodischen Buchung berücksichtigt.

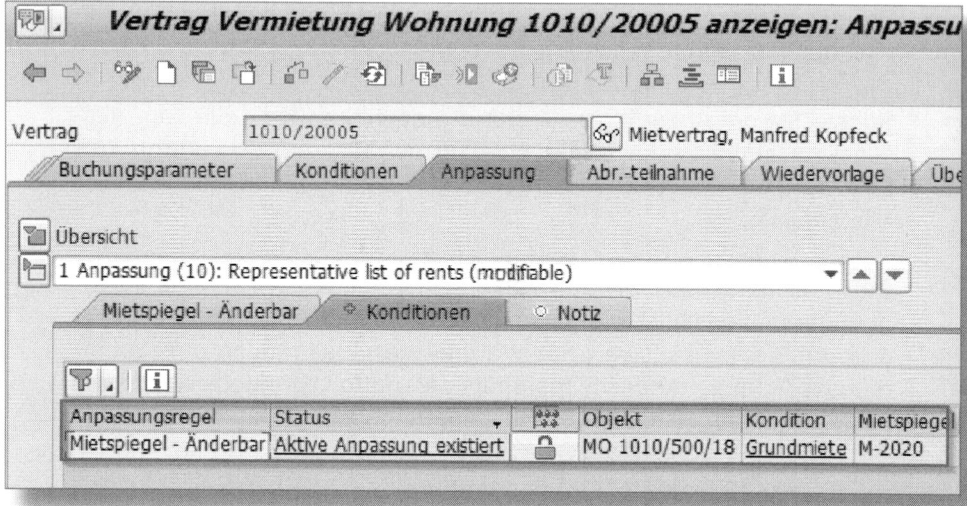

Abbildung 6.19: Anpassungsregel den Konditionen zuordnen

Aktivieren Sie die Anpassung in der Ergebnisliste, indem Sie diesmal den Button (Aktivieren) verwenden, wie in Abbildung 6.19 dargestellt. Im Anpassungsregister unseres VERTRAGS *1010/20005* erhalten Sie eine Zusammenfassung der durchgeführten Mietanpassungen.

6.3.3 Anpassung stornieren

Wenn ein Anpassungslauf fehlerhaft war oder nicht die gewünschten Ergebnisse geliefert hat, können Sie ihn komplett stornieren. Hierbei werden die Konditionsänderungen in Verträgen und Mietobjekten sowie alle weiteren Schritte der Anpassung rückgängig gemacht.

Um die gewünschte Stornierung auszuführen, verwenden Sie die Transaktion *REAJRV* und rufen den Anpassungslauf anhand seiner Prozess-ID auf. Sie erhalten daraufhin eine Liste der betroffenen Anpassungssätze (siehe Abbildung 6.20).

Abbildung 6.20: Stornierung von Anpassungssätzen

Anschließend markieren Sie diejenigen Anpassungssätze, die storniert werden sollen, und klicken auf den Button (Anpassung stornieren), wie in Abbildung 6.20 dargestellt. Sobald Sie Ihre Änderungen gesichert haben, sind die Stornierungen wirksam.

7 Nebenkostenabrechnung

Als Vermieter können Sie Nebenkosten, die für den Betrieb Ihrer vermieteten Immobilien anfallen, auf Ihre Mieter umlegen. Die jährliche Abrechnung erfordert genaue Stammdaten und die Zuordnung von Kosten über das Jahr hinweg. Sofern keine Pauschalen vereinbart wurden, wird die Differenz zwischen den geleisteten Vorauszahlungen und den tatsächlich angefallenen Kosten als Guthaben an den Mieter ausgezahlt bzw. als Forderung gegen den Mieter geltend gemacht.

7.1 Objekte der Nebenkostenabrechnung

In der Nebenkostenabrechnung werden zusätzlich zu den bekannten Stammdatenobjekten wie Wirtschaftseinheit und Mietobjekt auch Stammdatenobjekte wie Teilnahmegruppe und Abrechnungseinheit verwendet. Um die Zählerstände zu erfassen, können Messpunkte und -belege aus der SAP-Komponente PM (Instandhaltung) genutzt werden.

Um die Stammdaten für die Nebenkostenabrechnung zu bearbeiten, verwenden Sie entweder den RE-Navigator oder greifen direkt über eine Transaktion zu. Für die Durchführung der Nebenkostenabrechnung müssen Sie im System Teilnahmegruppen und Abrechnungseinheiten anlegen.

7.1.1 Teilnahmegruppe

Eine Teilnahmegruppe umfasst alle Mietobjekte, die im Rahmen der Nebenkostenabrechnung an der Abrechnung einer oder mehrerer Nebenkostenarten teilnehmen. Die Identifikation einer Teilnahmegruppe besteht aus dem Buchungskreis, der Wirtschaftseinheit und einem Schlüssel für die Teilnahmegruppe. Wenn Sie keine Wirtschaftseinheit angeben, können der Teilnahmegruppe Objekte aus verschiedenen Wirtschaftseinheiten zugeordnet werden, um eine wirtschaftseinheitenübergreifende Teilnahmegruppe zu erstellen.

Im Bereich ALLGEMEINE DATEN erfassen Sie zunächst die Identifikation, Bezeichnung und zeitliche Gültigkeit der Teilnahmegruppe.

7.1.2 Abrechnungseinheit

Die Identifikation einer Abrechnungseinheit setzt sich aus Buchungskreis, Wirtschaftseinheit, Nebenkostenschlüssel und Abrechnungseinheitsschlüssel zusammen. Wie Teilnahmegruppen können auch Abrechnungseinheiten über Wirtschaftseinheiten hinweg angelegt werden. Das Erstellen einer Abrechnungseinheit ist unerlässlich für die Durchführung einer Nebenkostenabrechnung.

Im Allgemeinen muss für jede Nebenkostenart, die abgerechnet wird und im Nebenkostenschlüssel definiert ist, eine neue Abrechnungseinheit angelegt werden. Es besteht jedoch die Möglichkeit, Abrechnungseinheiten für eine Abrechnung zusammenzufassen, indem man sie als Kostenträger-Abrechnungseinheiten innerhalb einer übergeordneten Abrechnungseinheit oder pro Nebenkostenschlüssel definiert. Auf diese Weise kann die Kontierung detaillierter vorgenommen werden, als dies für die Abrechnung erforderlich ist.

Um Kosten auf eine Abrechnungseinheit zu buchen, gibt es sogenannte Kostensammler, auf denen die Kosten pro Abrechnungsperiode gesammelt werden. Wenn Buchungen auf eine Abrechnungseinheit erfolgen, ermittelt das System den Kostensammler anhand des angegebenen Abrechnungsbezugsdatums.

Die Abrechnungseinheit spielt eine zentrale Rolle bei der Festlegung der Kosten, die auf die Mietobjekte umgelegt werden. Hierbei wird zunächst entschieden, welche Nebenkosten (durch die Auswahl des passenden Nebenkostenschlüssels) auf welche Mietobjekte (anhand der Teilnahmegruppe) verteilt werden. Zudem wird der Abrechnungszeitraum bestimmt und die Bemessungsgröße festgelegt, nach der die

Kosten auf die Mietobjekte umgelegt werden. Eine sorgfältige Definition der Abrechnungseinheit ist somit von entscheidender Bedeutung, um eine transparente und gerechte Verteilung der Nebenkosten zu gewährleisten.

7.1.3 Vorverteilungs-Abrechnungseinheit

Wenn verschiedene Nebenkosten wie Heiz- und Warmwasserkosten vom Lieferanten für mehrere Abrechnungseinheiten gemeinsam in Rechnung gestellt werden, müssen diese nach einem bestimmten Schlüssel auf die jeweiligen Abrechnungseinheiten (im System gelegentlich als »AE« abgekürzt) verteilt werden. Hierfür werden spezielle Vorverteilungs-Abrechnungseinheiten definiert, auf denen die Kosten gesammelt und anhand derer die Berechnungsgrundlagen festgelegt werden. Diese Berechnungsgrundlagen können z. B. Bemessungen, Äquivalenzziffern, prozentuale Verteilungen oder Zählerstände sein.

Die Nebenkostenabrechnung bucht dann basierend auf diesen Berechnungsgrundlagen die Kosten auf die teilnehmenden Abrechnungseinheiten und verrechnet sie anteilig weiter. Dadurch wird die Kostentransparenz bis auf die Ebene der einzelnen Abrechnungseinheiten wiederhergestellt. Um die Kosten von der Vorverteilungs-Abrechnungseinheit auf die teilnehmenden Abrechnungseinheiten zu verteilen, müssen im Customizing der ursprünglich gebuchten Kostenart ein »Entlastungskonto Vorverteilungs-AE« und ein »empfangendes Konto von Vorverteilungs-AE« angegeben werden.

7.1.4 Zähler

Zur Erfassung von verbrauchsabhängigen Werten wie Wasser- oder Stromverbrauch werden Zähler eingesetzt. SAP RE-FX nutzt hierfür die Funktionen der Messpunkte und Messbelege aus SAP PM. Zähler können für verschiedene Objekte angelegt werden, darunter Abrechnungseinheiten sowie Mietobjekte. Durch die Zuordnung eines Zählers zu Abrechnungseinheiten und Mietobjekten kann eine mehrstufige

Zählerhierarchie abgebildet werden. Damit die verbrauchsabhängigen Kosten bei der Nebenkostenabrechnung berücksichtigt werden, müssen für jede Abrechnungsperiode mindestens zwei Zählerstände, d. h. ein Anfangs- und ein Endstand, erfasst worden sein.

Um eine Nebenkostenabrechnung nach Verbrauchswerten durchzuführen, müssen den Mietobjekten Zähler zugewiesen werden. Eine direkte Zuordnung von Zählern zu Mieteinheiten ist möglich. Zu den Zählern müssen Messbelege erfasst werden, die als Bezugsbasis für die Umlage herangezogen werden können. Voraussetzung hierfür ist die Definition der Bemessungsart als verbrauchsrelevant. Eine Kombination aus verbrauchsabhängiger Umlage und einer nach Fläche ist ebenfalls möglich.

7.1.5 Parameter in Vertrag und Mietobjekt

Bei der Nebenkostenabrechnung für ein Mietobjekt müssen die Bemessungsgrößen definiert werden, nach denen die Kosten verteilt werden. Hierbei können Bemessungsgrößen wie die Nutzfläche, Personenanzahl oder die Anzahl der Parkplätze verwendet werden. Im Immobilienvertrag zum Mietobjekt werden daher Festlegungen zur Verteilung der Kosten getroffen: Werden die Kosten anteilig auf den Mieter übertragen, gibt es Vorauszahlungen oder Pauschalen? Auch Sondervereinbarungen sind möglich, beispielsweise dass die Kosten nur zu 50 Prozent oder bis zu einem bestimmten Maximalbetrag weitergegeben werden.

7.2 Datenträgeraustausch Heizkosten

Falls Sie die Heizkostenabrechnung nicht selbst durchführen möchten, können Sie die Dienstleistungen eines externen Anbieters in Anspruch nehmen. Hierfür kennzeichnen Sie Abrechnungseinheiten als Datenträgeraustausch-Abrechnungseinheiten und verwenden sie für die externe Abrechnung mit anderen Unternehmen.

Zur Unterstützung des Datenaustauschs im Zusammenhang mit der externen Heizkostenabrechnung bietet SAP RE verschiedene Formate an:

- In SAP RE-FX wird das *Mieter-/Liegenschaftsband* generiert, um für das Abrechnungsunternehmen ersichtlich zu machen, welche Mieteinheiten an der Abrechnung teilnehmen und ob es Mieterwechsel innerhalb des Abrechnungszeitraums gegeben hat.
- Das Abrechnungsunternehmen stellt Ihnen das *Austauschband* zur Verfügung. Es enthält Informationen, unter welchen Schlüsseln die Daten Ihrer Mieter im System des externen Dienstleisters gespeichert sind. Diese Informationen müssen in SAP RE-FX importiert werden.
- Das Abrechnungsunternehmen ist für das Ablesen der Zählerstände und die Durchführung der Abrechnung verantwortlich. Sie erhalten das Abrechnungsergebnis vom Abrechnungsunternehmen in Form des *D-Bandes*.

Die Zuordnung der Nebenkosten zu den jeweiligen Abrechnungseinheiten bzw. Vorverteilungs-Abrechnungseinheiten erfolgt innerhalb der Finanzbuchhaltungskomponente. Das Abrechnungsbezugsdatum wird verwendet, um den Betrag automatisch in den entsprechenden Abrechnungszeitraum zu buchen. Der Informationsaustausch mit einer Abrechnungsfirma erfolgt über standardisierte *DTA-Bänder* per Datenträgeraustausch (DTA-Programm).

Um das D-Band in SAP zu importieren, nutzen Sie die Transaktion *RESCD*. Dabei geben Sie die Abrechnungs-ID an, für die das D-Band importiert werden soll. Die Daten vom D-Band werden anschließend automatisch mit Bezug auf die Abrechnungs-ID (IDENT. ABRECHNUNG) zwischengespeichert (siehe Abbildung 7.1).

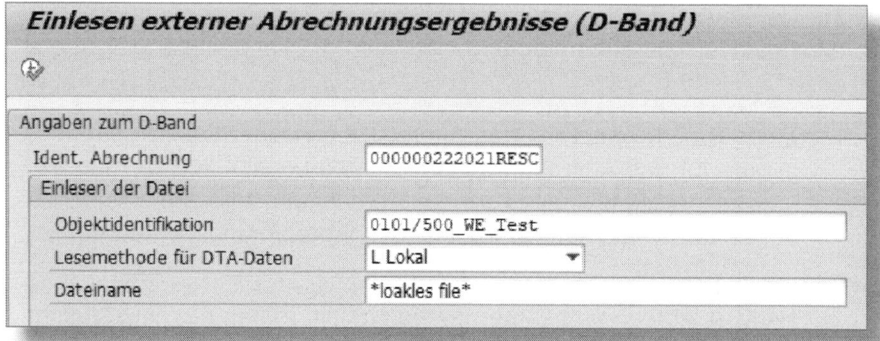

Abbildung 7.1: Einlesen externer Abrechnungsergebnisse

7.3 Abrechnungsprozess

Um eine erfolgreiche Nebenkostenabrechnung durchzuführen, müssen folgende Schritte durchlaufen werden:

1. Zunächst müssen die NKA-Stammdaten angelegt und alle gewünschten Objekte der Teilnahmegruppe zugeordnet werden.

2. Anschließend muss eine Abrechnungseinheit angelegt werden. Sie sollten prüfen, ob alle Kosten auf den Kostensammler gebucht wurden.

3. Im Vertragsmanagement müssen alle relevanten Verträge aktiviert sein. Falls Sondervereinbarungen für die Abrechnungsteilnahme erforderlich sind, müssen Sie diese vorab definieren. Das gilt ebenso für die Vertragsbemessungen. Des Weiteren müssen für die Mietobjekte die benötigten Bemessungsgrößen gepflegt sein.

4. Nach Durchlauf der Nebenkostenabrechnung müssen Sie periodische Buchungen durchführen.

7.3.1 Abrechnung ausführen (Transaktion RESCSE)

Die Nebenkostenabrechnung führen Sie mithilfe der Transaktion *RESCSE* durch (siehe Abbildung 7.2).

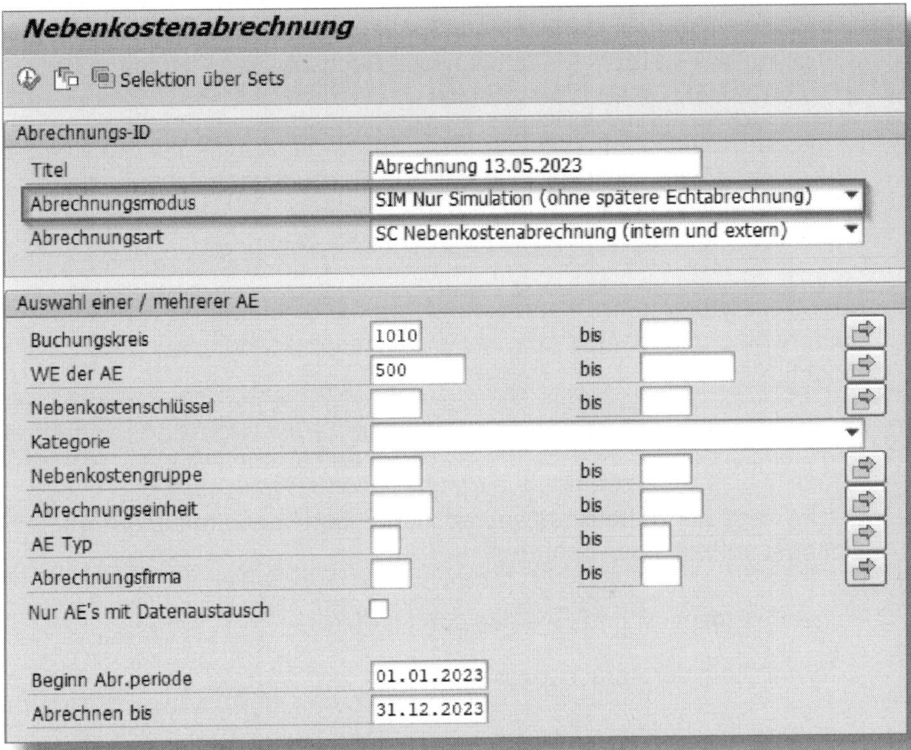

Abbildung 7.2: Nebenkostenabrechnung selektieren

Bestimmen Sie im Feld TITEL, unter welchem Namen die Abrechnung gespeichert werden soll. Das System generiert automatisch eine eindeutige Abrechnungsidentifikation, die aus einer laufenden Nummer, dem Ausführungsjahr und einem Suffix zusammengefügt ist.

In der Selektionsmaske des ersten Abschnitts (ABRECHNUNGS-ID) legen Sie über das Feld ABRECHNUNGSMODUS fest, ob die Abrechnung simuliert werden soll.

Es stehen verschiedene Abrechnungsmodi zur Verfügung:

- *Echtabrechnung:* Die Nebenkostenabrechnung wird im letzten Abrechnungsschritt direkt gebucht.
- *Simulation mit späterer Echtabrechnung:* Die Buchung der Nebenkostenabrechnung kann im letzten Abrechnungsschritt simuliert werden. Die tatsächliche Buchung muss jedoch in der Transaktion *RESCBC* erfolgen.
- *Nur Simulation (ohne spätere Echtabrechnung):* Die Abrechnung wird nicht gespeichert. Die Buchung der Nebenkostenabrechnung kann im letzten Abrechnungsschritt simuliert werden, aber es erfolgt keine tatsächliche Buchung.

Über ABRECHNUNGSART legen Sie fest, ob Sie eine interne Nebenkostenabrechnung oder eine externe Heizkostenabrechnung durchführen möchten.

In unserem Beispiel wurde im Feld WE DER AE die Wirtschaftseinheit *500* ausgewählt.

Der Prozess der Nebenkostenabrechnung besteht aus mehreren, aufeinander aufbauenden Schritten.

Folgende Prozessschritte werden durchlaufen:

1. Ermittlung der Abrechnungshierarchie
2. Ermittlung der Bezugsgröße
3. Kosten auf Abrechnungseinheit
4. Ermittlung der Vorauszahlungen
5. Externe Abrechnung M/L-Satz
6. Verteilung der Kosten
7. Guthaben/Forderungen berechnen
8. Buchen der Kosten simulieren

Das Abrechnungsschema bestimmt, wie die Buchungen gestaltet werden. Es wird per RECACUST • Parameter einer Abrechnung definieren • Abrechnungsprozess • Abrechnungsprozess • Parameter einer Abrechnung definieren gepflegt (siehe Abbildung 7.3). Auch aus dem Customizing geht hervor, dass das Abrechnungsschema (Abr. Schema) *ACT* für die Nebenkostenabrechnung aktiviert ist.

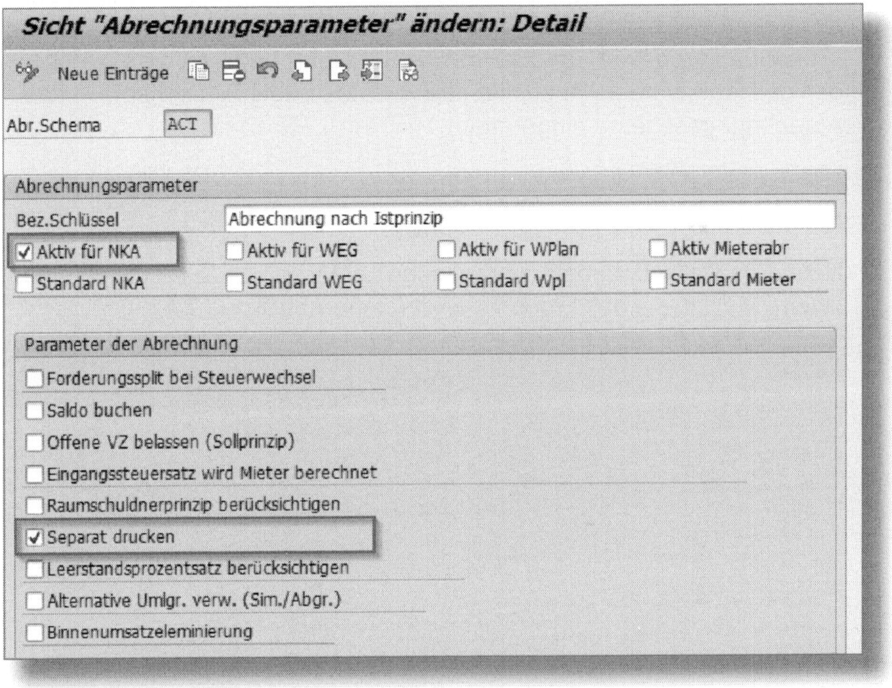

Abbildung 7.3: Parameter einer Abrechnung definieren

Hier können verschiedene Parameter festgelegt werden, wie z. B.:

- Raumschuldnerprinzip berücksichtigen: Dieses Kennzeichen kann gesetzt werden, um Mietverträge und Mieteinheiten bei der Nebenkostenabrechnung nach dem Raumschuldnerprinzip (österreichisches Mietrecht) abzurechnen.
- Separat drucken: Wenn Sie diese Checkbox aktivieren, wird die Korrespondenz nicht automatisch innerhalb der Abrechnung gedruckt.

Als weitere Customizing-Aktivität können Sie die Definition von Zuschlägen über RECACUST • NEBENKOSTENABRECHNUNG • ABRECHNUNGSPROZESS • BERECHNUNG VON ZUSCHLÄGEN DEFINIEREN durchführen. Das Zuschlagsschema gibt vor, ob und auf welche Weise Zuschläge zum Abrechnungsergebnis der Nebenkostenabrechnung hinzugerechnet werden. Dabei geben Sie den Zuschlag stets als prozentualen Satz des Abrechnungsergebnisses an, das sich wiederum aus dem Anteil ergibt, der einem Immobilienvertrag zugeordnet wurde – unabhängig davon, ob oder in welcher Höhe bereits Vorauszahlungen geleistet wurden. Anschließend wird das Zuschlagsschema in das Abrechnungsschema eingetragen.

Abrechnungsergebnisse

Nachdem die Nebenkostenabrechnung gestartet wurde, erscheint eine zweite Maske, die das Ergebnis zeigt (siehe Abbildung 7.4).

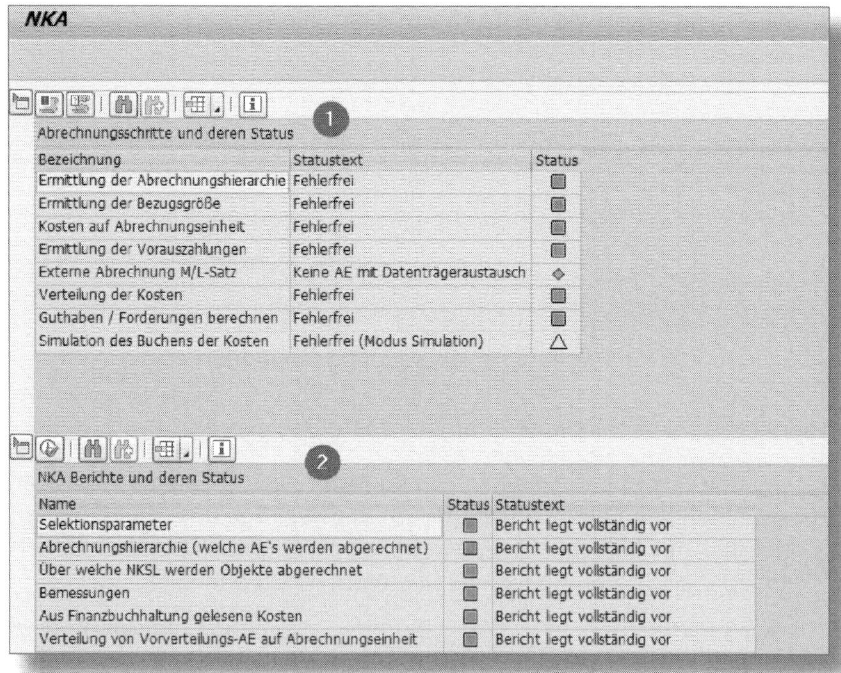
NKA

Abrechnungsschritte und deren Status

Bezeichnung	Statustext	Status
Ermittlung der Abrechnungshierarchie	Fehlerfrei	
Ermittlung der Bezugsgröße	Fehlerfrei	
Kosten auf Abrechnungseinheit	Fehlerfrei	
Ermittlung der Vorauszahlungen	Fehlerfrei	
Externe Abrechnung M/L-Satz	Keine AE mit Datenträgeraustausch	
Verteilung der Kosten	Fehlerfrei	
Guthaben / Forderungen berechnen	Fehlerfrei	
Simulation des Buchens der Kosten	Fehlerfrei (Modus Simulation)	

NKA Berichte und deren Status

Name	Status	Statustext
Selektionsparameter		Bericht legt vollständig vor
Abrechnungshierarchie (welche AE's werden abgerechnet)		Bericht legt vollständig vor
Über welche NKSL werden Objekte abgerechnet		Bericht legt vollständig vor
Bemessungen		Bericht legt vollständig vor
Aus Finanzbuchhaltung gelesene Kosten		Bericht legt vollständig vor
Verteilung von Vorverteilungs-AE auf Abrechnungseinheit		Bericht legt vollständig vor

Abbildung 7.4: Status der Abrechnungsschritte

Im oberen Teil ❶ sehen Sie eine Liste der Protokolle mit den Systemnachrichten, die den Fortschritt der ABRECHNUNGSSCHRITTE aufbereiten. Im unteren Teil ❷ können Sie die verfügbaren Abrechnungsberichte ablesen.

Es ist sinnvoll, detaillierte Informationen zum Status der Abrechnungsschritte aufzurufen, um anzuzeigen, ob ein Schritt mit Fehlern bzw. Warnungen oder aber fehlerfrei durchlaufen wurde. Über den Button (Abrechnungsprotokoll) lassen sich weitere Daten zum Status eines Abrechnungsschritts abrufen.

Die Symbole in der Spalte STATUS geben Auskunft darüber, ob ein Bericht ausgewählt werden kann und ob alle erforderlichen Informationen und Werte vorliegen. In unserem Beispiel sind alle notwendigen Werte für die Berichte vorhanden.

7.3.2 Abrechnung fortsetzen (Transaktion RESCCH)

Nach einer Unterbrechung können Sie die Nebenkostenabrechnung ab dem zuletzt durchgeführten Schritt fortsetzen. Dies ist insbesondere bei großen Abrechnungen sinnvoll, wenn Sie einen Schritt zunächst prüfen möchten, bevor Sie die Abrechnung weiterführen. Falls es fehlerhafte Schritte gab, müssen Sie diese korrigieren und erneut durchlaufen lassen.

7.3.3 Abrechnung festschreiben (Transaktion RESCFIX)

Nach erfolgreicher Durchführung der Abrechnungssimulation haben Sie die Möglichkeit, die Ergebnisse zu speichern. Hierfür müssen Sie den Abrechnungsmodus *Simulation mit späterer Echtabrechnung* ausgewählt haben (siehe Abbildung 7.2). Sobald Sie die NKA festgeschrieben haben, ermöglicht das System das Buchen für diese NKA (siehe Abbildung 7.5).

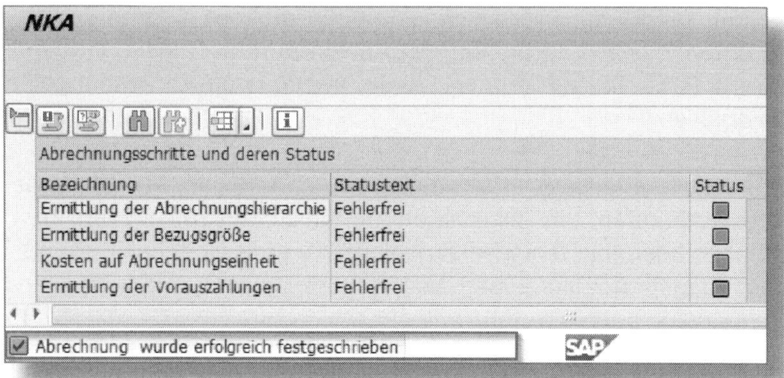

Abbildung 7.5: Erfolgreiche Festschreibung der Abrechnung

7.3.4 Abrechnung buchen (Transaktion RESCBC)

Nachdem Sie die Ergebnisse einer Abrechnungssimulation festgeschrieben haben, können Sie diese in einem separaten Schritt per Transaktion *RESCBC* buchen.

Abbildung 7.6 zeigt einen erfolgreich durchgeführten Lauf mit entsprechendem Protokoll.

7.3.5 Abrechnung stornieren (Transaktion RESCRV)

Es ist möglich, eine Nebenkostenabrechnung entweder komplett oder Schritt für Schritt per Transaktion *RESCRV* zu stornieren. Dabei ist zu beachten, dass bei jedem stornierten Schritt auch die davon abhängigen Schritte storniert werden.

```
Buchen der Abrechnung

Ref.Vorg. Referenzschlüssel     Vorg Belegkopftext     BuKr Belegdatum Buch.dat.  UmrechDat  Jahr Periode Art Referenz          Bel
Pos SK      Betrag Währg St Text                                  Hauptbk  BArt Objekt          Zuordnung            ZW ZSp ZBe

REACI     00000009202300000001 RFBU Abrechnung 13.05.2023 1010 13.05.2021 13.05.2023          2023    5 FX  000000092023RESC
   1    21.600,00  EUR  A1 * 01.01.2021-31.12.2021: Gu aus Abr: VZ BK Ert   63005600  4006 IV 1010/10001  0000000010001
   2    21.600,00- EUR  A1 * 01.01.2021-31.12.2021: Gu aus Abr: VZ BK Ert   41000600  4006 IV 1010/10001  0000000010001
   3     4.104,00  EUR  A1                                                   22000000
   4     4.104,00- EUR  A1                                                   22000000

REACI     00000009202300000002 RFBU Abrechnung 13.05.2023 1010 13.05.2021 13.05.2023          2023    5 FX  000000092023RESC
   1     3.000,00  EUR  A1 * 01.01.2021-31.12.2021: Gu aus Abr: VZ BK Ert   63005600  4006 IV 1010/10002  0000000010002
   2     3.000,00- EUR  A1 * 01.01.2021-31.12.2021: Gu aus Abr: VZ BK Ert   41000600  4006 IV 1010/10002  0000000010002
   3     1.800,00  EUR  A1 * 01.01.2021-31.12.2021: Gu aus Abr: VZ BK Ert   63005600  4006 IV 1010/10002  0000000010002
   4     1.800,00- EUR  A1 * 01.01.2021-31.12.2021: Gu aus Abr: VZ BK Ert   41000600  4006 IV 1010/10002  0000000010002
   5       570,00  EUR  A1                                                   22000000
   6       570,00- EUR  A1                                                   22000000
   7       342,00  EUR  A1                                                   22000000
   8       342,00- EUR  A1                                                   22000000

REACI     00000009202300000003 RFBU Abrechnung 13.05.2023 1010 13.05.2021 13.05.2023          2023    5 FX  000000092023RESC
   1     7.200,00  EUR  A1 * 01.01.2021-31.12.2021: Gu aus Abr: VZ BK Ert   63005600  4006 IV 1010/10003  0000000010003
   2     7.200,00- EUR  A1 * 01.01.2021-31.12.2021: Gu aus Abr: VZ BK Ert   41000600  4006 IV 1010/10003  0000000010003
   3     1.368,00  EUR  A1                                                   22000000
   4     1.368,00- EUR  A1                                                   22000000

REACI     00000009202300000004 RFBU Abrechnung 13.05.2023 1010 13.05.2021 13.05.2023          2023    5 FX  000000092023RESC
   1     6.480,00  EUR  A1 * 01.01.2021-31.12.2021: Gu aus Abr: VZ BK Ert   63005600  4006 IV 1010/10004  0000000010004
   2     6.480,00- EUR  A1 * 01.01.2021-31.12.2021: Gu aus Abr: VZ BK Ert   41000600  4006 IV 1010/10004  0000000010004
   3     1.231,20  EUR  A1                                                   22000000
   4     1.231,20- EUR  A1                                                   22000000

REACI     00000009202300000005 RFBU Abrechnung 13.05.2023 1010 13.05.2021 13.05.2023          2023    5 FX  000000092023RESC
   1     1.782,00  EUR  A1 * 01.01.2021-31.12.2021: Gu aus Abr: VZ BK Ert   63005600  4006 IV 1010/10005  0000000010005
   2     1.782,00- EUR  A1 * 01.01.2021-31.12.2021: Gu aus Abr: VZ BK Ert   41000600  4006 IV 1010/10005  0000000010005
   3       338,58  EUR  A1                                                   22000000
   4       338,58- EUR  A1                                                   22000000

REACI     00000009202300000006 RFBU Abrechnung 13.05.2023 1010 13.05.2021 13.05.2023          2023    5 FX  000000092023RESC
   1    27.000,00  EUR  A1 * 01.01.2021-31.12.2021: Gu aus Abr: VZ BK Ert   63005600  4006 IV 1010/10006  0000000010006
   2    27.000,00- EUR  A1 * 01.01.2021-31.12.2021: Gu aus Abr: VZ BK Ert   41000600  4006 IV 1010/10006  0000000010006
   3     5.130,00  EUR  A1                                                   22000000
   4     5.130,00- EUR  A1                                                   22000000
```

Abbildung 7.6: Buchen der Abrechnung

7.4 Nebenkostenkorrespondenz erstellen

Um die Korrespondenz zur Nebenkostenabrechnung zu drucken, können Sie entweder einen Prozessschritt innerhalb der Abrechnung ausführen oder die Korrespondenz separat drucken. Im letzteren Fall muss im Customizing des Abrechnungsschemas das Kennzeichen SEPARAT DRUCKEN gesetzt sein, wie in Abbildung 7.3 gezeigt. Für den separaten Druck rufen Sie die Transaktion *RECPA550* auf.

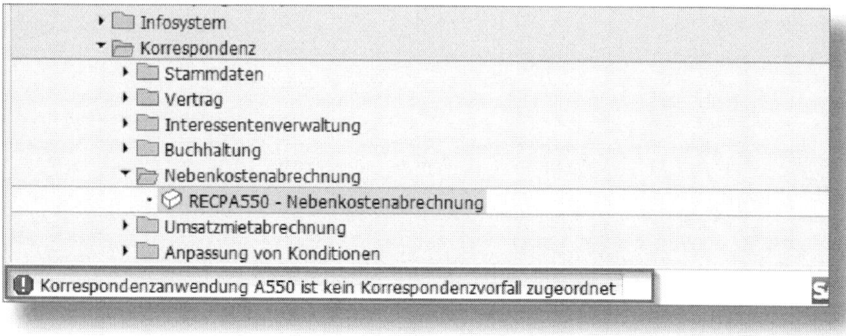

Abbildung 7.7: Nebenkostenabrechnung – Korrespondenz

Beim Aufruf dieser Transaktion aus dem SAP-Menü heraus, wie in Abbildung 7.7 dargestellt, wird die Meldung KORRESPONDENZANWENDUNG A550 IST KEIN KORRESPONDENZVORFALL ZUGEORDNET angezeigt. Es ist also erforderlich, die Einstellungen im Customizing zu überprüfen.

Umgang mit der Fehlermeldung

In SAP RE-FX werden Korrespondenzvorfälle im Customizing Korrespondenzanwendungen zugeordnet. Ist dies nicht geschehen, erscheint die Fehlermeldung aus Abbildung 7.7.

In der Standardauslieferung von SAP sind noch keine Korrespondenzanwendungen definiert und keine zugehörigen Korrespondenzvorfälle verknüpft. Diese müssen Sie mittels der Transaktion RECACUST • KORRESPONDENZ • KORRESPONDENZANWENDUNGEN DEFINIEREN UND VORFÄLLE ZUORDNEN hinzufügen.

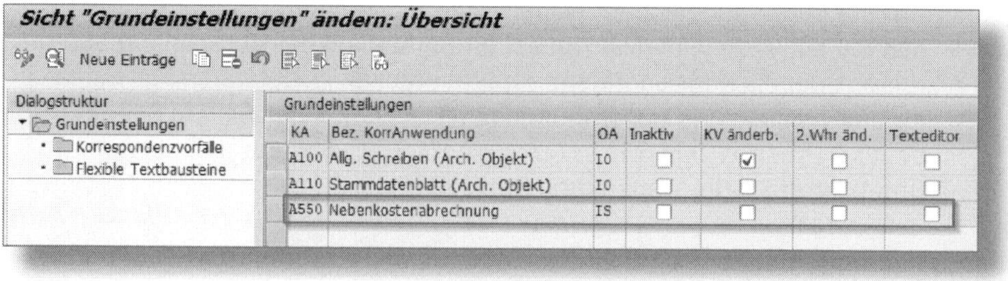

Abbildung 7.8: Anwendungen definieren und Vorfälle zuordnen

In der Customizing-Aktivität, wie in Abbildung 7.8 zu sehen, müssen Sie zuerst die GRUNDEINSTELLUNGEN für Ihre Korrespondenzanwendungen festlegen und dann jedem Korrespondenzanwendungsfall einen oder mehrere KORRESPONDENZVORFÄLLE zuweisen. Ordnen Sie in diesem Abschnitt den Korrespondenzanwendungen die zulässigen Korrespondenzvorfälle zu. Markieren Sie die jeweilige Korrespondenzanwendung und doppelklicken Sie in der Dialogstruktur auf KORRESPONDENZVORFÄLLE. Wählen Sie dann NEUE EINTRÄGE aus. Wenn Sie einen Korrespondenzvorfall als Vorschlagswert definieren möchten, setzen Sie das Kennzeichen »Default«.

7.5 Kontenfindung

Die Kosten, die bei der Nebenkostenabrechnung umgelegt werden müssen, werden auf Kostenartenkonten gebucht und auf Abrechnungseinheiten kontiert. Für jedes dieser Kostenartenkonten definieren Sie im Customizing mittels der Transaktion RECACUST • NEBENKOSTENABRECHNUNG • ABRECHNUNGSPROZESS • BUCHHALTUNG: KONTENFINDUNG UND KONTEN FÜR UMLAGEFÄHIGE KOSTEN ein Set von Verrechnungskonten. Dieses Set bestimmt die Sachkonten oder Kostenarten, die zur Entlastung des ursprünglichen Kostenartenkontos und zur Aufteilung der Kosten verwendet werden.

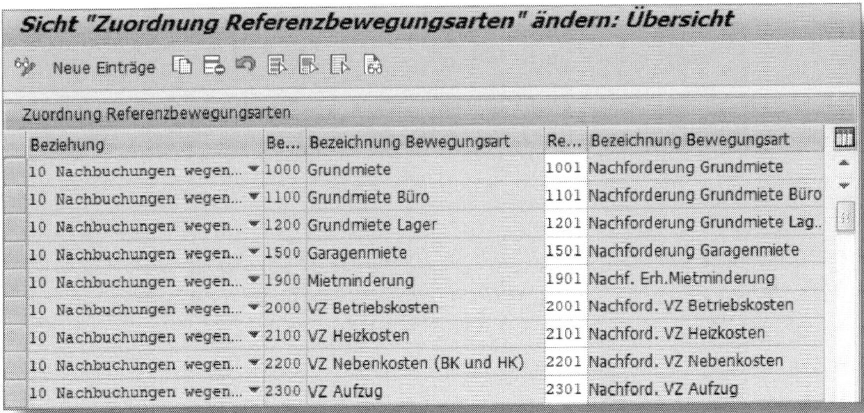

Sicht "Zuordnung Referenzbewegungsarten" ändern: Übersicht

Neue Einträge

Zuordnung Referenzbewegungsarten

Beziehung	Be...	Bezeichnung Bewegungsart	Re...	Bezeichnung Bewegungsart
10 Nachbuchungen wegen...	1000	Grundmiete	1001	Nachforderung Grundmiete
10 Nachbuchungen wegen...	1100	Grundmiete Büro	1101	Nachforderung Grundmiete Büro
10 Nachbuchungen wegen...	1200	Grundmiete Lager	1201	Nachforderung Grundmiete Lag..
10 Nachbuchungen wegen...	1500	Garagenmiete	1501	Nachforderung Garagenmiete
10 Nachbuchungen wegen...	1900	Mietminderung	1901	Nachf. Erh.Mietminderung
10 Nachbuchungen wegen...	2000	VZ Betriebskosten	2001	Nachford. VZ Betriebskosten
10 Nachbuchungen wegen...	2100	VZ Heizkosten	2101	Nachford. VZ Heizkosten
10 Nachbuchungen wegen...	2200	VZ Nebenkosten (BK und HK)	2201	Nachford. VZ Nebenkosten
10 Nachbuchungen wegen...	2300	VZ Aufzug	2301	Nachford. VZ Aufzug

Abbildung 7.9: Referenzbewegungsart Forderung/Gutschrift NKA

Abbildung 7.9 gibt an, welchen Bewegungsarten wiederum welche Referenzbewegungsarten zugeordnet sind.

In dieser Konfigurationsaktivität legen Sie fest, welche Konten für die Verbuchung von umlagefähigen Kosten auf Abrechnungseinheiten oder direkt auf Verträge oder Mietobjekte verwendet werden können. Darüber hinaus bestimmen Sie, welche Folgebuchungen für die jeweiligen Konten vorgenommen werden sollen, beispielsweise die Entlastung der Abrechnungseinheit, die Belastung des Mietobjekts und Vertrags oder die Korrektur der Vorsteuer.

8 Wartung und Instandhaltung

Es liegt in der Verantwortung Ihres Unternehmens sicherzustellen, dass alle Anlagen jederzeit betriebsbereit sind und dass regelmäßige Wartungs- und Überwachungsarbeiten an Geräten und Gebäudeteilen durchgeführt werden, um (Folge-)Schäden zu vermeiden. Des Weiteren sollten alle Schäden aufgenommen, behoben und die Kosten hierfür erfasst werden.

8.1 Stammdaten

In diesem Abschnitt wird erläutert, welche Stammdaten für Prozesse in der geplanten und ungeplanten Instandhaltung benötigt werden. Überdies beschreibe ich die verschiedenen Arten von Wartung und die damit verbundenen Finanzprozesse.

Im Modul SAP EAM werden relevante Informationen für die Instandhaltung in Form von Technischen Plätzen gespeichert. Diese Plätze sind hierarchisch aufgebaut und können mit Technischen Anlagen, genannt Equipments, verknüpft sein. Im Gegensatz zu Equipments sind Technische Plätze ortsfest und können nicht ein- oder ausgebaut werden.

> **Unterscheidung SAP PM und SAP EAM**
>
> SAP EAM (Enterprise Asset Management) ist das integrierte Nachfolgesystem von SAP PM (Plant Maintenance) in SAP S/4HANA, es bietet alle Funktionen von SAP PM sowie zusätzliche Anwendungsmöglichkeiten.

Durch die Integration in das Instandhaltungsmodul werden alle gebäudetechnischen Prozesse unterstützt, einschließlich der Instandhaltung von Mietflächen, dem Management von Dienstleistungen und der Haustechnik. Auf diese Weise kann gewährleistet werden, dass alle

Anlagen stets betriebsbereit sind und dass sämtliche Equipments und Gebäudeteile regelmäßig gewartet und überwacht werden, um mögliche Schäden zu vermeiden. Jegliche Schäden lassen sich verfolgen und beheben, wobei die Kosten beispielsweise im SAP-Projektsystem für geplante und ungeplante Instandhaltungsmaßnahmen im Auge behalten werden können. Des Weiteren können Dienstleistungen an externe Partner vergeben und die Modernisierungs- und Instandhaltungsmaßnahmen überwacht werden.

8.1.1 Technischer Platz

Es ist möglich, mithilfe von SAP RE-FX externe Objekte zu erstellen und diese Immobilienobjekten zuzuordnen. Zu solchen Objekten gehören die Technischen Plätze. Hierbei handelt es sich um Stammdatenobjekte aus der Logistik, die die Instandhaltungsobjekte eines Unternehmens nach funktionalen oder prozessrelevanten Kriterien darstellen. Sie repräsentieren Orte oder technische Systeme, an denen Instandhaltungsmaßnahmen durchgeführt werden können, und sind hierarchisch geordnet, um komplexe Anlagenstrukturen abzubilden.

In SAP RE-FX können Technische Plätze genutzt werden, um technische Systeme, Gebäude oder Gebäudeteile abzubilden. Sie enthalten Informationen zu geografischen Standorten, organisatorischen Zuordnungen wie Buchungskreis, Anlagevermögen und Kostenstelle sowie zu den zugehörigen Arbeitsplätzen.

Für Immobilienprozesse können Sie hierarchisch strukturierte Technische Plätze den Immobilienstammdatenobjekten der Nutzungssicht oder der architektonischen Sicht zuordnen. Dies bildet die Basis für die Durchführung von Instandhaltungsmaßnahmen und sind auf die Kostenüberwachung bei diesen Aufgaben ausgerichtet.

8.1.2 Equipment

Equipment ist ein weiteres Stammdatenobjekt aus der Logistik, das mit Immobilienobjekten verknüpft werden kann. Innerhalb von SAP ist Equipment definiert als »unabhängiges physisches Einzelobjekt, das instand gehalten werden muss«. Es wird in SAP PM als Stammdatenobjekt klassifiziert. Beispiele für Equipments sind Pumpen, Motoren und Fahrzeuge, für die Instandhaltungsmaßnahmen erfasst und durchgeführt werden. Equipment kann an Technischen Plätzen installiert sein und mit einem Material verknüpft werden, sofern die Funktionen der Bestandsführung verwendet werden sollen. Die Stammdaten des Equipments enthalten z. B. allgemeine Daten wie Anschaffungswert und Baujahr sowie Instandhaltungs-, Standort- und Seriennummern.

8.2 Integration in SAP RE-FX

Es besteht die Möglichkeit, dass für Immobilienobjekte automatisch Technische Plätze erstellt werden. Sie können festlegen, ob der Technische Platz nur erstellt und zugeordnet oder nach jeder Änderung des Immobilienobjekts aktualisiert werden soll. Die entsprechenden Einstellungen nehmen Sie per RECACUST • ÜBERGREIFENDE EINSTELLUNGEN ZU STAMMDATEN UND VERTRAG • TECHNISCHE PLÄTZE/ANLAGEN/PROJEKTE/CO-AUFTRÄGE ZUORDNEN vor.

Außerdem können Sie die Zuordnung von Technischen Plätzen zu Immobilienobjekten auf eine Eins-zu-eins-Beziehung pro Objektart beschränken. In diesem Fall überprüft das System vor der Zuordnung, ob der Technische Platz bereits einem anderen Immobilienobjekt zugewiesen ist.

Um kundenindividuelle Anforderungen ohne Änderungen am Code vornehmen zu können, besteht die Möglichkeit, die BAdI-Erweiterung *BADI_REEX_FUNC_LOC* für die Anbindung zu nutzen.

Automatisches Anlegen

Falls die automatische Anlage bzw. Aktualisierung von Technischen Plätzen gewünscht ist, werden diese Plätze entsprechend angelegt oder aktualisiert, wenn die zugehörigen Immobilienobjekte angelegt oder geändert werden.

Via RECACUST • ÜBERGREIFENDE EINSTELLUNGEN ZU STAMMDATEN UND VERTRAG • ZUORDNUNG VON OBJEKTEN ANDERER KOMPONENTEN • PM-ANBINDUNG • PM-ANBINDUNG: EINSTELLUNGEN PRO OBJEKTART DEFINIEREN pflegen Sie, ob und wie ein Technischer Platz angelegt wird. Wenn die automatische Aktualisierungsoption aktiviert ist, passt das System die Hierarchie der Technischen Plätze entsprechend der Immobilienobjekthierarchie an.

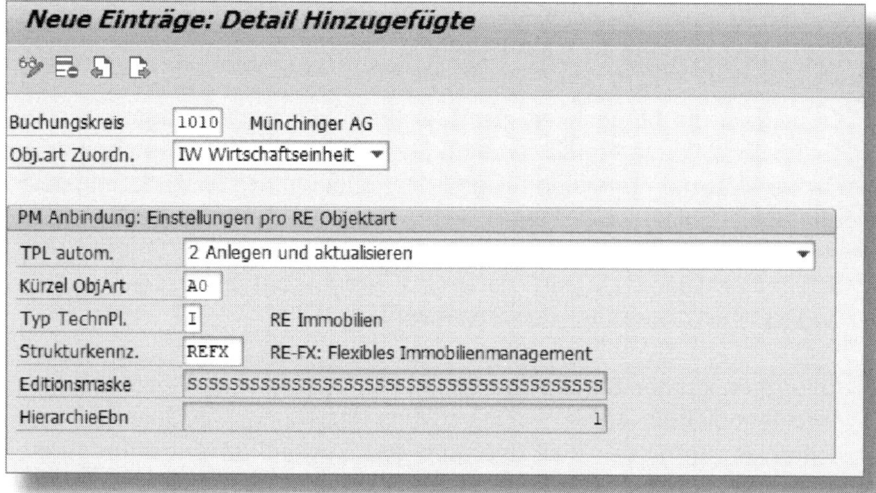

Abbildung 8.1: Einstellungen PM-Anbindung

Im Customizing legen Sie fest, wie ein Technischer Platz angelegt werden soll (siehe Abbildung 8.1). Diese Einstellungen nehmen Sie separat für jeden Buchungskreis vor, in dem Immobilienobjekte geführt werden. Beachten Sie, dass die Einstellung nicht automatisch für Buchungskreise gilt, für die Sie keine Anpassungen durchgeführt haben.

Dazu geben Sie einen BUCHUNGSKREIS und den Objekttyp der Nutzungssicht (OBJ.ART ZUORDN.) an, in unserem Fall die *IW Wirtschaftseinheit*. Falls Sie sich dafür entscheiden, keine automatische Anlage von Technischen Plätzen zuzulassen, können Sie manuell Technische Plätze während der Bearbeitung der Stammdaten für Nutzungsobjekte des jeweiligen Typs erstellen oder bereits existierende Technische Plätze mit Nutzungsobjekten des Typs verknüpfen.

In den Feldern TYP TECHNPL. und STRUKTURKENNZ. geben Sie die gewünschten Eigenschaften an, die die Technischen Plätze für diesen Objekttyp haben sollen.

Instandhaltungsmeldungen

Durch die Konfiguration von RECACUST • ÜBERGREIFENDE EINSTELLUNGEN ZU STAMMDATEN UND VERTRAG • ZUORDNUNG VON OBJEKTEN ANDERER KOMPONENTEN • PM-ANBINDUNG • PM-MELDUNGEN PRO OBJEKTART DEFINIEREN legen Sie fest, welche Vorgehensweise für das Anlegen dieser Meldungen angewendet werden soll (siehe Abbildung 8.2).

Wenn Technische Plätze mit Immobilienobjekten verknüpft sind, können Störungsmeldungen, Serviceaufträge oder Instandhaltungsaufträge direkt aus dem jeweiligen Immobilienobjekt heraus erzeugt werden. Beim Erstellen einer Störungsmeldung werden die geplanten Kosten für die Aufgabe auf Basis der geschätzten Dauer und der verwendeten Leistungsart automatisch generiert. Sobald der Auftrag bestätigt ist, werden die projektierten in tatsächliche Kosten umgewandelt. Im Immobilieninformationssystem können Instandhaltungskosten, die in Verbindung mit den Technischen Plätzen stehen, den Immobilienobjekten zugeordnet werden.

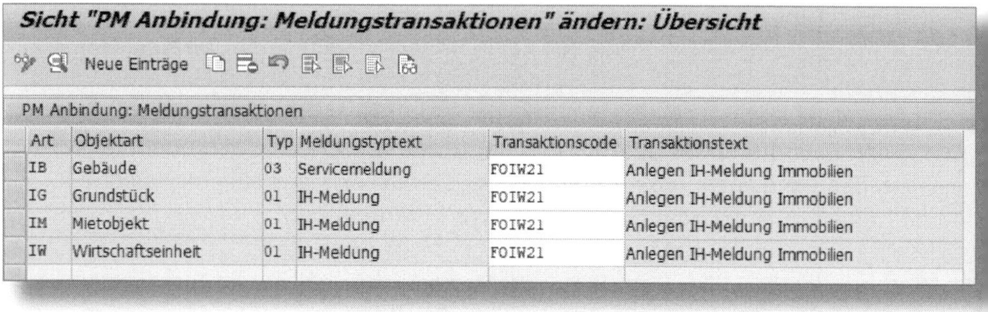

Sicht "PM Anbindung: Meldungstransaktionen" ändern: Übersicht

Neue Einträge

PM Anbindung: Meldungstransaktionen

Art	Objektart	Typ	Meldungstyptext	Transaktionscode	Transaktionstext
IB	Gebäude	03	Servicemeldung	FOIW21	Anlegen IH-Meldung Immobilien
IG	Grundstück	01	IH-Meldung	FOIW21	Anlegen IH-Meldung Immobilien
IM	Mietobjekt	01	IH-Meldung	FOIW21	Anlegen IH-Meldung Immobilien
IW	Wirtschaftseinheit	01	IH-Meldung	FOIW21	Anlegen IH-Meldung Immobilien

Abbildung 8.2: PM-Meldungen pro Objektart definieren

Falls nicht im Customizing über die entsprechenden Transaktionen kundeneigene Erfassungsmasken für die Meldungen definiert wurden, können Sie auch die Transaktion eingeben, über die die Meldungen erfasst werden sollen. In diesem Fall sollten Sie die von SAP RE-FX vorgesehene Standardtransaktion *FOIW21* zur Erfassung von Meldungen aus den RE-Stammdaten verwenden.

9 IFRS-16-Leasingbuchhaltung

Dieses Kapitel behandelt die Umsetzung des IFRS-16-Standards mit SAP RE-FX. Im Fokus steht dabei die Funktionserweiterung SAP Contract and Lease Management (RE-FX-LA). Dies ist eine neue Komponente innerhalb von SAP RE-FX, die das Verwalten und Bewerten von Leasingverträgen ermöglicht. Ein wesentlicher Aspekt sind die angewendeten Bewertungsregeln. Auch bei der Kontenfindung gibt es einige Punkte zu beachten. Ein weiteres wichtiges Thema in diesem Kapitel ist die Migration von Leasingverträgen nach SAP RE-FX. Es wird erläutert, wie eine solche Migration erfolgen kann und worauf Sie bei der Umstellung achten müssen.

9.1 SAP Contract and Lease Management

Am 13. Januar 2016 hat das International Accounting Standards Board den neuen Rechnungslegungsstandard für Leasingverhältnisse, nämlich IFRS 16 Leases, veröffentlicht. Dieser Standard ist seit Januar 2019 in Kraft und hat vor allem Auswirkungen auf die Rechnungslegung von Leasingnehmern. Gemäß den neuen Rechnungslegungsstandards müssen Unternehmen nahezu alle Arten von Leasingverträgen (mit wenigen Ausnahmen) als Right-of-Use-Anlage und Leasingverbindlichkeit erfassen. Für Unternehmen mit zahlreichen Leasingverhältnissen bedeutet dies einen Anstieg der erfassten Finanzverbindlichkeiten und Anlagen sowie die Notwendigkeit, eine geeignete Softwarelösung zur Verwaltung der Verträge, Bewertungen und Bilanzierungen auszuwählen. Es liegt nahe, dass sich viele SAP-Kunden für eine vollständig in das SAP-Finanzwesen integrierte Lösung entscheiden, um diesen Anforderungen gerecht zu werden.

SAP RE-FX-LA ist eine Erweiterung von SAP RE-FX, die auf der in Kapitel 3 beschriebenen Vertragsmanagementlösung basiert. Ich möchte nun einige der neuen technischen Funktionen dieser Lösung in den Mittelpunkt stellen.

Zunächst steht mit dem *Vertragsgegenstand* ein neuer Objekttyp speziell für Leasingverträge zur Verfügung. Zudem können Sie Bewertungsregeln festlegen und diese Verträgen sowie Vertragskonditionen zuordnen. Für die entsprechenden Leasingobjekte können in der Anlagenbuchhaltung automatisch Right-of-Use-Anlagen definiert werden.

Massenpflegefunktionen für das Anlegen und Ändern von Bewertungsregeln sowie Verträgen sind verfügbar. Das SAP-Informationssystem stellt außerdem verschiedene Standardberichte bereit, um Verträge und Bewertungsergebnisse auszuwerten.

Des Weiteren können Bewertungsläufe und Bewertungsbuchungen im Simulationsmodus durchgeführt werden, und es sind ferner Massenstornos möglich.

Sie können separate Berechtigungen für Immobilien- und Leasingverträge vergeben. Das Customizing wurde erweitert, um Bewertungsregeln mit der dazugehörigen Kontenfindung an die Unternehmensanforderungen anzupassen.

Die Funktionen von SAP RE-FX-LA erweitern die Funktionalität von SAP RE-FX. Es gibt verschiedene Ansätze für Implementierungsprojekte, abhängig vom Umfang der zu implementierenden Funktionen und der vorhandenen SAP-Systemlandschaft. Wenn Ihr Unternehmen bereits SAP RE-FX nutzt, können Sie die Funktionen zur Vertragsverwaltung auch weiterhin verwenden.

Insgesamt steht Unternehmen nun eine umfassende Lösung zur Verfügung, die eine effektive Vertragsverwaltung sowie eine automatisierte Bewertung von Leasingverträgen ermöglicht. Darüber hinaus bietet das System eine zuverlässige Vertragsüberwachung.

IFRS 16 vorab testen

Je nach verfügbaren Ressourcen und Zeitplan kann es vorteilhaft sein, für die Konzeption sowie für das Prototyping ein Sandbox-System zu nutzen. Mit diesem Ansatz lassen sich Analyse und Definition der Systemeinstellungen und Konzepte auf Basis von realen Vertragsdaten durchführen, ohne dass das tatsächliche Geschäft oder andere wichtige Geschäftsprozesse beeinträchtigt würden.

Selbst wenn Ihr Unternehmen SAP RE-FX nicht verwendet, ist eine Nutzung der Bewertungsfunktionen möglich. Hierzu implementieren Sie lediglich die Vertragsverwaltung und nehmen die erforderlichen Customizing-Einstellungen für die Integration mit der SAP-Finanzbuchhaltung (FI), der Anlagenbuchhaltung (FI-AA) und den Controlling-Komponenten (CO) vor.

9.2 Beispiel für einen Vertragsbewertungsprozess

Anmietung eines Hardwareservers

Das folgende Beispiel behandelt die Anmietung von Hardwareservern für eine Citrix-Farm. Die Kosten müssen jährlich nachschüssig gezahlt werden, die Laufzeit beträgt fünf Jahre, die jährliche Leasingrate 45.000 Euro. Um die Anwendung der IFRS-16-Bewertung mit SAP RE-FX-LA zu erläutern, habe ich bewusst einen Fall außerhalb des Kontexts von Immobilienleasing gewählt, da nach den neuen Standards nicht nur Immobilien, sondern auch andere Vermögenswerte berücksichtigt werden.

Um den Wert der Verbindlichkeit zu ermitteln, müssen Sie für jede Periode die Tilgung berechnen, die sich aus dem jeweiligen Zinssatz von fünf Prozent ergibt. Die Summe aller Tilgungen entspricht dem Wert der Verbindlichkeit. In diesem Fall gibt es außer den jährlichen nachschüssigen Zahlungen keine weiteren Verpflichtungen, daher sind die Werte für das Right-of-Use (RoU) und die Verbindlichkeit identisch.

Da ein linearer Ansatz für die Abschreibung angewendet wird, muss der RoU-Wert durch die Anzahl der Perioden geteilt werden. Auf diese Weise erreicht der Barwert am Ende des fünften Jahres den Nullpunkt.

► **Vertragsanlage**

Der Prozess beginnt mit der Anlage des Leasingvertrags im System. Hier werden relevante Informationen wie Vertragspartner, Laufzeit, Zahlungsbedingungen, Leasinggegenstand und weitere Vertragsdetails erfasst (siehe Abbildung 9.1).

Im Abschnitt OBJEKT/PARTNER wird der kreditorische Vertragspartner (KREDITORISCHER VERTR...), also der Leasinggeber, angezeigt ❶. Diese Informationen sind auch im Reiter PARTNER im Detail abrufbar.

Die im Vertrag festgelegten Laufzeiten ❷ können bei Vertragsänderungen entsprechend aktualisiert werden.

Der Bereich VERTRAG ❸ ermöglicht die Pflege der meisten relevanten Felder. Dazu gehören die VERTRAGSBEZEICHNUNG und das Datum des VERTRAGSABSCHLUSSES. Besonders wichtig bei Migrationen aus Vorsystemen ist die Nummer des ALTVERTRAGS, die bei zukünftigen Berichten von Bedeutung sein kann.

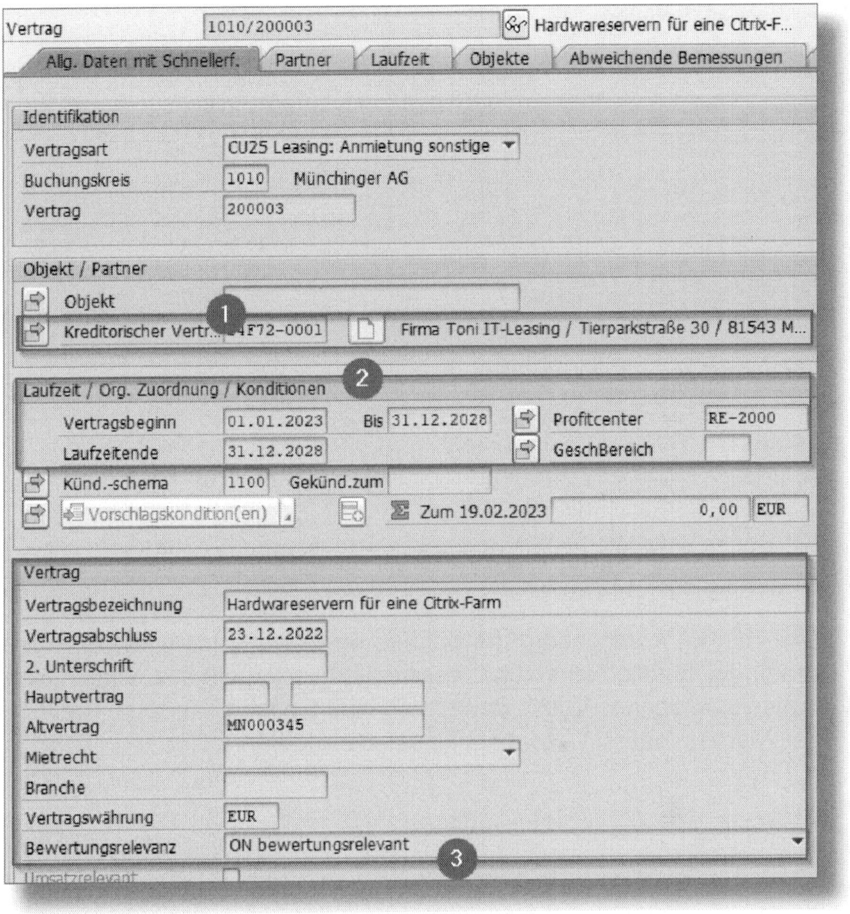

Vertrag 1010/200003 Hardwareservern für eine Citrix-F...

Allg. Daten mit Schnellerf. | Partner | Laufzeit | Objekte | Abweichende Bemessungen

Identifikation

Vertragsart CU25 Leasing: Anmietung sonstige

Buchungskreis 1010 Münchinger AG

Vertrag 200003

Objekt / Partner

Objekt

1 Kreditorischer Vertr... 24F72-0001 Firma Toni IT-Leasing / Tierparkstraße 30 / 81543 M...

2 Laufzeit / Org. Zuordnung / Konditionen

Vertragsbeginn 01.01.2023 Bis 31.12.2028 Profitcenter RE-2000

Laufzeitende 31.12.2028 GeschBereich

Künd.-schema 1100 Gekünd.zum

Vorschlagskondition(en) Zum 19.02.2023 0,00 EUR

Vertrag

Vertragsbezeichnung Hardwareservern für eine Citrix-Farm

Vertragsabschluss 23.12.2022

2. Unterschrift

Hauptvertrag

Altvertrag MN000345

Mietrecht

Branche

Vertragswährung EUR

Bewertungsrelevanz ON bewertungsrelevant 3

Umsatzrelevant

Abbildung 9.1: IFRS-16-Leasingvertrag anlegen

- **Vertragsfreigabe**

Nach der Anlage und Freigabe bzw. Aktivierung per wird der Leasingvertrag im System freigegeben und automatisch zur Bewertung vorgemerkt.

Abbildung 9.2: Aktiver Vertrag

Sobald der Vertrag auf dem Reiter »Allgemeine Daten« den SYSTEMSTATUS *AKTV FREI* besitzt (siehe Abbildung 9.2), ist er für die weitere Bearbeitung gemäß IFRS 16 bereit.

- **Bewertung**

SAP RE-FX-LA verwendet die definierten Bewertungsregeln, um den Leasingverbindlichkeits- und Vermögenswertanteil des Leasingvertrags zu berechnen. Diese Bewertung wird typischerweise im Rahmen des Monats- oder Jahresabschlusses durchgeführt.

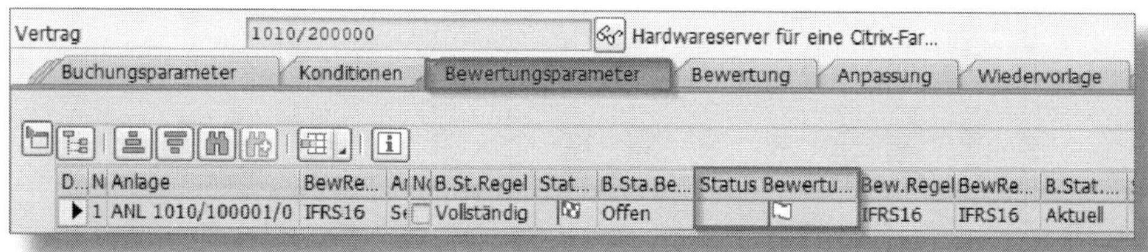

Abbildung 9.3: Offene Vertragsbewertung

Die Bewertung kann entweder durch Massentransaktionen oder im Vertragsdialog für einen spezifischen Vertrag erfolgen. Für die Durchführung der Bewertung können die Transaktionen *RECEPR* (Massenausführung von Vertragsbewertungen) und *RECEEP* (Buchung von Vertragsbewertungen) genutzt werden. In unserem Beispiel in Abbildung 9.3 werden wir alle Schritte aus dem Vertragsdialog heraus tätigen. Auf dem Reiter BEWERTUNGSPARAMETER im Feld Status Bewertung (STATUS BEWERTU...) können Sie anhand des Icons erkennen, dass bislang keine Bewertung vorgenommen wurde.

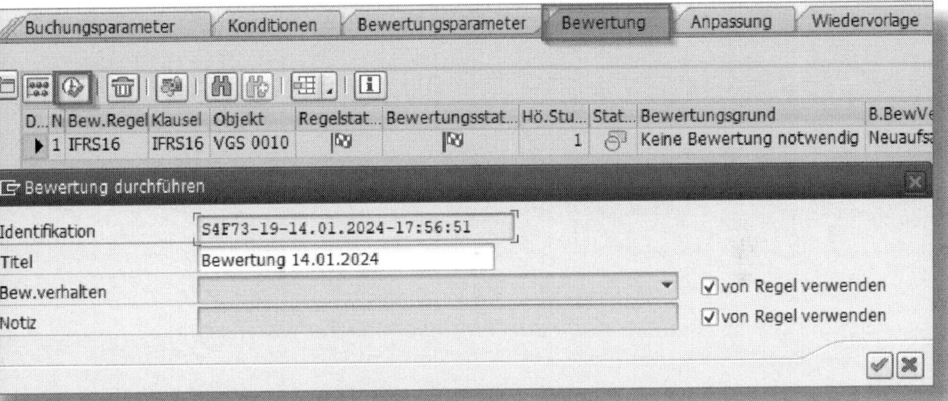

Abbildung 9.4: Bewertung buchen

Um die Bewertung zu buchen, gehen Sie auf den Reiter BEWERTUNG (siehe Abbildung 9.4). Überprüfen Sie die Daten, und starten Sie den manuellen Bewertungslauf durch Klicken auf den Button (Ausführen).

- **Verbuchung**

Nach Abschluss der Bewertung werden die Ergebnisse in die Buchhaltung integriert und in der Bilanz ausgewiesen.

- **Überwachung**

Während der Laufzeit des Leasingvertrags überwacht das System automatisch die relevanten Termine und Zahlungen und generiert – falls erforderlich – entsprechende Warnungen oder Benachrichtigungen.

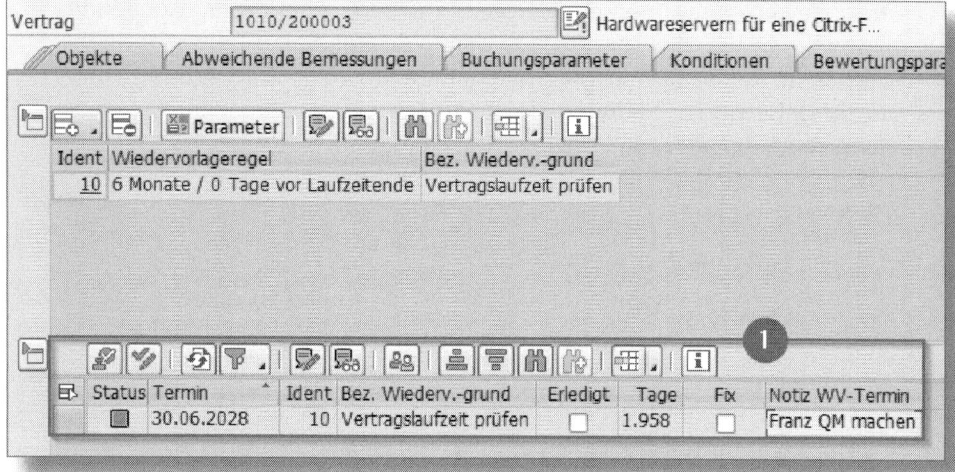

Abbildung 9.5: Wiedervorlage zur terminlichen Überwachung

In Abbildung 9.5 ist eine eingerichtete Wiedervorlage zu sehen, um die Vertragslaufzeiten zu überprüfen. Diese Wiedervorlage wird in *1.958* TAGEN aktiviert und erscheint dann im Wiedervorlagenbereich des zuständigen Sachbearbeiters.

- **Bewertung prüfen**

Wie aus Abbildung 9.6 ersichtlich, haben Sie die Möglichkeit, den berechneten Bewertungsfinanzstrom für den Leasingvertrag abzurufen. Navigieren Sie hierzu im Vertrag zum Reiter ÜBERSICHTEN, und selektieren Sie per Drop-down-Auswahl den Report *Bewertungsfinanzstrom*.

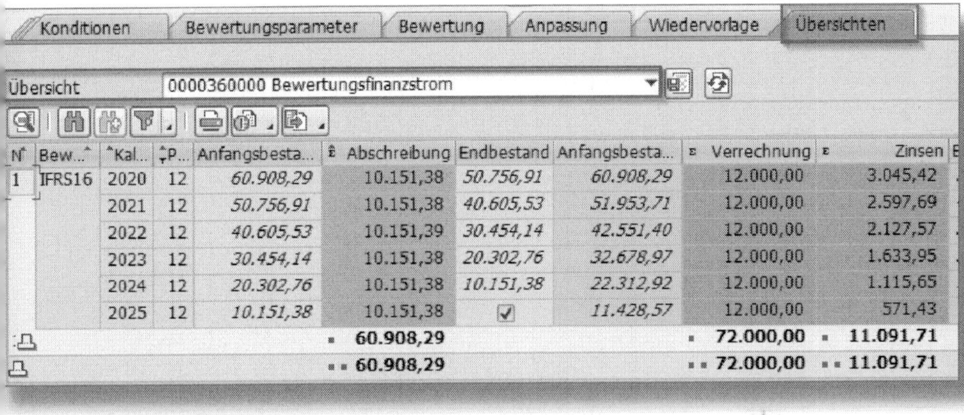

Konditionen | Bewertungsparameter | Bewertung | Anpassung | Wiedervorlage | Übersichten

Übersicht: 0000360000 Bewertungsfinanzstrom

N°	Bew...	Kal...	P...	Anfangsbesta...	Abschreibung	Endbestand	Anfangsbesta...	Verrechnung	Zinsen
1	IFRS16	2020	12	*60.908,29*	10.151,38	*50.756,91*	*60.908,29*	12.000,00	3.045,42
		2021	12	*50.756,91*	10.151,38	*40.605,53*	*51.953,71*	12.000,00	2.597,69
		2022	12	*40.605,53*	10.151,39	*30.454,14*	*42.551,40*	12.000,00	2.127,57
		2023	12	*30.454,14*	10.151,38	*20.302,76*	*32.678,97*	12.000,00	1.633,95
		2024	12	*20.302,76*	10.151,38	*10.151,38*	*22.312,92*	12.000,00	1.115,65
		2025	12	*10.151,38*	10.151,38	☑	*11.428,57*	12.000,00	571,43
					60.908,29			**72.000,00**	**11.091,71**
					60.908,29			**72.000,00**	**11.091,71**

Abbildung 9.6: Berichte zum Leasingvertrag

- **Vertragsverlängerung oder -beendigung**

Wenn der Leasingvertrag ausläuft, kann er entweder verlängert oder beendet werden. Im Falle einer Verlängerung muss eine erneute Vertragsfreigabe erfolgen, während bei der Beendigung die entsprechenden Buchungen und Abrechnungen durchgeführt werden müssen.

10 Wohnungseigentümergemeinschaft und Fremdverwaltung

Mit SAP RE-FX ist es möglich, Objekte zu verwalten, die sich im Besitz von Dritten befinden. Hierbei erhält der Immobilienmanager über ein Mandat die rechtliche Genehmigung zur Verwaltung des fremden Eigentums. Ein spezieller Fall der Fremdverwaltung ist die Verwaltung einer Wohnungseigentümergemeinschaft (WEG).

10.1 Stammdaten

Ein Mandat bildet die rechtliche Basis für die Verwaltung von fremdem Eigentum. In den Stammdaten des Mandats werden sämtliche Daten des Auftrags eines Eigentümers für den Immobilienmanager zusammengeführt, z. B. Eigentümerinformationen und Bankverbindungen. Die Objekte, die sich in Fremdverwaltung befinden, werden jeweils über ein Mandat in einem separaten Buchungskreis pro Eigentümer bzw. WEG erfasst. Jedes erteilte Mandat und die dazugehörigen Immobilienobjekte bilden also einen eigenen Buchungskreis. Die zu verwaltenden Immobilienobjekte werden den Wirtschaftseinheiten innerhalb dieses Buchungskreises zugeordnet. Auf diese Weise bildet das Mandat oder der Mandatsbuchungskreis die Grundlage für die Trennung der Vermögenswerte und deren eigenständige Bilanzierung.

10.1.1 Objektmandat

Grundstücke oder Gebäude, die einem einzigen Eigentümer gehören, können über ein Objektmandat verwaltet werden. Hierbei wird auch eine Gruppe von Eigentümern, wie z. B. eine Erbengemeinschaft, als

ein Eigentümer betrachtet; dies gilt jedoch nicht für eine WEG. Mit der Transaktion *REMMMN2* (Objektmandat bearbeiten) legen Sie ein Objektmandat an. Bei dessen Aktivierung wird ein separater Mandatsbuchungskreis erstellt. Abgesehen von der Fremdverwaltung unterscheidet sich der Objektmandatsbuchungskreis nicht von anderen Buchungskreisen.

10.1.2 WEG-Mandat

Ein WEG-Mandat bezieht sich auf ein Objekt, das einer WEG gehört. Dieses wird in *Sondereigentum* des Einzeleigentümers und *Gemeinschaftseigentum* der WEG unterteilt. Die Eigentümergemeinschaft erteilt dem Verwalter das Mandat zur Verwaltung des Gemeinschaftseigentums und somit den Auftrag, dessen Belange zu regeln und die WEG-Abrechnung durchzuführen.

10.2 Mandatsbuchungskreis anlegen

Jedes erteilte Mandat sowie die dazugehörigen Immobilienobjekte und Prozesse legen Sie, wie bereits erwähnt, in einem separaten Buchungskreis an. Zu diesem Zweck geben Sie die grundlegenden Daten des Mandats an und wählen einen Referenzbuchungskreis aus, dessen Einstellungen für Customizing sowie Sach- und Hausbankkonten kopiert werden. Neu angelegte Mandate müssen Sie entweder einem ebenfalls neu anzulegenden Buchungskreis oder einem bereits existierenden Mandatsbuchungskreis zuordnen, der im Customizing entsprechend definiert ist.

Per RECACUST • FREMDVERWALTUNG • STAMMDATEN WEG- UND OBJEKTMANDAT • NUMMERNKREISINTERVALL FÜR WEG- UND OBJEKTMANDAT FESTLEGEN können Sie entweder ein WEG-Mandat oder ein Objektmandat anlegen, für die das System jeweils einen eigenen Buchungskreis mit der Nummer des Mandats erstellt. Sie können einstellen, welcher

Nummernkreis innerhalb eines Nummernkreisintervalls bei der Erstellung des Mandats genutzt werden soll (siehe Abbildung 10.1). Es ist zu beachten, dass Objektmandate und WEG-Mandate unterschiedliche Nummernkreise verwenden.

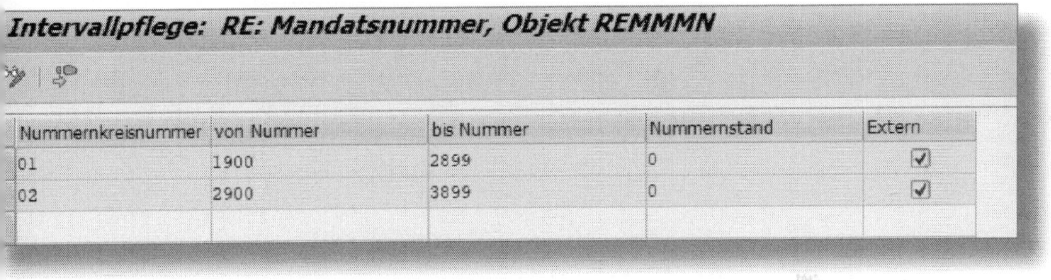

Intervallpflege: RE: Mandatsnummer, Objekt REMMMN

Nummernkreisnummer	von Nummer	bis Nummer	Nummernstand	Extern
01	1900	2899	0	☑
02	2900	3899	0	☑

Abbildung 10.1: Nummernkreise für Mandat festlegen

In der Regel wird das Nummernkreisintervall *01* des Nummernkreisobjekts verwendet. Wenn Sie auf ein anderes Intervall zurückgreifen möchten, können Sie dieses per Transaktion *SNUM* für den betreffenden Buchungskreis im Nummernkreisobjekt REMMMN anlegen und dann das entsprechende zweistellige Kürzel in dieses Feld eintragen.

Es ist zudem notwendig, dass Sie im Customizing den Referenzbuchungskreis definieren, dessen Einstellungen beim Anlegen eines Mandatsbuchungskreises übernommen werden sollen. Dabei ist wichtig zu beachten, dass der Referenzbuchungskreis nur als Vorlage dient und keine Stammdaten in diesem Buchungskreis angelegt werden können. Über RECACUST • GRUNDEINSTELLUNGEN • GRUNDEINSTELLUNGEN IM BUCHUNGSKREIS VORNEHMEN kennzeichnen Sie einen Buchungskreis als Referenzbuchungskreis oder legen einen neuen Referenzbuchungskreis an. Hierfür treffen Sie für den entsprechenden Buchungskreis im Feld BUCHUNGSKREISTYP die Auswahl *2 Referenzbuchungskreis* (siehe Abbildung 10.2).

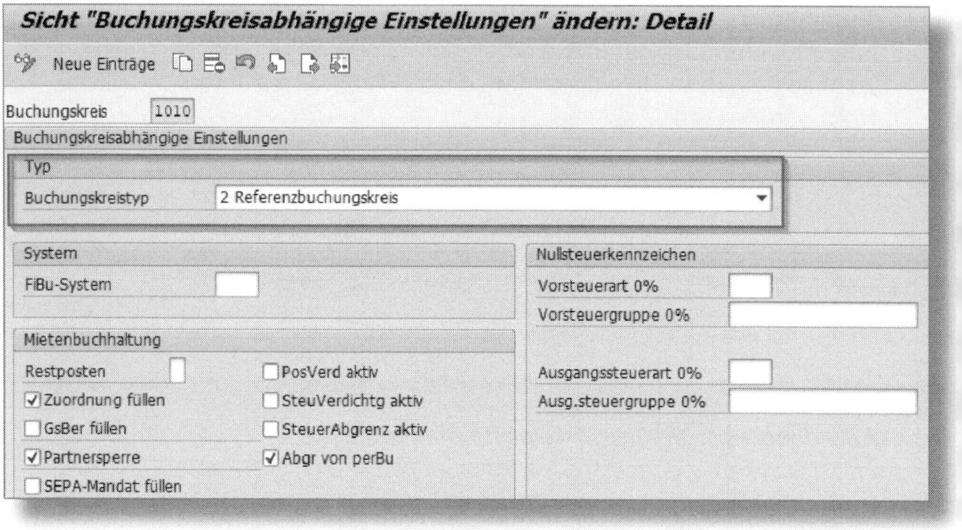

Abbildung 10.2: Buchungskreistyp »Referenzbuchungskreis«

Beim Erstellen eines WEG- oder Objektmandats sowie des dazugehörigen Buchungskreises werden die Einstellungen für das Customizing aus dem von Ihnen festgelegten Referenzbuchungskreisen übernommen. Mandate mit dem gleichen Referenzbuchungskreis verwenden den gleichen Kostenrechnungskreis.

Sie haben die Möglichkeit, Mandatsstammdaten entweder über den RE-Navigator oder durch Verwendung der Transaktionen *REMMMN1* (für WEG-Mandate) bzw. *REMMMN2* (für Objektmandate) anzulegen.

Im RE-Navigator geben Sie unter MANDATSTYP an, ob es sich um ein Objekt- oder WEG-Mandat handelt, und tragen in das Feld für den Referenzbuchungskreis (REFERENZBUCH.KREIS) den Kreis ein, von dem Sie die Einstellungen kopieren möchten (siehe Abbildung 10.3).

Nachdem Sie Ihre Eingaben bestätigt und gespeichert haben, können Sie weitere Informationen wie Hausbankkonten und Partnerverbindungen hinzufügen.

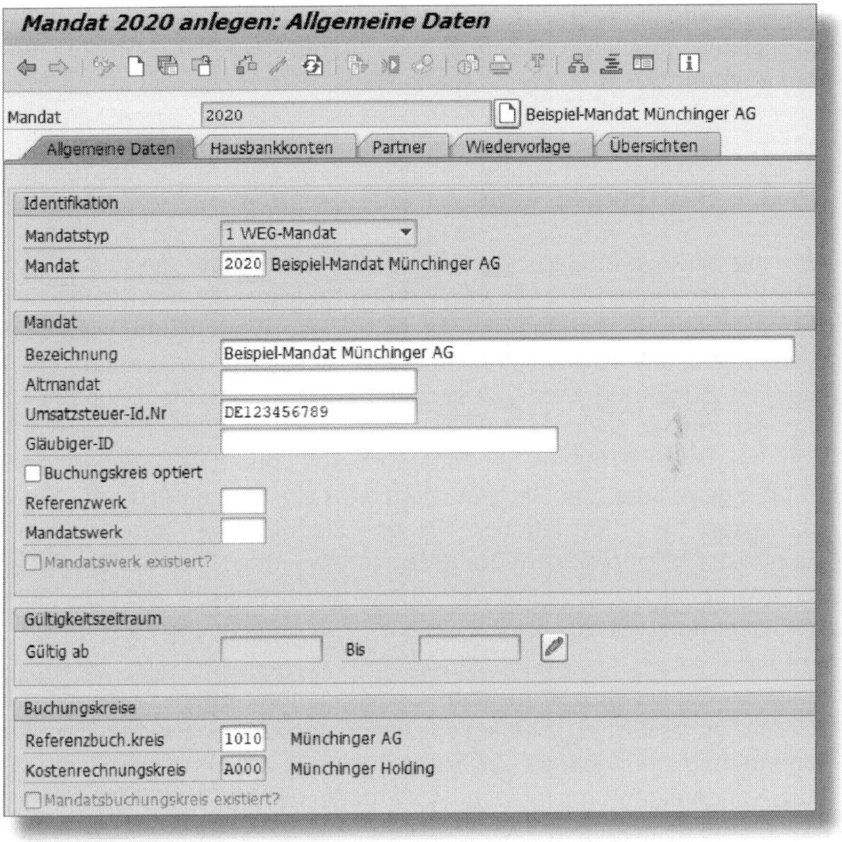

Mandat 2020 anlegen: Allgemeine Daten

Mandat 2020 Beispiel-Mandat Münchinger AG

Allgemeine Daten | Hausbankkonten | Partner | Wiedervorlage | Übersichten

Identifikation

Mandatstyp 1 WEG-Mandat

Mandat 2020 Beispiel-Mandat Münchinger AG

Mandat

Bezeichnung Beispiel-Mandat Münchinger AG

Altmandat

Umsatzsteuer-Id.Nr DE123456789

Gläubiger-ID

Buchungskreis optiert

Referenzwerk

Mandatswerk

Mandatswerk existiert?

Gültigkeitszeitraum

Gültig ab Bis

Buchungskreise

Referenzbuch.kreis 1010 Münchinger AG

Kostenrechnungskreis A000 Münchinger Holding

Mandatsbuchungskreis existiert?

Abbildung 10.3: WEG-Mandat anlegen

10.3 Überblick zur WEG-Verwaltung

Wenn eine Immobilie durch eine Teilungserklärung in kleinere abgeschlossene Einheiten bzw. Wohnungen aufgeteilt wird, die jeweils grundbuchlich als eigene Immobilienobjekte verwaltet werden, entsteht eine WEG. Aus Sicht des Verwalters handelt es sich dabei um einen fremden Eigentümer, der gesamtschuldnerisch haftet und als juristische Person Ansprüche gegenüber dem Verwalter geltend machen kann.

Die WEG wird in SAP RE-FX, wie bereits erwähnt, über ein WEG-Mandat abgebildet, und die zugehörigen Stammdaten werden im entsprechenden Buchungskreis für die WEG angelegt.

10.3.1 Hausgeldverträge

In einer WEG sind Hausgelder Verwaltungsbeiträge, die von jedem Eigentümer regelmäßig gezahlt werden müssen, um die Kosten des Gemeinschaftseigentums abzudecken. Diese Kosten umfassen Verwaltungskosten sowie solche für den regelmäßigen Unterhalt und die Instandhaltung des Gemeinschaftseigentums. Die Berechnung der Hausgelder erfolgt auf Basis des Wirtschaftsplans für das Wirtschaftsjahr. Zur Erfüllung der Zahlungsverpflichtung des Sondereigentümers gegenüber der Gemeinschaft wird ein Hausgeldvertrag abgeschlossen, der Informationen wie das Eigentumsverhältnis und die Anzahl der Mietobjekte im Sondereigentum enthält. Der Sondereigentümer wird als debitorischer Vertragspartner festgelegt und das Hausgeld über den Vertrag gebucht, um die WEG-Abrechnung zu erstellen.

Der Verwaltungsvertrag für das Sondereigentum muss zwingend als kreditorischer Vertrag in einem speziellen Buchungskreis, dem Sondereigentumsbuchungskreis (SE-Buchungskreis), dokumentiert werden. Alle Sondereigentumsverwaltungsverträge werden im SE-Buchungskreis erstellt, sodass im Gegensatz zu WEG-Mandaten kein separater Buchungskreis pro Verwaltungsauftrag angelegt wird. Dennoch muss selbstverständlich die im WEG-Gesetz geforderte Vermögenstrennung gewährleistet sein. Dies wird erreicht, indem für jeden Sondereigentumsverwaltungsauftrag ein Profitcenter erstellt wird, das als Kontierungsobjekt für Buchungen im Zusammenhang mit diesem Sondereigentumsverwaltungsvertrag dient.

Eine besondere Situation ergibt sich bei Mietverträgen für Wohnungen, die zwar zum Verkauf stehen, aber sich noch im Besitz des Verwalters befinden. Diese Mietverträge bleiben im Verwaltungsbuchungskreis so lange bestehen, bis die Wohnung an einen Dritten verkauft ist. Dies bedeutet, dass es sich hier um einen Sonderfall von vermietetem Sondereigentum handelt. Die Mietsollstellung und die Mietanpassung für die Mieter der noch nicht verkauften Wohnungen werden weiterhin im Verwaltungsbuchungskreis abgewickelt.

Der Hausgeldvertrag hat im Wesentlichen zwei Bestandteile: eine Vorauszahlung für die laufenden Kosten der Gemeinschaft und einen nicht rückzahlbaren Beitrag zur Bildung einer Instandhaltungsrücklage. Der Hausgeldvertrag wird in SAP RE-FX als Bestandteil der Hausgeldvereinbarung im Immobilienvertrag dargestellt. Die Vertragsart für die Hausgeldvereinbarung (WEG) definieren Sie per RECACUST • VERTRAG • VERTRAG • VERTRAGSARTEN DEFINIEREN (siehe Abbildung 10.4).

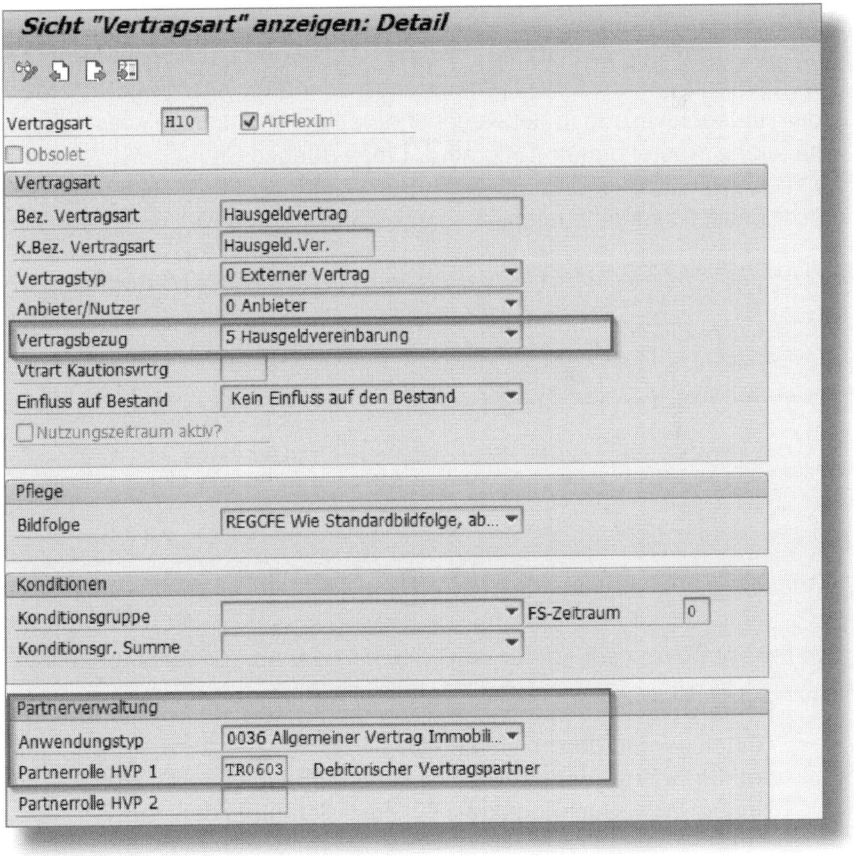

Sicht "Vertragsart" anzeigen: Detail

Vertragsart H10 ArtFlexIm
Obsolet

Vertragsart
Bez. Vertragsart: Hausgeldvertrag
K.Bez. Vertragsart: Hausgeld.Ver.
Vertragstyp: 0 Externer Vertrag
Anbieter/Nutzer: 0 Anbieter
Vertragsbezug: 5 Hausgeldvereinbarung
Vtrart Kautionsvrtrg
Einfluss auf Bestand: Kein Einfluss auf den Bestand
Nutzungszeitraum aktiv?

Pflege
Bildfolge: REGCFE Wie Standardbildfolge, ab...

Konditionen
Konditionsgruppe — FS-Zeitraum 0
Konditionsgr. Summe

Partnerverwaltung
Anwendungstyp: 0036 Allgemeiner Vertrag Immobili...
Partnerrolle HVP 1: TR0603 Debitorischer Vertragspartner
Partnerrolle HVP 2

Abbildung 10.4: Vertragsarten definieren im Customizing

10.3.2 Abrechnung einer WEG

Am Ende eines Wirtschaftsjahres führen Sie als Verwalter einer Wohnanlage eine Abrechnung durch, um die tatsächlichen Kosten und Einnahmen der Eigentümergemeinschaft zu ermitteln. Die Verteilung erfolgt gemäß den in der Teilungserklärung festgelegten Regeln auf die einzelnen Mitglieder, die jeweils Eigentümer von Sondereigentum sind. Die bereits gezahlten Hausgelder werden mit den tatsächlichen Kosten verrechnet, die auf den einzelnen Eigentümer entfallen. Es kann dabei zu Gutschriften oder Nachzahlungen kommen. Die Abrechnung erfolgt auf ähnliche Weise wie eine übliche Nebenkostenabrechnung.

Die Customizing-Aktivitäten für die WEG-Abrechnung entsprechen weitgehend denen der Nebenkostenabrechnung. Allerdings erfordert der Hausgeldvertrag in der Regel andere Konditionsarten, weshalb zusätzliche Einstellungen nötig sind. Diese pflegen Sie per RECACUST • FREMDVERWALTUNG • ABRECHNUNG • KONDITIONSART ZU NEBENKOSTENSCHLÜSSEL/-GRUPPE ZUORDNEN (siehe Abbildung 10.5).

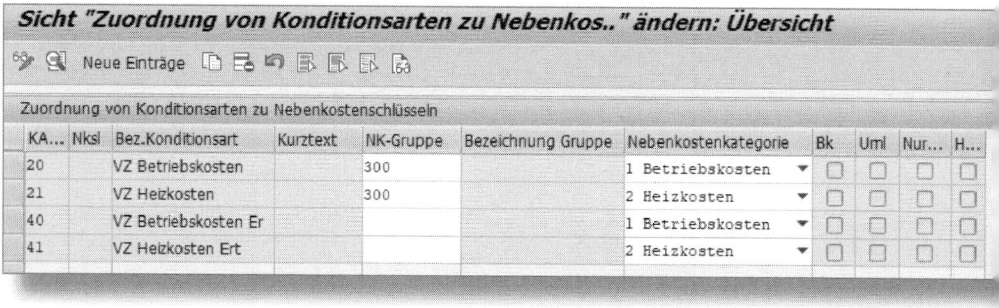

Sicht "Zuordnung von Konditionsarten zu Nebenkos.." ändern: Übersicht

Neue Einträge

Zuordnung von Konditionsarten zu Nebenkostenschlüsseln

KA...	Nksl	Bez.Konditionsart	Kurztext	NK-Gruppe	Bezeichnung Gruppe	Nebenkostenkategorie	Bk	Uml	Nur...	H...
20		VZ Betriebskosten		300		1 Betriebskosten	☐	☐	☐	☐
21		VZ Heizkosten		300		2 Heizkosten	☐	☐	☐	☐
40		VZ Betriebskosten Er				1 Betriebskosten	☐	☐	☐	☐
41		VZ Heizkosten Ert				2 Heizkosten	☐	☐	☐	☐

Abbildung 10.5: Konditionsart zu Nebenkostenschlüssel zuweisen

In der Fremdverwaltung der WEG gibt es zwei Abrechnungsprozesse:

1. Bei der WEG-Abrechnung werden die Kosten einer Abrechnungseinheit gemäß den im Hausgeldvertrag festgelegten Umlageregeln auf die Eigentümer verteilt. Die entsprechenden Bemessungsarten sind im WEG-Buchungskreis für das Mietobjekt definiert.

2. Für die Mietabrechnung sucht das System nach Mietobjekten, die mit Objekten im WEG-Buchungskreis übereinstimmen. Diese

können sich im Verwaltungsbuchungskreis oder im Sondereigentumsbuchungskreis befinden. Wenn entsprechende Mietobjekte vorhanden sind, werden die Kosten gemäß den im Sondereigentums- oder Verwaltungsbuchungskreis definierten Regeln auf die in den Verträgen genannten Mieter verteilt. Die Umlageregel kann dabei mit derjenigen der WEG-Abrechnung identisch sein.

10.3.3 Wirtschaftsplan

Der Wirtschaftsplan umfasst die Planung der Kosten und Einnahmen einer WEG für das Wirtschaftsjahr. Die projektierten Gesamtkosten und -einnahmen werden mithilfe geeigneter Schlüssel verteilt, die auch für die WEG-Abrechnung verwendet werden. Auf Basis der Planverteilung werden die zu zahlenden Hausgelder für das Wirtschaftsjahr berechnet und im Hausgeldvertrag ausgewiesen.

Der Wirtschaftsplan enthält eine Planung der Kostenarten auf Ebene der Abrechnungseinheit. Er wird genutzt, um Plankosten auf Kostensammlern zu erfassen und sie an Istdaten oder andere Planversionen anzupassen. Dadurch können Änderungen beim Hausgeld vorgenommen werden.

Diverse Customizing-Einstellungen per RECACUST • FREMDVERWALTUNG • WIRTSCHAFTSPLAN • ZU BEPLANENDE KOSTENARTEN FÜR DEN WIRTSCHAFTSPLAN FESTLEGEN sind Voraussetzungen für die Planung mit einem Wirtschaftsplan (siehe Abbildung 10.6).

Legen Sie die zu planenden Kostenarten für den Wirtschaftsplan fest. Sie können nach verschiedenen Kriterien untergliedert werden. Es besteht die Möglichkeit, nach allen Kostenarten zu gliedern, mit denen die entsprechende Abrechnungseinheit bebucht werden darf. Hinterlegen Sie hier die Kostenarten, nach denen der Wirtschaftsplan zusätzlich zum Nebenkostenschlüssel aufgegliedert werden soll. Auf diese Weise können die relevanten Verrechnungskonten bereits hinterlegt werden, die später bei der Echtabrechnung eingesetzt werden, selbst wenn sie zum Zeitpunkt der Erstellung des Wirtschaftsplans noch nicht relevant sind.

Sicht "Zuordnung Verrechnungskonten zu Kostenkonto" anzeigen: Detail

Kostenkonto	63005700	Kontenplan	YCOA
	Mieten Pachten Erbbauzinsen		

Entlastung der Abrechnungseinheiten

Entlastungskonto AE	63005740	Mieten Pachten Erbbauzinsen

Konten für Aufteilungsbuchungen zu den Vorverteilungs-Abrechnungseinheiten

Kostenart Entlastung Vorvert-AE	63005740	Mieten Pachten Erbbauzinsen
Kostenart Empfänge v. Vorvert.-AE	63005700	Mieten Pachten Erbbauzinsen
Kostenart Restkosten v. Vorvert.-	63005730	Mieten Pachten Erbbauzinsen

Konten für die Aufteilung der Netto-Nebenkosten

Verrechungskonto MV	63005800	Mieten Pachten Erbbauzinsen
Verrkonto MV oh. Wei	63005810	Mieten Pachten Erbbauzinsen
Verrechnungskonto MO	63005820	Mieten Pachten Erbbauzinsen

Vorsteuer

Verrkto n.abzugsf. V	63005920	Mieten Pachten Erbbauzinsen
Verrkto n.a.Vst MV		
Verrkto n.a.Vst MO		
Entlastung n.abzugsf	63005930	Mieten Pachten Erbbauzinsen

Abbildung 10.6: Mit Wirtschaftsplan zu beplanende Kostenarten

11 Liegenschaftsmanagement

SAP RE-FX bietet mit der Liegenschaftsverwaltung (LUM) eine Möglichkeit, die interne Perspektive eines Unternehmens mit der öffentlich-rechtlichen Sicht der Liegenschaftsverwaltung zu verbinden. Hierbei können Grundbücher, Flurstücke und weitere Grundstücksverzeichnisse erfasst werden. Es lassen sich auch Verbindungen zu anderen Objekten in der Stammdatenverwaltung herstellen, Verträge erstellen und Berichte generieren. Das Grundbuch erfasst Informationen zu den Eigentums- und Rechtsverhältnissen, während das Liegenschaftskataster detaillierte Beschreibungen der einzelnen Flurstücke enthält. Zusätzlich können auch andere Grundstücksverzeichnisse, wie beispielsweise Bebauungspläne, sowie Schutzstatus, Einheitswertbescheide und Abgabenbescheide integriert werden.

11.1 Stammdaten

SAP RE-FX gestattet im Verbund mit der Anlagenbuchhaltung und der Darlehensverwaltung die vollständige Abbildung aller Prozesse in der Liegenschaftsverwaltung sowie beim An- und Verkauf von Grundstücken.

11.1.1 Flurstück

Das zentrale Element der Liegenschaftsverwaltung ist das Flurstück. Dabei handelt es sich um einen abgegrenzten Teil der Erdoberfläche, der im Liegenschaftskataster unter einer eigenen Bezeichnung geführt wird. Das Liegenschaftskataster ist ein offizielles Verzeichnis der Flurstücke; es beinhaltet Informationen zur Lage der Grundstücke sowie zu deren vermessungstechnischen Eigenschaften. Das Flurstück in

SAP RE-FX enthält im Wesentlichen die gleichen Daten wie das Liegenschaftskataster.

Das Stammdatenobjekt Flurstück kann mit anderen Stammdatenobjekten in Verbindung stehen; dies können beispielsweise sein:

- Wirtschaftseinheit, Gebäude und Grundstück
- Grundbuch
- öffentliche Verzeichnisse
- Einheitswertbescheid
- Technischer Platz
- Anlage

In der *RECACUST*-Customizing-Aktivität LÄNDERSPEZIFISCHE EINSTELLUNGEN • DEUTSCHLAND • LIEGENSCHAFTSVERWALTUNG • ZENTRALE EINSTELLUNGEN ZUR LIEGENSCHAFTSVERWALTUNG • HIERARCHISCHES LAGESYSTEM DEFINIEREN bestimmen Sie das Lagesystem, das erforderlich ist, um Flurstücke und Grundbücher für unterschiedliche Zwecke eindeutig zu identifizieren. In Deutschland werden die ALB-Hierarchie für das automatische Liegenschaftsbuch des Liegenschaftsamts einerseits und die Verwaltungshierarchie für das Katasteramt andererseits abgebildet (siehe Abbildung 11.1).

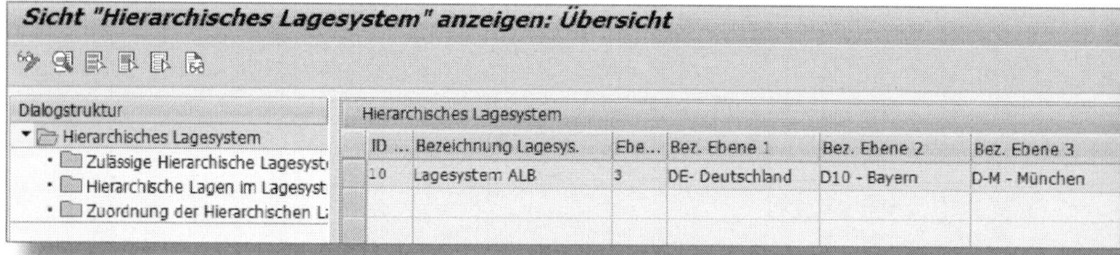

Abbildung 11.1: Hierarchisches Lagesystem definieren

Im Liegenschaftskataster wird jedes Flurstück durch die ALB-Hierarchie eindeutig identifiziert. Das Kataster dient dem Zweck, eine einheitliche Verschlüsselung der Flurstücke im gesamten Bundesgebiet sicherzustellen.

11.2 Fortführung

Grundbuchkataster werden regelmäßig aktualisiert, um Veränderungen in der Realität genau zu erfassen. Um die Historie dieser Veränderungen zu dokumentieren, kommen sogenannte Fortführungen zum Einsatz. Diese Möglichkeit zur Darstellung der Flurstückhistorie sollte auch in SAP RE-FX vorhanden sein und wird als eigenständige Objektart für Stammdatenobjekte integriert. Dabei wird zwischen verschiedenen Typen differenziert, damit die Besonderheiten von Raumordnungsverfahren deutlich zutage treten.

Sie können per RECACUST • LÄNDER-/REGIONENSPEZIFISCHE EINSTELLUNGEN • DEUTSCHLAND • LIEGENSCHAFTSVERWALTUNG • FORTFÜHRUNG • FORTFÜHRUNGSARTEN DEFINIEREN neue Fortführungsarten erstellen. Diese dienen dazu, den Zweck der jeweiligen Veränderung im Kataster zu bezeichnen (siehe Abbildung 11.2).

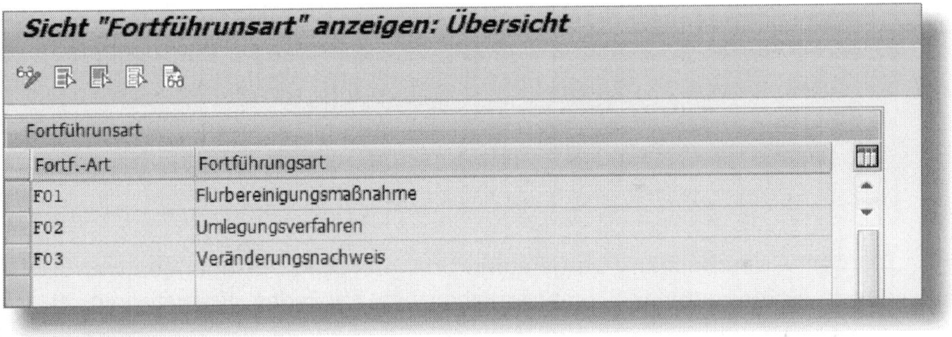

Sicht "Fortführunsart" anzeigen: Übersicht

Fortführunsart

Fortf.-Art	Fortführungsart
F01	Flurbereinigungsmaßnahme
F02	Umlegungsverfahren
F03	Veränderungsnachweis

Abbildung 11.2: Fortführungsarten definieren

Änderungen im Kataster, wie beispielsweise die Aufteilung von Flurstücken, haben Auswirkungen auf die Stammdatenobjekte, die diesen Flächen bzw. Flurstücken zugeordnet sind. Um sicherzustellen, dass Schutzstellungen, Pachtverträge und andere Informationen auch nach der Änderung noch den aktuellen Flurstücken zugeordnet werden können, müssen Sie die zeitabhängigen Flurstücksbeziehungen auf den betroffenen Stammdatenobjekten aktualisieren.

11.3 Grundbuch

Das Grundbuch ist ein öffentliches Register, das die Bestands-, Eigentums- und Belastungsverhältnisse von Grundstücken dokumentiert. Die Führung des Grundbuches obliegt dem Grundbuchamt des zuständigen Amtsgerichts.

Die Abbildung in der Liegenschaftsverwaltung erfolgt analog zum realen Grundbuch.

Jede Person, die ein berechtigtes Interesse nachweisen kann, beispielsweise ein potenzieller Käufer, hat das Recht, Einsicht in das betreffende Grundbuch zu nehmen. Notare sind von der Pflicht zur Darlegung dieses Interesses befreit.

Historie des Grundbuches

Historisch gesehen wurden Grundbücher traditionell in Papierform geführt. Anfangs wurden sie in gebundenen Bänden und später in Sammlungen von Einzelblättern aufbewahrt. Obwohl heutzutage die meisten Grundbücher elektronisch geführt werden, wird die klassische Gliederung des Grundbuches beibehalten.

Die dem Grundbuchamt vorgelegten Urkunden und Verfügungen werden in Grundbuchakten zusammengefasst. Für jedes eigenständige Grundstück wird ein separates Grundbuchblatt angelegt, das eine fortlaufende Nummer erhält. Mehrere Grundbuchblätter desselben Bezirks werden in einem Band vereinigt.

Zur Abbildung der beim Grundbuchamt verwalteten Daten legen Sie per RECACUST • LÄNDERSPEZIFISCHE EINSTELLUNGEN • DEUTSCHLAND • LIEGENSCHAFTSVERWALTUNG • GRUNDBUCH das Grundbuch an. Die Wahl der Grundbuchart hängt von der zugrunde liegenden Rechtsgrundlage ab. Im Customizing legen Sie fest, ob es sich um ein Eigentumsgrundbuch oder ein Erbbaugrundbuch handeln soll, indem Sie die entsprechende Grundbuchart auswählen (siehe Abbildung 11.3).

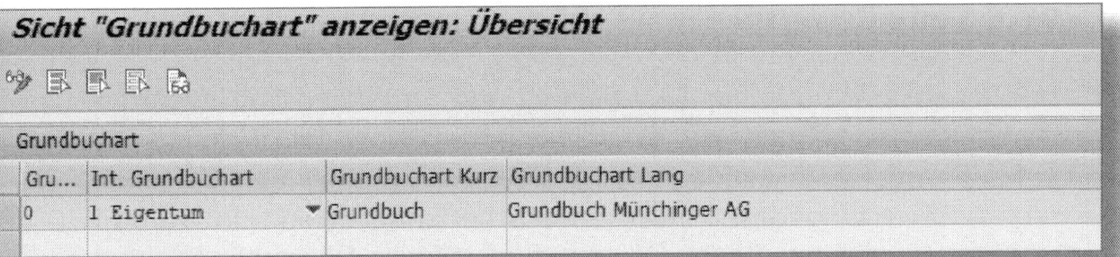

Abbildung 11.3: Grundbuchart definieren

Wenn Sie ein neues Grundbuch erstellen möchten, verwenden Sie entweder den RE-Navigator oder die Transaktion *RELMLR* (Grundbuch bearbeiten). Wählen Sie den gewünschten Grundbuchbezirk und die Blattnummer aus, und legen Sie das Grundbuch als neues Stammdatenobjekt an. Es ist nicht vorgesehen, dass im Standard von SAP RE-FX Datenübernahmen bzw. Schnittstellen aus dem amtlichen digitalen Grundbuch direkt in das jeweilige SAP-System konfiguriert werden können.

11.4 Mithaftung

Sie haben die Möglichkeit, Flurstücke, die verschiedenen Grundbuchblättern zugeordnet sind, durch die Mithaftung zu einer gemeinsamen Identität zusammenzuführen. Dies kann auch für Flurstücke, zu denen noch kein Grundbuchblatt angelegt wurde, genutzt werden. Gemeinsam für Belastungen in Abteilung III haftende Grundstücke können verschiedenen Grundbüchern angehören. In solchen Fällen können Sie diese Grundstücke als Mithaftung in einem Stammdatenobjekt unter einer frei wählbaren unternehmensspezifischen Bezeichnung erfassen. Um eine Übersicht der Mithaftungen zu erhalten, verwenden Sie entweder den RE-Navigator, oder rufen Sie die Transaktion *RELMJL* auf.

11.5 Einheitswertbescheid

Das Finanzamt nutzt zur Festsetzung und Ermittlung von bestimmten Steuern wie Grund- und Erbschaftssteuer nicht den Verkehrswert eines Grundstücks, sondern den Einheitswert gemäß den Vorschriften im Bewertungsgesetz. Der steuerliche Einheitswert wird vom Finanzamt berechnet. Da im Grundbuchblatt keine Informationen zum Einheitswert enthalten sind, wird die Zuordnung zu den Bestandsverzeichnisnummern im Einheitswertbescheid festgehalten. Mindestens ein Eigentümer der zugeordneten Bestandsverzeichnisnummern wird im Einheitswert als Vorschlagswert übernommen. Eigentümer werden im Einheitswert vermerkt, da sie sich beispielsweise nach Eigentümerwechsel von den Grundbucheigentümern unterscheiden können.

12 Interne Immobiliennutzung

Bisher wurde in diesem Buch hauptsächlich die Vermietung von Wohn- und Gewerbeimmobilien an externe Geschäftspartner behandelt. Jedoch kann SAP RE-FX auch unternehmensintern verwendet werden, um die vorhandenen Gebäude oder Räume effektiver zu nutzen und deren Potenzial auszuschöpfen. Zu diesem Zweck bietet die Komponente Funktionen wie Raumreservierung, permanente Raumbelegung und Umzugsplanung an. Damit können Sie das unternehmensinterne Raummanagement optimieren, Transparenz hinsichtlich der Reservierung und Belegung Ihrer Immobilienobjekte schaffen und die anfallenden Kosten im Controlling verrechnen.

12.1 Teilfunktionen und Customizing

Um die Funktionen der Raumreservierung und der permanenten Raumbelegung nutzen zu können, müssen Sie zuerst die Teilfunktionen *ORPO* (Raumbelegung/Umzugsplanung) bzw. *ORRS* (Reservierung von Räumen) aktivieren.

> **! Deaktivierung von Teilfunktionen**
>
> Die Deaktivierung von Teilfunktionen ist nur begrenzt möglich, Menüeinträge bleiben weiterhin vorhanden. Wenn Sie auf eine deaktivierte Transaktion klicken, erhalten Sie eine Fehlermeldung. Aktivieren Sie daher im Produktivsystem nur diejenigen Teilfunktionen, die wirklich benötigt werden.

Die Aktivierung erfolgt separat für die einzelnen Teilfunktionen per Customizing unter RECACUST • GRUNDEINSTELLUNGEN • TEILFUNKTIONEN AKTIVIEREN (siehe Abbildung 12.1). Auf diese Weise können Sie den Funktionsumfang schrittweise erweitern.

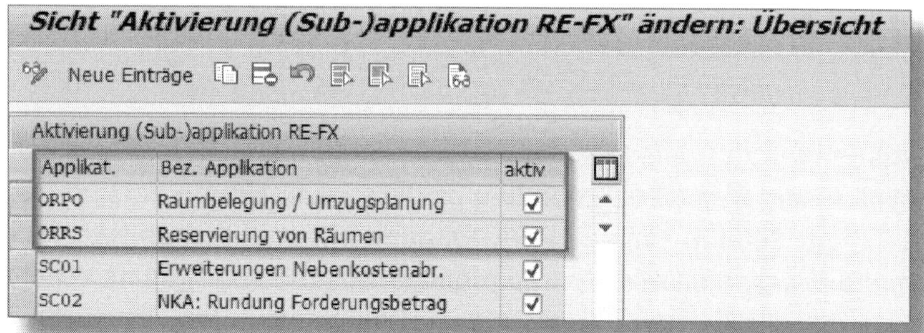

Sicht "Aktivierung (Sub-)applikation RE-FX" ändern: Übersicht

Aktivierung (Sub-)applikation RE-FX

Applikat.	Bez. Applikation	aktiv
ORPO	Raumbelegung / Umzugsplanung	☑
ORRS	Reservierung von Räumen	☑
SC01	Erweiterungen Nebenkostenabr.	☑
SC02	NKA: Rundung Forderungsbetrag	☑

Abbildung 12.1: Raumbelegung und Umzugsplanung aktivieren

Im Customizing pflegen Sie die Basiseinstellungen für die Raumreservierung und Raumsuche unter RECACUST • RAUMRESERVIERUNG UND PERMANENTE RAUMBELEGUNG • GESUCHART FÜR RESERVIERUNG UND PERMANENTE RAUMBELEGUNG DEFINIEREN. Für jede Art von Anfrage legen Sie die Kriterien fest, anhand derer geeignete Räume ausgewählt werden sollen. Sie können verschiedene Kriterien kombinieren und logische Operatoren verwenden, um z. B. nach Räumen mit ausreichender Kapazität UND/ODER passender Größe zu suchen.

Sie können auch mehrere Konditionsarten definieren, die bei der Suche nach geeigneten Räumen berücksichtigt werden sollen, ähnlich wie bei den Bemessungsarten. In Abbildung 12.2 ist das Customizing für die Konditionsart *BX – Offener Büroraum* dargestellt.

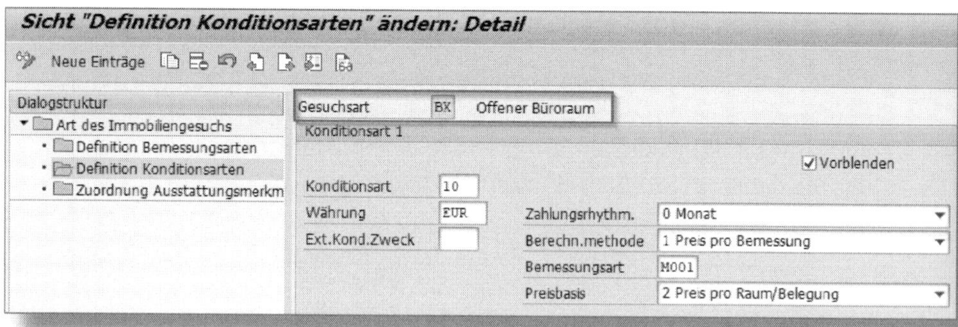

Abbildung 12.2: Gesuchsarten definieren

Um zwischen der Suche nach Mietobjekten und nach passenden Räumen für Reservierungsobjekte im Rahmen der Interessentenverwaltung zu unterscheiden, ist es erforderlich, für die jeweilige Reservierungsobjektart eine entsprechende Immobiliengesuchsart anzulegen. Hierbei ist es zwingend nötig, dass die Namen der Immobiliengesuchsart und der Reservierungsobjektart übereinstimmen.

Im Customizing können Sie per RECACUST • RAUMRESERVIERUNG UND PERMANENTE RAUMBELEGUNG • RAUMRESERVIERUNG • RESERVIERUNGSZEITEN unter Anwendung einer Terminserienregel die Reservierungszeiten für einen Raum festlegen.

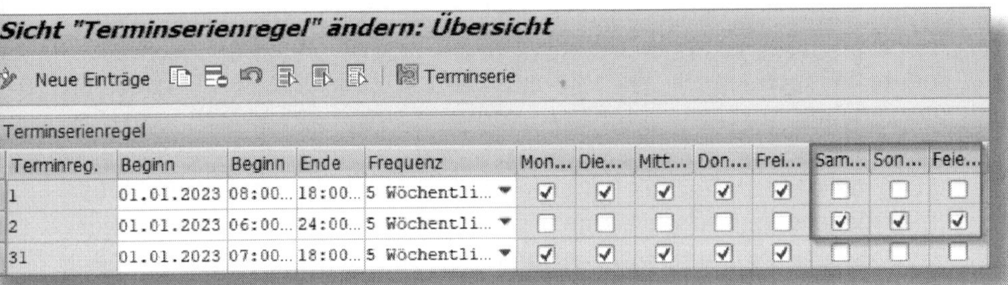

Sicht "Terminserienregel" ändern: Übersicht

Neue Einträge | Terminserie

Terminserienregel

Terminreg.	Beginn	Beginn	Ende	Frequenz	Mon...	Die...	Mitt...	Don...	Frei...	Sam...	Son...	Feie...
1	01.01.2023	08:00...	18:00...	5 Wöchentli...	☑	☑	☑	☑	☑	☐	☐	☐
2	01.01.2023	06:00...	24:00...	5 Wöchentli...	☐	☐	☐	☐	☐	☑	☑	☑
31	01.01.2023	07:00...	18:00...	5 Wöchentli...	☑	☑	☑	☑	☑	☐	☐	☐

Abbildung 12.3: Terminserienregel definieren

In Abbildung 12.3 ist zu sehen, dass in der entsprechenden Spalte in der Zeile 2 auch eine Terminreservierung (TERMINREG.) am Wochenende möglich ist. Die Feiertage werden, wie bei anderen SAP-Komponenten, basierend auf dem zugewiesenen Fabrikkalender definiert.

12.2 Raumreservierung

Mithilfe der Raumreservierung lassen sich kurzfristig Räume oder andere Immobilienobjekte belegen und einzeln oder serienweise reservieren. Außerdem können weitere Dienstleistungen wie die Bestellung von Catering, zusätzliche Bestuhlung oder die Nutzung von Geräten gebucht werden, wobei die entstandenen Kosten verursachergerecht verrechnet werden. Konferenz- oder Meetingräume werden in der Regel nicht durchgehend von ein und derselben Kostenstelle oder Abteilung genutzt, sondern je nach Bedarf von einzelnen.

Für die Raumreservierung und die permanente Raumbelegung werden Reservierungsobjekte verwendet, die aus technischer Sicht Angebotsobjekte sind.

12.3 Raumbelegung

Durch diese Funktion können Sie Reservierungsobjekte dauerhaft belegen, indem Sie beispielsweise die Mitarbeiter angeben, die in einem Büro arbeiten. Sie haben die Möglichkeit, interne oder externe permanente Belegungen für einzelne oder für mehrere Objekte gleichzeitig vorzunehmen.

Für jede dauerhafte Belegung geben Sie den Belegungsanteil jedes Mitarbeiters an und ob er mehr oder weniger als einen Platz belegt (z. B. bei der Nutzung von Desksharing-Konzepten). Außerdem legen Sie einen Gültigkeitszeitraum fest, nach dessen Ablauf das Objekt wieder für andere Belegungen verfügbar wird. Die Verwaltung von permanenten Belegungen von Reservierungsobjekten erfolgt über den RE-Navigator.

12.4 Umzugsplanung

SAP RE-FX bietet Ihnen die Möglichkeit, Umzüge von Personen, die dauerhaft ein Immobilienobjekt belegen, zu planen und durchzuführen. Das gilt auch für Ein- oder Auszüge von Personen, für die noch keine dauerhafte Belegung vorgesehen ist oder für die eine solche Belegung nicht mehr notwendig ist. Des Weiteren lässt sich die Umzugsplanung an andere Geschäftspartner – konkret an interne Sachbearbeiter mit der Rolle »Belegungsplaner« – delegieren.

13 Reporting und Analytics

Für zahlreiche Anwendungszwecke werden verschiedene Arten von immobilienspezifischem Reporting benötigt. In dieser Lektion erhalten Sie einen Überblick über die verfügbaren Standardreports im Informationssystem sowie über Optionen zur Konfiguration und Erstellung von kundenindividuellen Berichten und Ad-hoc-Reportings. Basierend auf den jeweiligen Berichtsanforderungen können in SAP RE-FX unterschiedliche Technologien eingesetzt werden.

13.1 Informationssystem

Das Informationssystem bietet eine breite Palette an Reports, mit denen Sie Stamm- und Bewegungsdaten zu Immobilien analysieren können. Sie können vorgefertigte Standardreportingfunktionen nutzen oder eigene Formulare und Berichte definieren. In SAP RE-FX stehen Ihnen Reports für folgende Objekte zur Verfügung:

- Stammdaten
- Immobilienverträge
- Bemessungen
- Konditionen
- Mietanpassungen
- Geschäftspartner
- Nebenkostenabrechnung
- Umsatzmietabrechnung
- Controlling

Um eine umfassende Übersicht aller verfügbaren Reports in SAP zu erhalten, haben Sie zwei Möglichkeiten: Entweder suchen Sie im SAP-

Menü unter RECHNUNGSWESEN • FLEXIBLES IMMOBILIENMANAGEMENT • INFOSYSTEM, oder Sie verwenden den RE-Navigator.

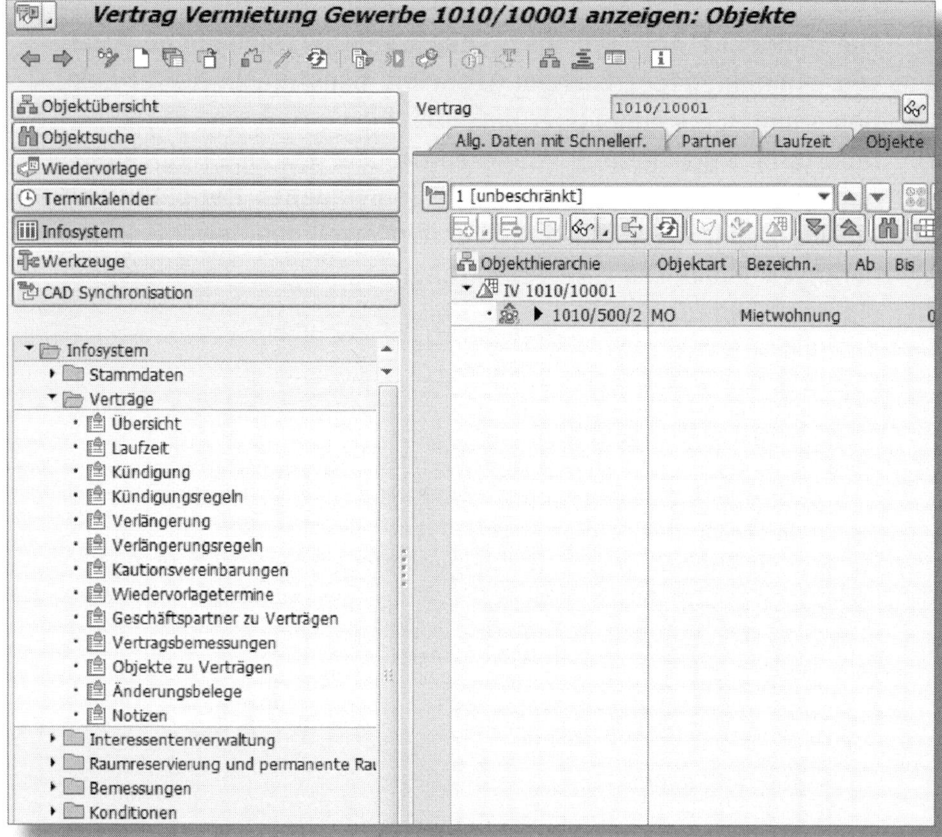

Abbildung 13.1: Informationssystem im RE-Navigator

Wie in Abbildung 13.1 dargestellt, können Sie über den RE-Navigator (Transaktion *RE80*) durch Auswahl der Funktion INFOSYSTEM direkt auf die im Standard bereitgestellten Berichte des SAP-RE-FX-Infosystems zugreifen. Die Berichte sind thematisch gruppiert und werden als Menüstruktur im Ergebnisbereich angezeigt.

13.1.1 Reportprofile

Reportprofile können Sie als Parameter im Selektionsbild einiger Reports verwenden, insbesondere bei solchen, die Konditionen und Bemessungen auswerten. Einrichten können Sie die Profile im Customizing per RECACUST • INFORMATIONSSYSTEM • REPORTPROFIL ANLEGEN.

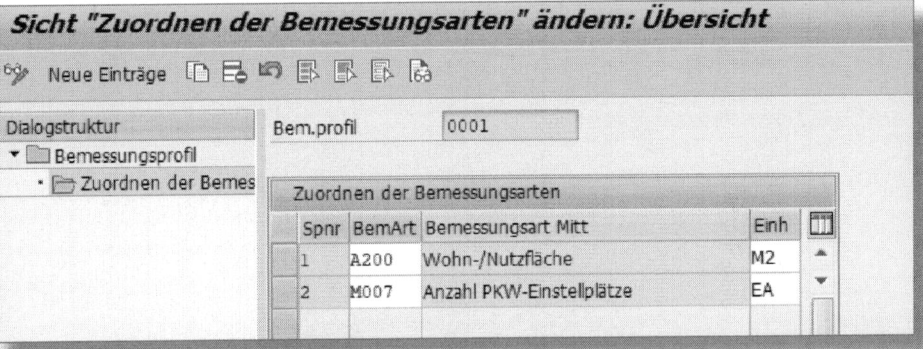

Abbildung 13.2: Bemessungsprofile konfigurieren

Bei jeder Auswertung, die dies unterstützt, können Sie auf dem Einstiegsbild das Reportprofil angeben. Diesem werden pro relevantem Aspekt drei Profile zugeordnet:

- Das Bemessungsprofil (BEM.PROFIL) bestimmt, welche Bemessungsarten (BEMART) in zusätzlichen Spalten angezeigt werden (siehe Abbildung 13.2).
- Das Konditionsprofil entscheidet darüber, welche Konditionsarten oder -gruppen dort aufscheinen.
- Das Ausstattungsprofil legt fest, welche Ausstattungsmerkmale angezeigt werden.

13.1.2 Erweiterte Selektion

Bei den meisten Reports können Sie zusätzlich zur Selektion über Vertrags- und Objektstammdaten auf einige Felder zugreifen, die echte

Powertools darstellen, um im Standard ohne Programmieraufwand Reports mit Mehrwert zu generieren:

- Partnerselektion
- Objektselektion
- Zeitraum-/Stichtagselektion

Partnerselektion

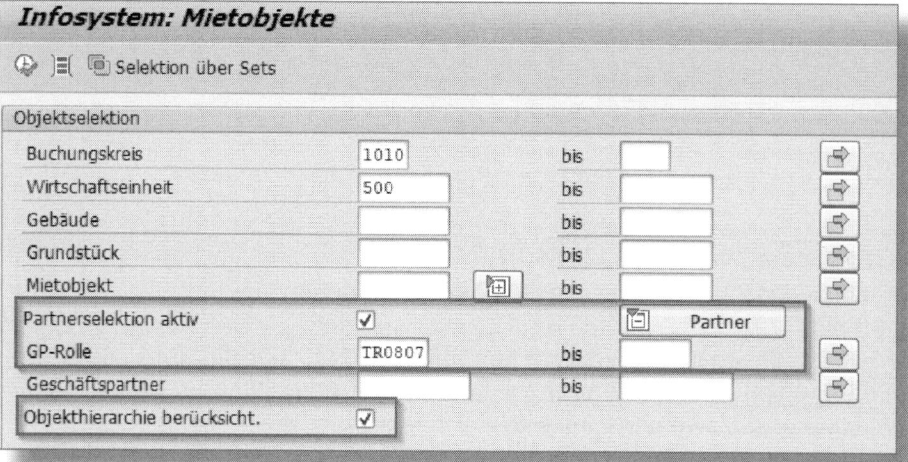

Abbildung 13.3: Kennzeichen »Partnerselektion« aktiv

Objekte können nach Geschäftspartnern oder Rollen selektiert werden. Wenn Sie das Feld OBJEKTHIERARCHIE BERÜCKSICHT. markieren (siehe Abbildung 13.3), werden Ihnen auch Objekte angezeigt, die zwar keine direkte Partnerzuordnung, aber eine Geschäftsbeziehung über ein übergeordnetes Objekt haben. In unserem Beispiel wird nach dem Geschäftspartner *TR0807* (Technik) gesucht.

Objektselektion

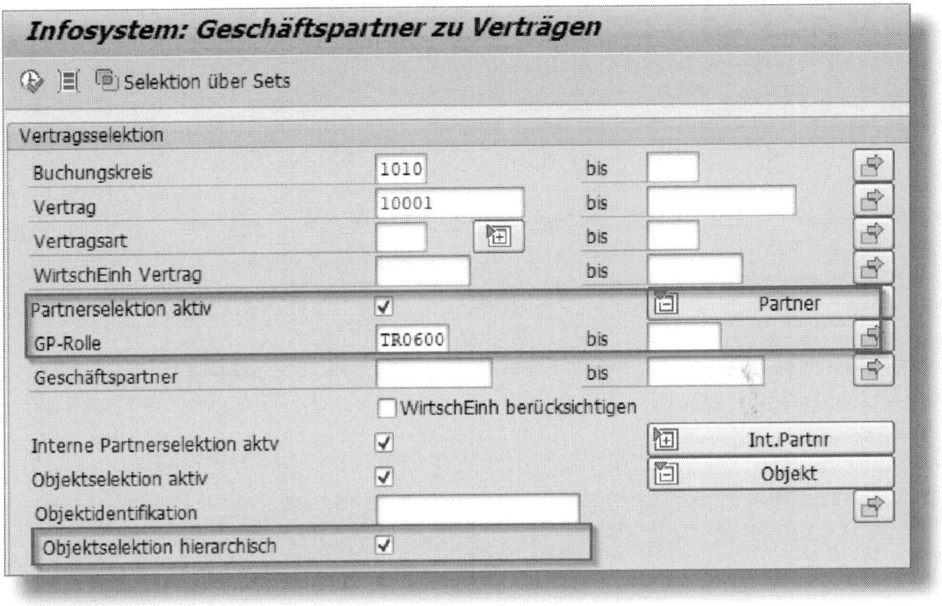

Abbildung 13.4: Kennzeichen »Objektselektion« aktiv

Auch Verträge können Sie nach Geschäftspartnern oder Rollen selektieren. Wenn das Feld OBJEKTSELEKTION HIERARCHISCH markiert ist (siehe Abbildung 13.4), wird die Selektion auf untergeordnete Objekte ausgedehnt, d. h., bei Auswahl einer Wirtschaftseinheit werden auch untergeordnete Gebäude, Grundstücke und Mietobjekte berücksichtigt.

Zeitraum-/Stichtagselektion

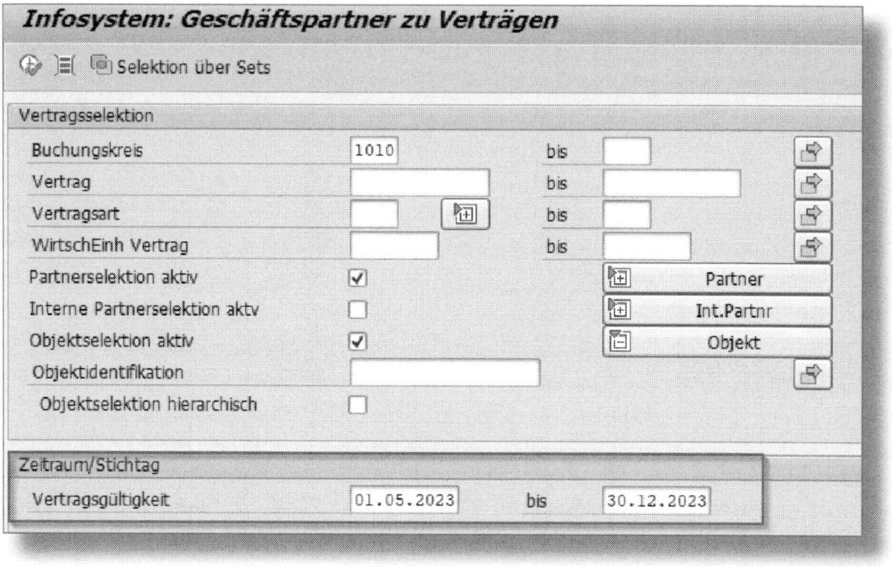

Abbildung 13.5: Zeitraumselektion der Vertragsgültigkeit

Die zu selektierenden Objekte können Sie auch nach Stichtag oder für einen konkreten Zeitraum einschränken. Diese Daten bestimmen den Anfangszustand der Zeitscheibenverwaltung. Falls im Feld VERTRAGSGÜLTIGKEIT kein Enddatum angegeben ist, wird das Startdatum als Stichtag verwendet (siehe Abbildung 13.5). Es erfolgt eine Selektion anhand dieses Stichtages.

13.1.3 Arbeit mit Immobiliensets

Immobiliensets sind eine Funktion in SAP RE-FX, die es ermöglicht, verschiedene Immobilienobjekte derselben Art zu Sets zusammenzufassen. Dadurch können einmal getroffene Selektionen für verschiedene Funktionen wiederverwendet werden, wie z. B. für die Speicherung von häufig vorkommenden Auswahlen für Reports oder für die Gruppierung von Objekten im RE-Navigator. Sie können Immobiliensets für verschiedene Objektarten anlegen, so für Wirtschaftseinheiten, Gebäude,

Grundstücke, Mietobjekte, Immobilienverträge und Abrechnungseinheiten. Die manuelle Bearbeitung von Immobiliensets ist im RE-Navigator möglich, ebenso sind automatische Reports für die Generierung und Aktualisierung von Immobiliensets verfügbar.

Die Transaktion *REEXSETGENCN* (Setgenerierung Verträge) steht zur Pflege von Sets bereit. Durch diese Transaktion werden die entsprechenden Verträge identifiziert und daraus ein Set generiert. Für Nutzungsobjekte können Sie Sets mithilfe der Transaktion *REEXSETGENBD* (Setgenerierung Nutzungsobjekte) erstellen.

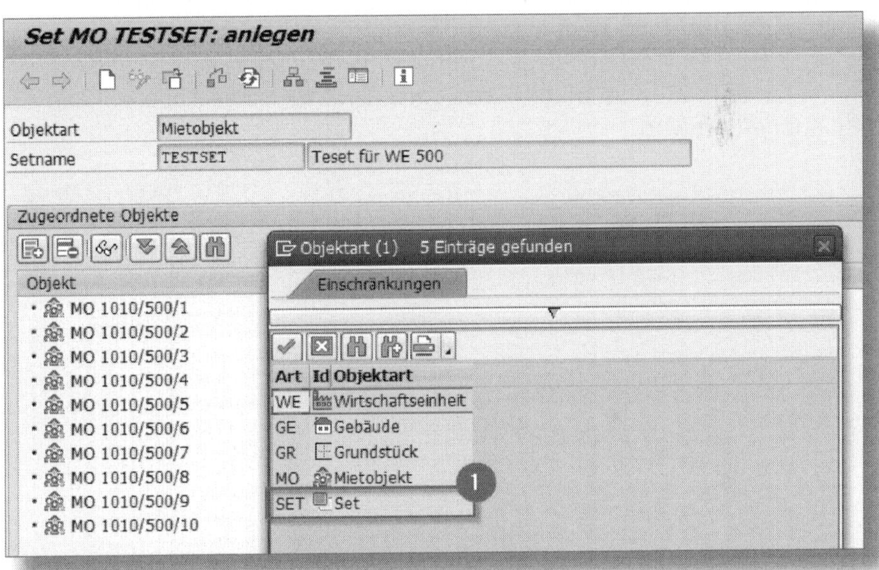

Abbildung 13.6: Definiertes Set für Mietobjekte der WE 500

Durch die Option, Sets in Sets aufzunehmen, ergeben sich verschiedene Vorteile (siehe Abbildung 13.6): Ein Beispiel hierfür ist die Erstellung getrennter Auswertungen für unterschiedliche Buchungskreise, wie für den Kreis *1010* in unserer Abbildung. Sie können Sets für jeden Buchungskreis erzeugen und sie in ein Set für den übergeordneten Report eingliedern.

Ein zusätzlicher Vorteil besteht darin, dass es möglich ist, Sets in andere Sets einzuschließen. Wenn beispielsweise separate Auswertungen für die Tochterfirmen A, B und C des Konzerns ABC erstellt werden sollen, können Sets für jede dieser Tochterfirmen angelegt und anschließend in ein übergeordnetes Set für die Konzernmutter eingefügt werden.

13.2 Flexibles Berichtswesen QuickViewer

Durch die Nutzung des QuickViewer per Transaktion *SQVI* können Sie Auswertungen schnell und einfach durchführen. Hierbei lassen sich mehrere Tabellen miteinander verknüpfen, und es lässt sich eine ALV-Liste gemeinsam mit dem entsprechenden Selektionsbild generieren. In Abbildung 13.7 sehen Sie die Konfiguration einer neuen Abfrage mit dem Namen *TEST*, die mithilfe des ANLEGENS ❶ eines *Tabellen-Join* ❷ ausgeführt wird.

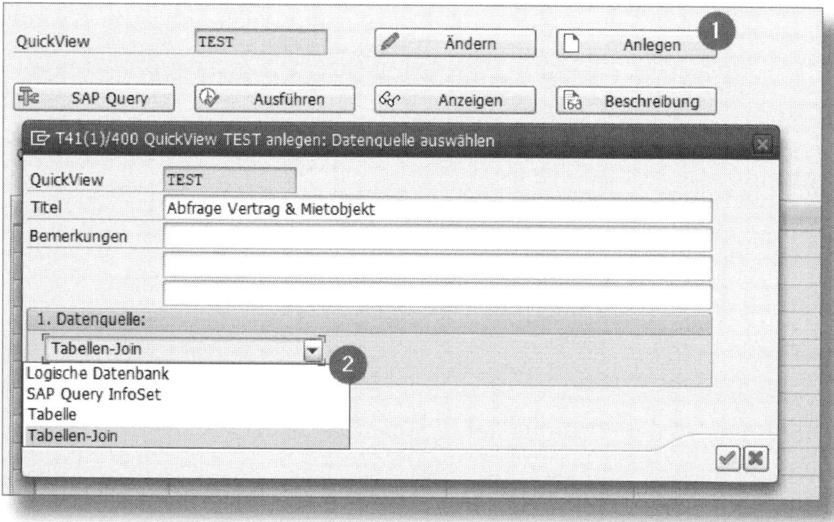

Abbildung 13.7: Report als Tabellen-Join anlegen

Es ist jedoch zu beachten, dass QuickViewer-Reports benutzergebunden sind. Nur der SAP-User, der den QuickViewer definiert hat, kann ihn auch verwenden. Allerdings besteht die Möglichkeit, die QuickViewer-Funktion in ein Programm zu konvertieren und dieses in eine Transaktion zu integrieren, um sie für alle Benutzer zugänglich zu machen.

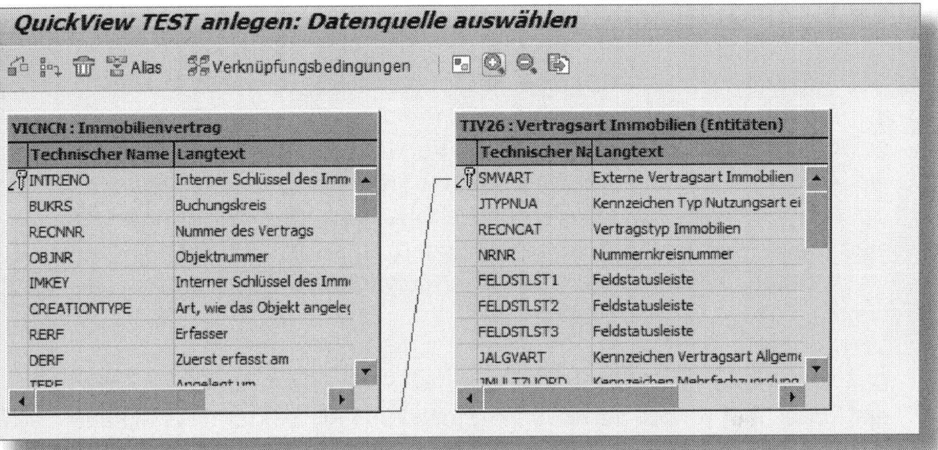

Abbildung 13.8: Datenquellen (Tabellen) verbinden

Abbildung 13.8 zeigt die Abfrage, die auf der Tabelle VICNCN für Immobilienverträge und der Tabelle TIV26 für Vertragsarten basiert. Ein bedeutender Vorteil des QuickViewer ist seine Leistungsfähigkeit als Werkzeug zur Erstellung benutzerdefinierter Berichte, ohne dass hierfür neue Berichte implementiert werden müssten.

13.3 Data Warehouse

Wie Sie bereits wissen, sind für das Immobilienmanagement mit SAP RE-FX Berichte im SAP-System bzw. Informationssystem vorhanden, jedoch auch für eine SAP-BW-Anbindung in Form von Business Content.

Für SAP BW und SAP BW/4HANA sind vorgefertigte Business-Content-Optionen verfügbar, die die Erstellung von Berichten für Leasingverträge und Vermögenswerte gemäß den neuen Leasingbilanzregeln nach IFRS 16 ermöglichen. So können Sie diese Informationen in einem integrierten Werkzeug aufbereiten und ggf. mit Konsolidierungsinformationen anreichern oder an andere Datenbanksysteme weitergeben.

13.4 SAP Analytics Cloud

SAP Analytics Cloud (SAC) ist eine Cloud-basierte Business-Intelligence- und Planungsplattform. Sie kombiniert Funktionen der Datenanalyse, Berichterstellung, Planung, Simulation und der Zusammenarbeit in einer einzigen Lösung. Mit SAC können Sie Daten aus verschiedenen Quellen sammeln, modellieren und analysieren. Die Plattform bietet eine breite Palette von Analysefunktionen, einschließlich Ad-hoc-Analysen, Datenvisualisierung, Predictive Analytics und maschinellem Lernen.

Die Anbindung der Software an ein SAP-S/4HANA-System erfolgt in der Regel über vordefinierte Schnittstellen und Konnektoren. SAC kann Daten direkt aus dem System extrahieren und in Echtzeit anzeigen. Da beide Plattformen von SAP stammen und darauf ausgelegt sind, reibungslos miteinander zu kommunizieren, verläuft die Integration nahtlos.

Im Immobilienkontext gibt es folgende Anwendungsfälle:

- Um Einblicke in den Immobilienbestand zu gewinnen, kann es notwendig sein, Übersichten zu erstellen, die Informationen zu verschiedenen Flächen liefern:
  - Welche Fläche beansprucht das Gebäude auf meinem Grundstück?
  - Wie viel Fläche steht mir zur Verfügung, um eine neue Immobilie zu errichten?
- Durch Kenntnisse über die Nutzung des Bestands im Raum- und Flächenmanagement erhält ein Unternehmen Einblicke in die Kosteneffizienz eines Gebäudes:
  - Welche Fläche wird tatsächlich genutzt?
  - Wie groß ist die Fläche, die in Zukunft benötigt wird?
  - Muss ich meinen Bestand verkleinern/vergrößern?

14 Werkzeuge

SAP RE-FX bietet zahlreiche standardisierte Integrationen zu anderen SAP-Komponenten und -Modulen, die bei richtiger Nutzung und Konfiguration die tägliche Arbeit in der Immobilienverwaltung erleichtern und neue Möglichkeiten eröffnen, um auf den Immobilienbestand, Daten und Dokumente zuzugreifen. In diesem Kapitel werden Themen wie GIS- und Grafikintegrationen, die Erstellung von Korrespondenz sowie die automatische Archivierung und Recherche behandelt. Eine große Arbeitserleichterung kann die Integration grafischer Systeme sein. Außerdem erhalten Sie im Folgenden einen Einblick in das Informationssystem und lernen anhand von Beispielreports die Techniken kennen, mit denen Sie die gewünschten Auswertungsergebnisse erhalten.

14.1 Anbindung Geoinformationssysteme

Ein Geographic Information System (GIS, dt.: »Geoinformationssystem«) ist ein System zur Datenerfassung, -verwaltung und -analyse. Es ermöglicht die Auswertung der räumlichen Lage von Grundstücken und Gebäuden mithilfe von Karten und 3D-Szenarien sowie die Visualisierung von Layern mit unterschiedlichen Informationen.

Die Anbindung von GIS an SAP RE-FX erfolgt in der Regel über Schnittstellen wie OData, RESTful APIs oder SAP Cloud Platform Integration. Die Übertragung kann – abhängig von den Anforderungen – sowohl in Batch-Prozessen als auch in Echtzeit durchgeführt werden.

Datenformat und -strukturen müssen in einer für beide Systeme verständlichen Form vorliegen. Gebräuchliche Formate für raumbezogene Daten sind z. B. GeoJSON oder Shapefiles. Die Struktur der Daten muss mit den entsprechenden Feldern und Attributen in SAP RE-FX abgestimmt sein.

Die integrierten GIS-Daten können dann in SAP RE-FX genutzt werden, um räumliche Analysen durchzuführen, Immobilienobjekte auf Karten darzustellen und andere relevante Informationen zu visualisieren.

Die Vorgehensweise hängt von den spezifischen Anforderungen des Unternehmens und den verwendeten GIS- und SAP-Lösungen ab. Es ist wichtig sicherzustellen, dass Datenintegrität und -aktualität gewährleistet sind, um genaue Analysen und Berichte in SAP RE-FX durchführen zu können.

☛ Non-SAP-Geoinformationssysteme

Zu den bekanntesten GIS, die nicht von SAP stammen, gehören ArcGIS von Esri, QGIS (Quantum GIS) und GRASS GIS.

Für die Darstellung der geografischen Lage von Flurstücken, Grundstücken oder Gebäuden auf einer Karte auf der bekannten SAP-Oberfläche kann eine Schnittstelle zur Anbindung von GIS eingesetzt werden.

Die Integration einer GIS-Software in die SAP-Liegenschaftsverwaltung ermöglicht z. B. die Visualisierung der Lage von Objekten und die Berechnung von Flurstücksteilflächen durch Verschneidungsoperationen im GIS. Änderungen an Stammdaten in SAP, einschließlich der alphanumerischen Daten des Flurstücks und des Grundbuches, werden automatisch in das GIS importiert und können dort redundanzfrei gespeichert werden. Dies ermöglicht eine autarke Nutzung von GIS. Die Datensätze werden in die entsprechenden Tabellen für Flurstücksteilflächen und die Zusammensetzung von Vertragsflächen geschrieben. Das reduziert den manuellen Pflegeaufwand, der sonst erforderlich wäre. Eine Verbindung zum GIS-Objekt kann für verschiedene Immobilienobjekte hergestellt werden, darunter Wirtschaftseinheiten, Grundstücke, Gebäude, Flurstücke, Einheitswerte und Immobilienverträge.

14.2 SAP Visual Enterprise

Die Visualisierung von Immobilienobjekten bzw. die Zuordnung von visuellen Plänen ist ein wichtiger Aspekt im Immobilienmanagement. In SAP RE-FX können Sie CAD-Zeichnungen hochladen, referenzieren und speichern. Mithilfe von Funktionen von SAP Visual Enterprise und SAP RE-FX lassen sich grafische Informationen wie Lage- und Gebäudepläne mit Immobilienobjekten verknüpfen.

☛ SAP Visual Enterprise

SAP Visual Enterprise ist eine Softwarelösung von SAP, die visuelle Inhalte, 3D-Modelle und multimediale Präsentationen in Geschäftsprozesse integriert. Die Software erlaubt die Erstellung von interaktiven 3D-Visualisierungen und Animationen.

Normalerweise werden CAD-Zeichnungen mit einem architektonischen Objekt verknüpft. Es ist jedoch auch möglich, CAD-Zeichnungen der Nutzungssicht zuzuordnen.

Normalerweise stellt eine CAD-Zeichnung genau ein Geschoss dar, das verschiedene Objekte wie Räume, Flächen oder technische Objekte umfassen kann. In SAP RE-FX können diese Objekte mit einer CAD-Synchronisation verknüpft, angelegt, aktualisiert und gelöscht werden.

Mithilfe grafischer Berichte lassen sich die Attribute der SAP-Objekte farblich darstellen, so z. B. bei einem Bericht zu Bemessungen. Des Weiteren kann die CAD-Zeichnung zur Prozessunterstützung genutzt werden, um das SAP-Objekt direkt von der Zeichnung aus zu bearbeiten. Die Integration visueller Pläne erfolgt über ein Framework, das gemäß den Anforderungen des Kunden implementiert werden muss.

Relevante BAdI-Implementierungen

BAdIs sind Programme zur Erweiterung oder Anpassung der Standardfunktionalität von SAP-Systemen. Die nachstehend genannten BAdIs wurden für die Erweiterung von SAP RE-FX mit SAP Visual Enterprise zur Visualisierung von Objekten bereitgestellt:

- **BADI_RECA_CAD_SERVICES** legt fest, ob architektonische oder Nutzungssichtobjekte mit CAD-Plänen verknüpft werden, ob die Zoomfunktion verfügbar ist und ob bei einem Fehler eine Synchronisation erfolgt.
- **BADI_RECA_CAD_PROCESS_SYNC** ist zuständig für die Steuerung der Synchronisation zwischen den CAD-Plänen und den Stammdatenobjekten in SAP.
- **BADI_REEX_ACTIONS_VE** steuert die Anzeige der Objekte aus den CAD-Plänen auf der Registerkarte »CAD« der Stammdatenobjekte.

14.3 SAP Geo Framework

Mithilfe des SAP Geographical Enablement Framework (SAP Geo Framework) erstellen und aktivieren Sie geografische Referenzen bzw. geografische Informationen für jedes Objekt in SAP. Im Bereich des Immobilienmanagements können dies beispielsweise Flurstücke, Standorte oder Gebäude sein.

☛ SAP-Hinweis 2383937

Im SAP-Hinweis 2383937 finden Sie die technischen Anforderungen für die Implementierung des SAP Geographical Enablement Framework. Der Hinweis enthält Details zu den benötigten Softwarekomponenten und Release-Informationen.

Geometrische Informationen wie Linien oder Punkte können bei der Erstellung von Stammdatenobjekten in SAP RE-FX erfasst werden. Mit SAP Geographical Enablement Framework und SAP Visual Enterprise werden die grafischen Daten in einer zusätzlichen Registerkarte angezeigt. So lassen sich Auswertungen vornehmen und Kennzahlen ermitteln, auch für historische Daten und Immobilienstammdaten. Durch das Framework können Entfernungen und Flächen berechnet werden, außerdem ist bei Auswertungen der Absprung aus SAP RE zu den grafischen Informationen möglich.

Zu den geschäftlichen Herausforderungen, die sich mithilfe des Geo Framework meistern lassen, gehören beispielsweise eine erhöhte Arbeitsbelastung der Außendiensttechniker aufgrund von falschen Geodaten in den Immobilienstammdaten sowie die Ablösung manueller papierbasierter Prozesse oder externer Online-GIS-Dienste.

14.4 Korrespondenz

SAP RE-FX bietet verschiedene Technologien zur Erstellung von Formularen und Korrespondenz an. Im Folgenden werden die drei wichtigsten erläutert:

- *Adobe Forms (SAP Interactive Forms by Adobe)* für Massen- und Einzelkorrespondenz
- *SAP Smart Forms* für Massen- und Einzelkorrespondenz
- *Microsoft-Word-Integration* für Seriendruck und Einzelkorrespondenz

SAP bietet in der Standardauslieferung mehrere Formulare bzw. Templates an. Sie können diese an Ihre Bedürfnisse anpassen und einer bestimmten Anwendung zuordnen. Anschließend werden die Anwendung und der Empfänger einem Korrespondenzvorfall zugewiesen.

In der Praxis beginnt die Erstellung von z. B. einem Mietvertragsformular mit dem Einsatz des Adobe LiveCycle Designer. Hierbei werden nicht nur das Design und das Layout des Formulars entworfen, sondern auch interaktive Elemente wie Textfelder und Drop-down-Listen hinzugefügt. Gleichzeitig wird eine Verbindung zu den relevanten Datenquellen in SAP RE-FX festgelegt.

Das entworfene Formular wird daraufhin in SAP RE-FX integriert und als Vorlage für zukünftige Mietverträge gespeichert. Dieser Integrationsprozess erfolgt typischerweise durch spezifische Customizing-Einstellungen, welche die Verbindung zwischen dem Adobe-Formular und dem SAP-RE-FX-System definieren.

Der Mietvertrag kann entweder traditionell gedruckt oder elektronisch versendet werden. Im Falle eines Druckprozesses wird das Adobe-Formular mit den SAP-RE-FX-Daten befüllt und als druckbares Dokument ausgegeben. Alternativ dazu kann das Formular auch als PDF erstellt und auf elektronischem Wege an die relevanten Parteien verschickt werden.

SAP Smart Forms und Adobe Forms bieten vorgefertigte Vorlagen an. Einige von ihnen enthalten auswählbare Textbausteine, bei denen in Teilen auch eine Freitexteingabe gestattet ist. Allerdings ist es nicht möglich, dass der Nutzer das Dokument nach seinen Bedürfnissen beliebig abändert. Diese Tools sind daher vor allem für Zusammenfassungen oder Vertragsformulare geeignet.

! Verwendung von SAPscript

SAPscript wird als die älteste Formulartechnologie von SAP immer noch in einigen Bereichen eingesetzt, insbesondere in SAP FI. Obwohl in verschiedenen SAP-Landschaften noch zu finden, empfehle ich Ihnen, von der Verwendung abzusehen und vorhandene Formulare auf Adobe Forms umzustellen. Dieses bietet Ihnen erweiterte Designmöglichkeiten und im Vergleich zu SAPscript eine benutzerfreundlichere Oberfläche. Die Formulargestaltung ist flexibler und erlaubt eine einfachere Anpassung an individuelle Designanforderungen.

Bei der Korrespondenz mit Mietern besteht die Möglichkeit, nicht nur einzelne Drucke für einen Mietvertrag zu erstellen, sondern auch Massendrucke für mehrere Verträge. Ein klassisches Beispiel dafür sind Anschreiben zur Mietanpassung sowie Nebenkostenabrechnungen, die gemeinsam für alle Mieter eines Gebäudes oder einer Wirtschaftseinheit erstellt werden.

Bei der Massenkorrespondenz ist es das Ziel, identische Dokumente für mehrere Immobilienobjekte derselben Objektart oder Immobilienverträge zu erstellen. Hierfür bietet SAP RE-FX spezielle Transaktionen an, diese haben die folgende Struktur in Bezug auf ihre Namen: *RECP<Korrespondenzanwendung>*.

Beispiele:

- *RECPA400* – Allgemeines Schreiben Vertrag
- *RECPA130* – Stammdatenblatt Wirtschaftseinheit

14.4.1 Einrichten

Um Adobe Forms oder Smart Forms für die Korrespondenz in SAP RE-FX nutzen zu können, sind verschiedene Customizing-Einstellungen erforderlich. Per RECACUST • KORRESPONDENZ • PDF-BASIERTE FORMULARE (MASSEN- UND EINZELDRUCK) • GRUNDEINSTELLUNGEN legen Sie fest, wie die Sprache des Formulars ermittelt wird und welche zusätzlichen Output-Parameter neben dem Druck verwendet werden dürfen (siehe Abbildung 14.1).

Abbildung 14.1: Grundeinstellungen für PDF-basierte Formulare

In unserem Beispiel streben wir an, sämtliche Dokumente in der *Korrespondenzsprache des Empfängers* zu drucken, wobei dieser Empfänger der Geschäftspartner und die dort hinterlegte Kommunikationssprache entscheidend ist. Sollte eine Übersetzung nicht verfügbar sein, wird die Sprache des angemeldeten SAP-Benutzers verwendet.

Unter ARCHIVIEREN ist der Wert *9 Immer archivieren* festgelegt. Das bedeutet, dass alle Dokumente unabhängig von der Korrespondenzanwendung archiviert werden. Der Archivierungsmodus wird im Anwendungsdialog angezeigt, kann jedoch nicht geändert werden. Dabei werden die entsprechenden Customizing-Einstellungen in den Korrespondenzanwendungen ignoriert.

Das impliziert, dass die erstellten Dokumente automatisch über die SAP-ArchiveLink-Schnittstelle abgelegt werden, ohne dass weitere Maßnahmen erforderlich sind. Dies gilt für jeden Druckvorgang, einschließlich Testdrucken. Voraussetzungen dafür sind ein konfiguriertes Archivsystem und eine funktionierende ArchiveLink-Schnittstelle.

Per RECACUST • KORRESPONDENZ • PDF-BASIERTE FORMULARE (MASSEN- UND EINZELDRUCK) • FORMULARE • FORMULARE DEFINIEREN ordnen Sie den Formularen die Formularobjekte zu. Dabei entscheiden Sie für jedes Formularobjekt, ob *Smart Forms* oder Adobe Forms *(P PDF-basierte Formulare)* als Basis verwendet werden sollen (siehe Abbildung 14.2).

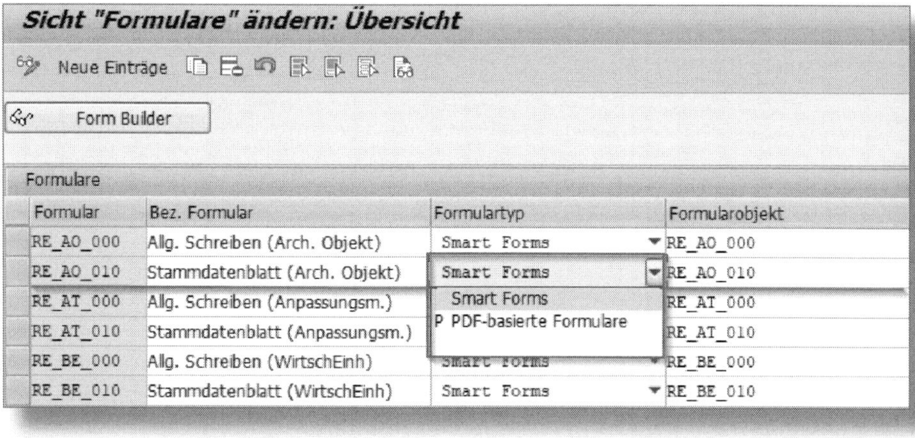
Sicht "Formulare" ändern: Übersicht
Neue Einträge
Form Builder
Formulare
Formular
Bez. Formular
Formulartyp
Formularobjekt
RE_AO_000
Allg. Schreiben (Arch. Objekt)
Smart Forms
RE_AO_000
RE_AO_010
Stammdatenblatt (Arch. Objekt)
Smart Forms
RE_AO_010
RE_AT_000
Allg. Schreiben (Anpassungsm.)
Smart Forms
P PDF-basierte Formulare
RE_AT_000
RE_AT_010
Stammdatenblatt (Anpassungsm.)
RE_AT_010
RE_BE_000
Allg. Schreiben (WirtschEinh)
RE_BE_000
RE_BE_010
Stammdatenblatt (WirtschEinh)
Smart Forms
RE_BE_010

Abbildung 14.2: PDF-Formulare definieren

Wenn Sie Smart Forms oder Adobe Forms bereits nutzen, reicht es aus, dies in der Zuordnung der logischen Formularobjekte anzupassen. Dadurch wird ein schrittweiser Umstieg auf eine neuere Technologie erheblich erleichtert.

Per RECACUST • KORRESPONDENZ • PDF-BASIERTE FORMULARE (MASSEN- UND EINZELDRUCK) • KORRESPONDENZVORFÄLLE UND ANWENDUNGEN • KORRESPONDENZVORFÄLLE DEFINIEREN können Sie das Formularobjekt und eine mögliche Auswahl an Empfängern für die Ausgabe eines Dokuments festlegen (siehe Abbildung 14.3).

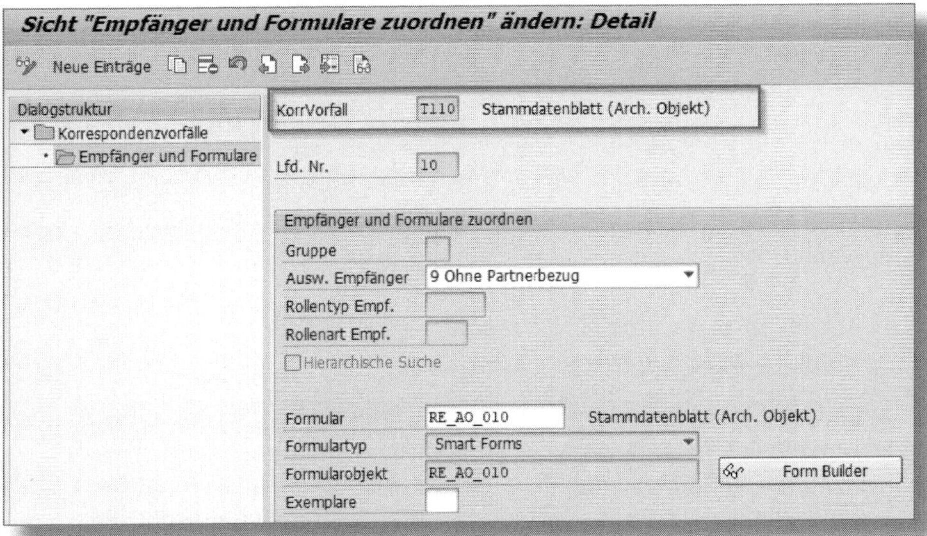

Abbildung 14.3: Korrespondenzvorfall definieren

In unserem Beispiel wurde der Korrespondenzfall *T110* ohne Partnerbezug definiert – daher kann dieses Formular an alle vorhandenen Geschäftspartner versendet werden. Die Zuordnung der Vorfälle zu den entsprechenden Korrespondenzanwendungen erfolgt später.

Mithilfe von RECACUST • KORRESPONDENZ • PDF-BASIERTE FORMULARE (MASSEN- UND EINZELDRUCK) • KORRESPONDENZVORFÄLLE UND ANWENDUNGEN • KORRESPONDENZANWENDUNGEN DEFINIEREN UND VORFÄLLE ZUORDNEN legen Sie zunächst die Grundkonfigurationen für Ihre Korrespondenzanwendungen fest und ordnen anschließend pro Korrespondenzanwendung einen oder mehrere Korrespondenzvorfälle (z. B. Stammdatenblatt) zu. In der Tabelle »Flexible Textbausteine« haben Sie Zugriff auf einen Texteditor, in dem Sie Textbausteine für jede Korrespondenzanwendung verfassen und speichern können.

Die Struktur der Korrespondenzanwendungen ist im Customizing von SAP RE-FX festgelegt. Sie bietet verschiedene Möglichkeiten für den Textaufbau und die Druckfunktionen.

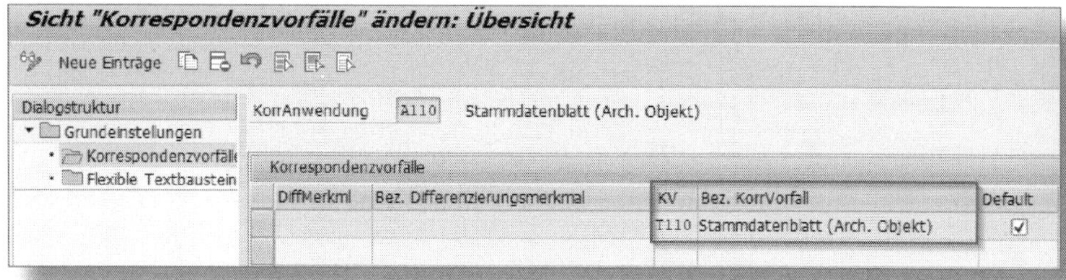

Abbildung 14.4: Korrespondenzanwendung definieren und Vorfall zuordnen

In Abbildung 14.4 wurde ein Korrespondenzvorfall der Korrespondenzanwendung *A110* zugewiesen.

! Ausnahme Mahnkorrespondenz

Customizing-Einstellungen im Zusammenhang mit dem Mahnwesen sowie die Aufrufe der entsprechenden Korrespondenz müssen in der SAP-FI-Komponente erfolgen.

Einer Korrespondenzanwendung können Sie einen oder mehrere Korrespondenzvorfälle zuordnen. Bei der Standardausgabe wird jedoch immer nur genau ein Korrespondenzvorfall verwendet.

14.4.2 Microsoft-Word-Integration

Durch die Integration von Microsoft Word besteht die Möglichkeit, dem Endbenutzer eine Vorlage zur Verfügung zu stellen, in die Systemvariablen eingefügt werden. Dabei behält der User jedoch die volle Kontrolle über das Dokument und kann beliebige Änderungen vornehmen.

Die Integration von Microsoft Office für die Korrespondenz steht für nahezu alle Stammdatenobjekte in SAP RE-FX zur Verfügung, einschließlich der Nutzungsobjekte und Verträge.

Über RECACUST • KORRESPONDENZ • OFFICE-ANWENDUNG (EINZELDRUCK) • GRUNDEINSTELLUNGEN UND DOKUMENTVORLAGEN haben Sie die Option, die Grundkonfiguration für die Einzelkorrespondenz über die Word-Integration vorzunehmen (siehe Abbildung 14.5).

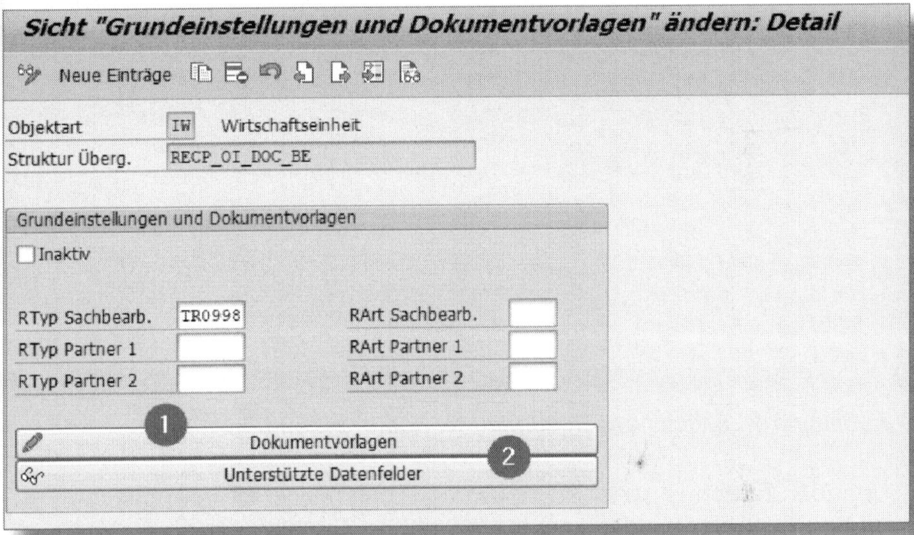

Abbildung 14.5: Grundeinstellungen und Dokumentvorlagen

Durch Klicken auf den Button DOKUMENTVORLAGEN ❶ gelangen Sie zum Business Document Navigator. Dort haben Sie die Möglichkeit, Dokumentvorlagen zu speichern und zu bearbeiten (siehe Abbildung 14.6).

Der Business Document Navigator besteht aus drei Hauptbereichen; zusätzlich können Sie im Register ANLEGEN neue Dokumentvorlagen erstellen.

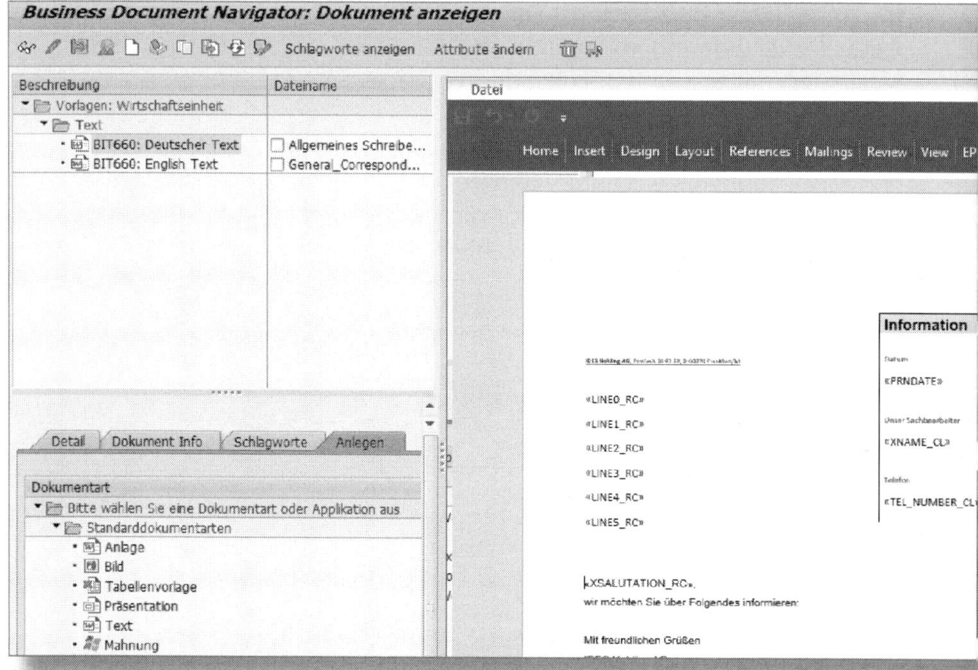

Abbildung 14.6: Business Document Navigator BIT600

Über den Button UNTERSTÜTZTE DATENFELDER (siehe ❷ in Abbildung 14.5) gelangen Sie in die technische Sicht der für die Ausgabe zur Verfügung stehenden Serienbrieffelder. Für jede Immobilienobjektart gibt es eine spezifische flache DDIC-Struktur, die alle unterstützten Serienbrieffelder definiert.

☛ Data Dictionary (DDIC) in SAP

DDIC ist in SAP eine zentrale Komponente zur Verwaltung von Datenstrukturen. DDIC-Strukturen sind definierte Datenelemente und Datenbanktabellen für SAP-Anwendungen, die Daten konsistent organisieren und speichern. Sie sind entscheidend für Datenintegrität und gewährleisten einheitliche und korrekte Informationsstrukturen in SAP-Systemen.

Bei der Dokumenterstellung stehen der Office-Anwendung ausschließlich Daten aus dieser DDIC-Struktur in SAP zur Verfügung. Sie können direkt von der Detailsicht der Objektarteigenschaften zur Feldliste der DDIC-Struktur navigieren (siehe Abbildung 14.7).

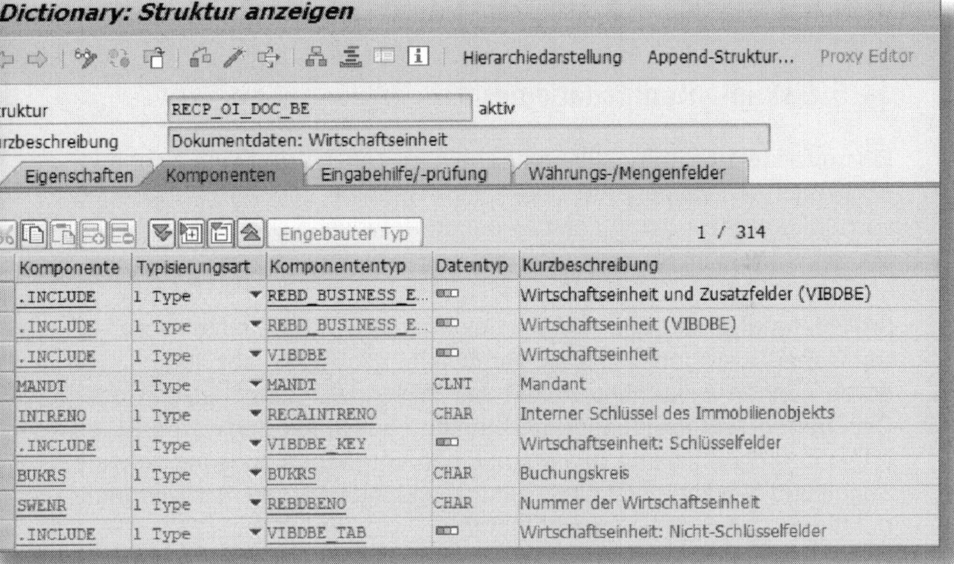

Abbildung 14.7: Unterstützte Serienbrieffelder anzeigen

14.4.3 Massen- und Einzelkorrespondenz

Bei der Betrachtung der Korrespondenz in SAP RE-FX stoßen Sie immer wieder auf die Unterscheidung zwischen Massen- und Einzeldruck. Dadurch entsteht möglicherweise der Eindruck, dass damit auch eine Unterscheidung der Techniken gemeint sei – das ist jedoch nicht der Fall. Der Hintergrund ist vielmehr folgender:

- Ein *Einzeldruck* liegt vor, wenn Sie eine Ausgabe für genau ein Immobilienobjekt erstellen möchten. Hierbei können Sie sowohl Formulare wie Smart Forms oder Adobe Forms als auch Office-Anwendungen einsetzen.

- Beim *Massendruck* sollen hingegen gleichartige Dokumente für mehrere Immobilienobjekte derselben Objektart erzeugt werden. Dies ist nur mit Formularen möglich. Es wird dasselbe Formular-Template verwendet, um auf Basis von beispielsweise Mietvertragsdaten individuelle Schreiben zu erstellen.

14.5 Dokumentenmanagement

Ein umfassendes Immobilienmanagement konzentriert sich nicht ausschließlich auf Zahlen und Daten. Es beinhaltet auch die Verwaltung von Dokumenten, die in verschiedenen Prozessen und Schritten entstehen, sowohl in physischer als ebenso in digitaler Form.

SAP bietet diverse Optionen, um Dokumente und Daten in einem elektronischen, revisionssicheren Archivierungssystem abzulegen. Dadurch können Dokumente direkt mit SAP-Anwendungsbelegen oder Geschäftsobjekten verknüpft und von dort aus abgerufen werden. Dies erleichtert die effiziente Bearbeitung von Vorgängen ohne aufwendige Suche und gewährleistet gleichzeitig die Einhaltung von Archivierungsrichtlinien und Aufbewahrungsfristen.

Für Immobilienobjekte können Sie Dokumente mithilfe folgender SAP-Komponenten und -Tools ablegen und verwalten:

- Records Management
- Dokumentenverwaltung
- Business Document Navigator
- ArchiveLink zur Anbindung externer Archivsysteme

Außerdem können Sie in SAP RE-FX das Dokumentenmanagement mithilfe verschiedener interner und externer Non-SAP-Tools durchführen. Die Wahl der Ablagestrategie hängt von den spezifischen Anforderungen in Bezug auf die Prozessunterstützung und dem Umfang der zu archivierenden Dokumente ab.

An dieser Stelle werfen wir einen Blick auf die beiden am weitesten verbreiteten Werkzeuge für das Dokumentenmanagement in SAP: das Records Management und die ArchiveLink-Schnittstelle.

14.5.1 SAP Records Management in RE-FX

SAP Records Management bietet eine elektronische Darstellung von konventionellen Papierakten sowie weitere Funktionen, so u. a.:

- Integration von ArchiveLink-Belegen
- Verwaltung von Papierbelegdaten
- Verwaltung von Internet- und Intranetseiten

Die Lösung gewährleistet die korrekte Abfolge von Prozessschritten in Workflowszenarien. Die Integration mit SAP RE-FX ermöglicht die Verwendung für Immobilienobjekte und Verträge. Für jede Objektart lassen sich mit der Transaktion *RECACUST* individuelle Datei- und Aktenstrukturen definieren. In Abbildung 14.8 ist die Definition einer neuen Aktenstruktur im Customizing für die OBJEKTART *Vertrag* dargestellt.

Sicht "Grundeinstellungen pro Objektart" ändern: Übersicht

Neue Einträge

Grundeinstellungen pro Objektart

OA	Objektart	Aktiv	Autom.anl.	RMS-ID	Elementart-ID der Akte	Elementart-ID des Aktenmodells
IS	Vertrag	☑	☐	S_RMS_RMPS	RM_PS_SPS_RECORD	RM_PS_SPS_DOCUMENT

Abbildung 14.8: Records Management – Grundeinstellungen

SAP Records Management basiert auf einer offenen Infrastruktur und ermöglicht die Integration von externen Systemen. Sie können Dateien und andere Dokumente mit Stammdatenobjekten oder Verträgen verknüpfen. Korrespondenz wird automatisch zu den vorhandenen Datensätzen hinzugefügt. Alle Mitteilungen und Dokumente im Zusammenhang mit Immobilienprozessen lassen sich verfolgen.

14.5.2 SAP-ArchiveLink-Schnittstelle

Sie haben die Möglichkeit, die Dokumentenablage und die Archivierung Ihrer erstellten Korrespondenz über die SAP-ArchiveLink-Schnittstelle durchzuführen. Hierfür benötigen Sie ein konfiguriertes Archivsystem und eine eingerichtete ArchiveLink-Schnittstelle.

SAP ArchiveLink fungiert als standardisierte Schnittstelle für externe Komponenten und Archivsysteme. Es bietet den SAP Document Viewer mit grafischer Benutzeroberfläche und interagiert bei Bedarf mit SAP Business Workflow. So können Dokumente und Daten in einem elektronischen Archiv abgelegt, abgerufen und angezeigt werden. Die Schnittstelle ermöglicht nicht nur die Archivierung von Dokumenten, sondern auch das Speichern von Daten aus der SAP-Datenbank in einem externen elektronischen Archiv.

Die folgenden Szenarien werden unterstützt:

- Speicherung eingehender und ausgehender Dokumente und Verknüpfung mit SAP-Business-Objekten
- Archivierung von Drucklisten
- Ablage von Archivdateien

Für die Ablage von Dokumenten werden vordefinierte ArchiveLink-Dokumentarten verwendet, die bereits im Standard-Customizing von SAP vorhanden sind. Jede Korrespondenzanwendung hat eine eindeutige Dokumentart, die sich aus dem Präfix »RECP« und dem Schlüssel der Korrespondenzanwendung ergibt. Die verwendeten Dokumentarten sind den entsprechenden Objekttypen zugeordnet. In unserem Beispiel ist die DOKUMENTART *RECPA400* dem OBJEKTTYP *BUS1134* und somit dem Vertrag zugeordnet (siehe Abbildung 14.9).

Bei eingehenden Dokumenten werden meistens physische Unterlagen eingescannt und mittels OCR-Verfahren je nach Art des Dokuments kategorisiert. Technisch gesehen, werden die Einträge dieser Dokumente in den verschiedenen Verknüpfungstabellen gespeichert. Durch das Customizing in SAP ArchiveLink wird festgelegt, welcher Speicherort für die jeweilige Dokumentart verwendet werden soll.

Sicht "Verknüpfungen für Content Repositories" anzeigen: Übersicht

Verknüpfungen für Content Repositories

Objekttyp	Dokumentart	S	Cont.Rep.ID	Verknüpfung	Verweilzeit
BUS1134	RECPA400	X	00	TOA01	0
BUS2045	QMOCERT	X	00	TOA01	0
BUS2078	QMILETTER1	X	00	TOA01	0

Abbildung 14.9: Dokumentart, Objekttyp und Content Repository

Jedes Dokument muss also einer Dokumentart zugeordnet werden, um seine korrekte Verarbeitung zu ermöglichen. Die Dokumentart wird per SPRO • ABAP PLATFORM • APPLICATION SERVER • BASIS-SERVICES • ARCHIVELINK • GRUNDCUSTOMIZING • DOKUMENTARTEN BEARBEITEN festgelegt (siehe Abbildung 14.10). Nach dem Druck von Korrespondenzen werden diese Dokumente archiviert und, wie in der Abbildung illustriert, im Archiv eindeutigen Dokumentarten zugeordnet.

Sicht "Dokumentarten global" ändern: Übersicht

Neue Einträge

Dokumentarten global

Dokument...	Langbezeichnung	Dokumenttyp	Status
VIOMKUOKAY	Bestät. Künd. Mieter; Wunschdatum	PDF	☐
VIOMKVM	Kündigung durch Vermieter	PDF	☐
VIOMSANP	Mietanpassung nach Mietspiegel	PDF	☐
VIOMV	Mietvertrag	PDF	☐
VIOMVAG	Allgemeines Schreiben	PDF	☐
VIOMVANS	Mietvertrag Anschreiben	PDF	☐

Abbildung 14.10: Dokumentarten anlegen

Die entsprechenden *Content Repositories* sind auf dem Server eingerichtet, wie im SAP-System angegeben. Der Zugriff auf die Dokumente erfolgt grundsätzlich über eine HTTP-Schnittstelle. Die ArchiveLink-Schnittstelle erzeugt die URL, indem sie alle relevanten Informationen aus den Verknüpfungstabellen zieht und sie an den Archivserver zur Recherche übermittelt.

Content Repositories werden per SPRO • ABAP Platform • Application Server • Basis-Services • ArchiveLink Grundcustomizing • Content-Repositories definieren angelegt und stellen logische Einheiten im Archivsystem dar. Es können mehrere Content Repositories in einem Archivsystem vorhanden sein, um die Dokumente thematisch oder physisch aufzuteilen (siehe Abbildung 14.11).

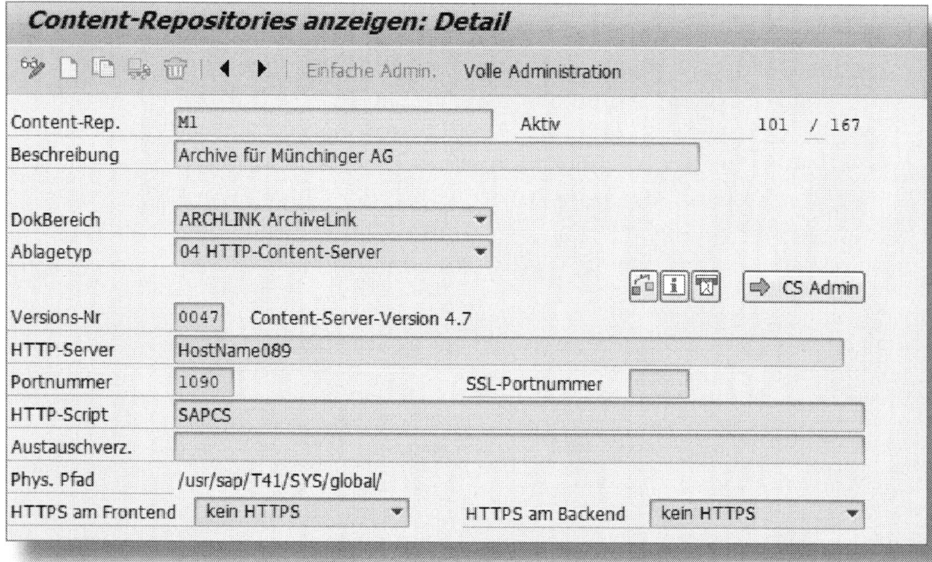

Abbildung 14.11: Konfiguration zwischen SAP und Archivsystem

Der Ablagetyp *04 HTTP-Content-Server* wird von SAP empfohlen. Nachdem Sie die Ablage definiert haben, müssen Sie zusätzlich das Zertifikat des SAP-Systems per Button (Zertifikat senden) an das externe Archivsystem übermitteln.

In SAP haben Sie die Möglichkeit festzulegen, welchen Viewer Sie zum Anzeigen der archivierten Dokumente verwenden möchten.

Grundsätzlich sind vielfältige Mehrfachreferenzen möglich. Beispielsweise kann ein Dokument mit mehreren Business-Objekten verknüpft werden, wie einem Geschäftspartner und seinem Immobilienvertrag. Ebenso können mehrere Dokumente oder Dokumentarten mit einem einzigen Business-Objekt verknüpft werden.

14.6 Protokolle und Log-Einträge

Für verschiedene Geschäftsprozesse wie periodische Buchungen, Nebenkostenabrechnungen und Mietanpassungen werden in SAP RE-FX Protokolle erzeugt. Diese Protokolle können Sie sich jederzeit anzeigen lassen, um Ergebnisse auszuwerten oder Fehler zu analysieren – auch nach Abschluss der jeweiligen Läufe.

Mit der Transaktion *RECALA* lassen sich Protokolle zu Buchungsläufen und anderen Geschäftsprozessen von SAP RE-FX abrufen. Bei der Selektion schränken Sie zwischen Objekten und Unterobjekten sowie den zu betrachtenden Zeiträumen ein (siehe Abbildung 14.12).

Abbildung 14.12: Protokolle auswerten per Transaktion »RECALA«

Wenn Sie das Feld OBJEKT mit dem Wert *re** befüllen, sehen Sie alle verfügbaren Protokolle der Geschäftsprozesse von SAP RE-FX. Andernfalls wird eine Liste aller Objekte in Ihrer SAP-Installation angezeigt. Es ist zu beachten, dass die Protokolle standardmäßig nach 30 Tagen verfallen bzw. gelöscht werden.

15 Anhang: Partnerrollen für SAP RE-FX

- **TR0600** Debitorischer Hauptmieter
- **TR0601** Mieter (nichtdebitorisch)
- **TR0602** Kreditorischer Vermieter
- **TR0603** Debitorischer Vertragspartner
- **TR0604** Kreditorischer Vertragspartner
- **TR0605** Debitorischer Eigentümer
- **TR0606** Kreditorischer Verwalter
- **TR0610** Mieter externe Vergleichswohnung
- **TR0622** Zuschussgeber
- **TR0624** Zuschussgeber debitorisch
- **TR0630** Gericht
- **TR0635** Landeszentralbank
- **TR0636** Bank für Kaution
- **TR0640** Bewerber
- **TR0641** Mitbewerber
- **TR0800** Eigentümer
- **TR0801** Makler
- **TR0802** Notar
- **TR0803** Bauträger
- **TR0806** Verwalter
- **TR0807** Technik
- **TR0808** Hausmeister
- **TR0809** Architekt
- **TR0810** Grundbuchamt
- **TR0813** Belegender
- **TR0814** Belegungsplaner
- **TR0850** Korrespondenzpartner privat
- **TR0860** Korrespondenzpartner geschäftlich
- **TR0997** Sachbearbeiter NKA
- **TR0998** Sachbearbeiter

A Der Autor

Dragan Jovic, geboren und aufgewachsen in München, begann seine berufliche Reise nach Abschluss seiner Ausbildung und seines Studiums in der bayerischen Metropole. Schon früh, nämlich im Jahr 2008, entdeckte er seine Begeisterung für ERP-Systeme im Zusammenhang mit der Immobilienbranche. Seit 2010 ist er als Projektleiter aktiv und hat im Laufe der Jahre sowohl Greenfield-Ansätze als auch anspruchsvolle Migrationen auf ERP und S/4HANA erfolgreich umgesetzt.

In seiner Freizeit findet Dragan Jovic Ausgleich und Inspiration beim Segeln und Tauchen.

Mit seinem Fachbuch teilt Dragan Jovic sein umfassendes Wissen und seine Erfahrungen. Das Buch ist nicht nur eine wertvolle Ressource, sondern auch Ausdruck seiner Hingabe an die Branche und seines Wunsches, einen nachhaltigen Mehrwert zu schaffen. Mehr Infos zum Autor finden Sie unter https://linktr.ee/DJovic.

B Index

A

B

C

D

E

F

G

H

I

K

L

M

N

O

P

Q

R

S

T

U

V

C Disclaimer

Die in diesem Werk wiedergegebenen Gebrauchsnamen, Handelsnamen, Warenbezeichnungen usw. können auch ohne besondere Kennzeichnung Marken sein und als solche den gesetzlichen Bestimmungen unterliegen. Sämtliche in diesem Werk abgedruckten Bildschirmabzüge unterliegen dem Urheberrecht der SAP SE, Dietmar-Hopp-Allee 16, 69190 Walldorf.

In dieser Publikation wird auf Produkte der SAP SE Bezug genommen. SAP®, ABAP®, ExpenseIt®, Joule, OpenSAP®, SAP ActiveAttention®, SAP® Adaptive Server® Enterprise, SAP® Advantage Database Server®, SAP® AppGyver®, SAP Ariba®, SAP Business ByDesign®, SAP® Business Explorer®, SAP® Bex, SAP® BusinessObjects, SAP® BusinessObjects Explorer®, SAP® BusinessObjects Web Intelligence®, SAP Business One®, SAP Business Workflow®, SAP BW/4HANA®, SAP Concur®, SAP® Crystal Reports®, SAP EarlyWatch®, SAP® Emarsys®, SAP Fieldglass®, SAP Fiori®, SAP Garden®, SAP® Global Trade Services (SAP® GTS®), SAP HANA®, SAP® Jam, SAP Lumira®, SAP MaxAttention®, SAP® MaxDB®, SAP NetWeaver®, SAP® PartnerEdge®, SAP® Sapphire®, SAP® PowerBuilder®, SAP® PowerDesigner®, SAP® R/3®, SAP® Replication Server®, SAP® Roambi®, SAP S/4HANA®, SAP S/4HANA® Cloud, SAP Signavio®, SAP® SQL Anywhere®, SAP Strategic Enterprise Management® (SAP® SEM®), SAP SuccessFactors®, SAP Vora®, Taulia®, The Best Run SAP®, TripIt® und weitere im Text erwähnte SAP-Produkte und -Dienstleistungen sowie die entsprechenden Logos sind Marken oder eingetragene Marken der SAP SE in Deutschland und anderen Ländern. Die Angaben im Text sind unverbindlich und dienen lediglich zu Informationszwecken. Produkte können länderspezifische Unterschiede aufweisen.

Der SAP-Konzern übernimmt keinerlei Haftung oder Garantie für Fehler oder Unvollständigkeiten in dieser Publikation. Der SAP-Konzern steht lediglich für SAP-Produkte und -Dienstleistungen nach der Maßgabe ein, die in der Vereinbarung über die jeweiligen Produkte und Dienstleistungen ausdrücklich geregelt ist. Aus den in dieser Publikation enthaltenen Informationen ergibt sich keine weiterführende Haftung.

Claus Wild:

Praxishandbuch Kontoauszug in SAP S/4HANA®

- Zahlungsverkehr und Bankenkommunikation mit SAP in der Übersicht
- Nachbearbeitung von Kontoauszügen im SAP-Standard in der Praxis
- Import und Verarbeitung von Kontoauszügen in SAP S/4HANA
- Praxisorientiertes Customizing für den Elektronischen Kontoauszug

https://es-tu.de/DsaV

Karlheinz Weber, Christine Werschitz:

Praxishandbuch Periodenabschluss in SAP S/4HANA® Finance (FI)

- Abschluss im Nebenbuch: Material, Anlage, Debitor/Kreditor
- Abschluss und Analysen im Hauptbuch: Abgrenzung, Bilanz/GuV etc.
- Details und Tipps zu den relevanten Fiori-Apps
- Vermittlung anhand eines durchgängigen Praxisbeispiels

https://es-tu.de/uXsR

Roland Giger:

Prüfen der Mehrwertsteuer in SAP®

- Mehrwertsteuer wirksam prüfen
- SAP-Auswertungen effizient nutzen
- IKS-relevante Einstellungen prüfen
- Grundlagen praxisnah und verständlich erklärt

http://5740.espresso-tutorials.de

Roland Giger:

Sichere Navigation beim Prüfen der SAP®-Finanzbuchhaltung

- Aktuelles Know-how für Revisoren und Finanzverantwortliche
- Hauptbuch, Kreditoren, Debitoren und Anlagen wirksam prüfen
- Journal Entry Testing (JET) mit SAP-Standardauswertungen
- Undokumentierte SAP-Auswertungen für das IKS nutzen

https://es-tu.de/6nBQC